U0252987

技术替补与广义器官

斯蒂格勒哲学研究

陈明宽 著

未来哲学丛书

孙周兴 主编

商务印书馆
The Commercial Press

未来哲学丛书

主编：孙周兴

学术支持
同济大学技术与未来研究院
本有哲学院

未 来 哲 学 丛 书

作者简介

陈明宽，1987年生，河南南阳人。2010年毕业于河南大学哲学系，获哲学学士学位；2013年毕业于同济大学哲学系，获哲学硕士学位；2018年毕业于同济大学哲学系，获哲学博士学位。2018年至今，任教于西北大学哲学学院。主要研究领域为技术哲学、政治哲学、法国现当代哲学等。

总　序

　　尼采晚年不断构想一种"未来哲学"，写了不少多半语焉不详的笔记，并且把他1886年出版的《善恶的彼岸》的副标题立为"一种未来哲学的序曲"。我认为尼采是当真的——哲学必须是未来的。曾经做过古典语文学教授的尼采，此时早已不再古典，而成了一个面向未来、以权力意志和永恒轮回为"思眼"的实存哲人。

　　未来哲学之思有一个批判性的前提，即对传统哲学和传统宗教的解构，尼采以及后来的海德格尔都愿意把这种解构标识为"柏拉图主义批判"，在哲学上是对"理性世界"和"理论人"的质疑，在宗教上是对"神性世界"和"宗教人"的否定。一个后哲学和后宗教的人是谁呢？尼采说是忠实于大地的"超人"——不是"天人"，实为"地人"。海德格尔曾经提出过一种解释，谓"超人"是理解了权力意志和永恒轮回的人，他的意思无非是说，尼采的"超人"是一个否弃超越性理想、直面当下感性世界、通过创造性的瞬间来追求和完成生命力量之增长的个体，因而是一个实存哲学意义上的人之规定。未来哲学应具有一个实存哲学的出发点，这个出发点是以尼采和海德格尔为代表的欧洲现代人文哲学为今天的和未来的思想准备好了的。

　　未来哲学还具有一个非种族中心主义的前提，这就是说，未来哲学是世界性的。由尼采们发起的主流哲学传统批判已经宣告了欧洲中心主义的破产，扩大而言，则是种族中心主义的破产。在黑格尔式欧洲中心主义的眼光里，是没有异类的非欧民族文化的地位的，也不可能真正构成多元文化的切实沟通和交往。然而在尼采之后，形势大变。尤其是20世纪初兴起的现象学哲学运动，开启了一道基于境域－世界论的意义构成的思想视野，这就为未来哲学赢得了一个可能性基础和指引性方向。我们认为，未来哲学的世界性并不是空泛无度的全球意识，而是指向人类未来的既具身又超越的境域论。

未来哲学当然具有历史性维度，甚至需要像海德格尔主张的那样实行"返回步伐"，但它绝不是古风主义的，更不是顽强守旧的怀乡病和复辟狂，而是由未来筹划与可能性期望牵引和发动起来的当下当代之思。直而言之，"古今之争"绝不能成为未来哲学的纠缠和羁绊。在19世纪后半叶以来渐成主流的现代实存哲学路线中，我们看到传统的线性时间意识以及与此相关的科学进步意识已经被消解掉了，尼采的"瞬间"轮回观和海德格尔的"将来"时间性分析都向我们昭示一种循环复现的实存时间。这也就为未来哲学给出了一个基本的时间性定位：未来才是哲思的准星。

未来哲学既以将来－可能性为指向，也就必然同时是未来艺术，或者说，哲学必然要与艺术联姻，结成一种遥相呼应、意气相投的关系。在此意义上，未来哲学必定是创造性的或艺术性的，就如同未来艺术必定具有哲学性一样。

我们在几年前已经开始编辑"未来艺术丛书"，意犹未尽，现在决定启动"未来哲学丛书"，以为可以与前者构成一种相互支持。本丛书被命名为"未来哲学"，自然要以开放性为原则，绝不自限于某派、某门、某主义，也并非简单的"未来主义"，甚至也不是要把"未来"设为丛书唯一课题，而只是要倡导和发扬一种基本的未来关怀——因为，容我再说一遍：未来才是哲思的准星。

孙周兴

2017年3月12日记于沪上同济

献给斯蒂格勒
教授，以示遗
憾与纪念。

序　言

他在绝望中放弃了抵抗

孙周兴

（同济大学哲学系教授）

陈明宽博士的《技术替补与广义器官——斯蒂格勒哲学研究》马上就要出版了，差不多在一年前，他问我能不能为他的书写一个序言，我当时满口答应下来了，但一直忙东忙西的，也是拖了好久。直到最近出版社主事者跟我说：书马上要编辑好了，我才急起来，只好匆匆写上几句。

回头想来，我还不曾给自己的博士生的论文写过"序言"呢。之所以要为陈著写一个，原因恐怕只是，我想把这本论文收入我主编的《未来哲学丛书》之中出版。这套书已经出了若干本，多以尼采和海德格尔为重，其他人物和思想则少有涉及，这当然是不对的。尤其是当今热门的法国当代理论，实际上多半是接着尼采和海德格尔的，对尼—海的思想推进最多，而我自己，却一直滞留于门外，不得其门而入。

本书交稿后，大规模的新冠肺炎疫情开始了，至今未能停息。这期间有一位著名思想家自杀了，就是本书的研究对象、法国哲学家贝尔纳·斯蒂格勒先生。消息传来，我愕然了一番。哲学家一般不自杀，哲学史上鲜有自杀的哲人，因为哲学本身就是"练习死亡"。唯独在法国当代哲学中出现了几位自杀者，先有德勒兹，2020年又有这位斯蒂格勒。斯氏于新冠肺炎疫情期间结束了自己的生命，为何？何为？到底意味着什么？我至今还没有听人说起过个中缘由。

2018年11月23至24日，我和友人唐春山先生在上海浦东的ATLATL创新研发中心共同发起首届"未来哲学论坛"，邀请了斯蒂格勒教授做开场演讲，题为《人类世中的人工愚蠢和人工智能》（后刊于我主编的《未来哲学》第一辑）。这位"斯老师"（他的粉丝、我的同事陆兴华教授的亲切叫法）专程从巴黎飞来，22日下午到，23日上午演讲，当晚飞回。晚间聚餐时，他就坐在我旁边，精神蛮好。酒后"斯老师"告别我们，去了浦东机场。我当时没想到的是，这告别竟然是永别了。

陈明宽博士的这本书完成于2018年上半年。当他把厚厚的博士论文打印稿交到我手上时，我是吃了一惊的。说实话，我本来对他的学业颇有些担忧。该生进校后更换了好几次论题，平常做事犹豫不决，遇事不能决断。记得读了两年光景，受到了一个挫折，他竟萌生了放弃的想法。不过安定了心思后，他终于决定要研究斯蒂格勒的技术哲学。问我，我说可以。我没想到的是，他只用了两年多时间，就完成了这项研究。我读了他提交的打印稿，觉得是一本站得住脚的、有相当学术水准的博士学位论文。尤其令我欣喜的是，经过博士论文的研究和写作训练，陈明宽博士变得成熟了——不光是在学术上。

斯蒂格勒关于技术哲学的观点，我了解不多，而且主要是通过陈明宽博士的论文了解了一些。目前印象深刻的似乎有两点：一是他说的"技术是人的本质"，二是他所谓的"负熵"。前面这个说法——"技术是人的本质"——对不对呢？我认为既对又不对。在斯蒂格勒看来，技术的起源就是人类的起源，技术既构成了人类的本质，也构成了人类的存在方式。如果我们取古希腊的techne（技术、技艺）概念，取其广义，则技术当然是人的本质，比较接近于马克思的规定：劳动是人的本质。我们知道古希腊神话中全能的雅典娜女神既是战争女神又是艺术女神，战争是劳动—艺术的中断，更显突了劳动—艺术的重要性。

　　然而另一方面，我觉得斯蒂格勒的这个命题只有对自然人类来说才是成立的，对技术工业时代的人类——或者干脆说"技术人类"——来说，恐怕就有问题了。如果换一种说法，我愿意说的是，我们应该区分古代技术与现代技术，我们应该看到，以技术工业为主导的现代文明体系是建立在现代技术基础之上的，而不是建立在古代技术（techne）基础上的。古希腊的techne，雅典娜女神掌管的techne，其实是劳动，是我们现在所谓的"艺术"，它跟episteme（科学）无关或者关系不大；而现代技术则是episteme（科学）——特别是形式科学——经过近代的实验化（实质化）而生成的，在此基础上，才有了18世纪后半叶启动的技术工业。一句话，笼统地说"技术"，是不一定恰当的。这一点上，我以为海德格尔后期的思索是最深入的。

　　至于斯蒂格勒的另一个观点，即他所讲的"负熵"，我是极表赞成的。"负熵"本来是一个热力学概念，与"增熵/熵增"相对。斯蒂格勒把它哲学化了，使之成为一个技术哲学的概念。陈明宽博士的论文中对此有较清晰的描述。斯氏提出"负熵"概念，主要是反对技术工业时代的消费主义，所谓的"人类世"仿佛只有"增熵/熵增"而没有"负熵"了，这当然是不正常的，而且是有严重后果的。当年尼采揭示生命/存在的本质是"权力意志"，即追求更大更高的权力/力量，但这种思考明显引发了一个难题：如果生命或存在不断地、一味地提高和增大，那什么时候是个尽头呀？怎么回来呀？他为此头疼了好久，终于思得"相同者的永恒轮回"这个所谓"最高的肯定公式"。如果只有"权力意志"一项，那么尼采晚期哲学就还是不完备的，就还在传统"线性思维"的窠臼之中。

海德格尔后期思想其实也是在这个方向上努力，他所谓的"泰然任之"（Gelassenheit），与斯蒂格勒的"负熵"概念是有异曲同工之妙的。这个词在汉语学界有不同的译法和不同的解释，依我之见，其意义就是"放下、放松、不要紧张"。在此时的海德格尔看来，今天人类面临的最大问题之一，是一味地"要"，只会"要要要"而不能"不要"了，今天的人类欲望膨胀，能力/力量却是日益走低的，尤其是，我们已经失去了"不要"（Nicht-wollen）的能力。海德格尔的这个意思，是跟尼采趋同和合拍的，而斯蒂格勒所讲的"负熵"，我以为也还落在尼采—海德格尔的路线上面。

哲人已逝，带着他对这个变得越来越莫名其妙的技术世界的深度绝望。此刻我竟想到了鲁迅在《野草》中引用诗人裴多斐的一句话："绝望之为虚妄，正与希望相同。"对于绝望，对于死亡，鲁迅采取的是尼采式的"积极的虚无主义"——而我以为，这恐怕是今天的生存者唯一值得采纳的姿态：生命的根本虚无和绝望，并不是我们否定生命的理由，而只能是我们积极生活的理由！在绝望中坚持抵抗，并且发出大笑，才是尼采讲的"悲剧性"和"英雄精神"，才是生的策略！

现在，我们只好用陈明宽博士的这本论文来纪念这位在绝望中没落的斯蒂格勒，愿他在天之灵安息。

2021 年 3 月 16 日记于杭州乡间

目录

引　论

　　我们所生活的世界到处都被技术渗透着，躯体、精神、行为等都有被技术引导和控制的痕迹。甚至我们可以说，技术就像某种躯体器官一样构成了我们的躯体外器官。自19世纪前后的工业革命以来，人类社会所取得的技术成就，比自人类开始进化以来取得的所有技术成就都要高。而且，技术发展的速度也越来越快。人类在其之前的历史中无法想象的事情，现在做起来变得轻而易举。技术的进步一次又一次地推动人类社会的发展，也一次又一次地使人类越来越依赖于技术。以至于人们常常非常自信地认为，我们正是这个世界的主宰。人们相信技术还会不断地发展，技术还会将人类许多天马行空的想象付诸实现。尽管人们意识到，技术的快速发展污染了人类生存的地球环境，破坏了动物的家园，使许多物种灭绝了，而且也引起了许多新的疾病；甚至人们也意识到，技术的快速发展破坏了之前的世代所累积下来的优良的传统文化和许多值得珍惜的精神财富。然而，尽管人们采取了许多预防这些技术产生副作用的措施，但技术给人类所带来的破坏作用，却无论如何也没有减少一点。如果人们认为技术的发展中出现的副作用是完全可以避免的，那这种想法真是太天真了。当人们针对某种明显的技术副作用采取治理措施时，新的副作用又会在别的某处出现。技术给人们带来便利和好处的同时，也会给人类带来不便利和坏处。并且，这种不便利和坏处是无论如何都不可避免的。如果人们真的想要避免技术的弊端，那么，唯一的办法就是阻止技术的发展。但是，这种阻止已经不是人类所能够办到的了。

一方面，技术与我们的日常生活联系越来越紧密；另一方面，技术的更新迭代似乎成了常态，我们不得不被动地适应技术的变化。比如一部智能手机，可能在我们还没有学会如何去使用它的所有功能的时候，它的升级版本就已经推出好长时间了。我们惊讶于技术的日新月异，也惊讶于技术的肆意渗透。技术确实给我们带来了比以往任何人类历史时代都要多的便利。然而，技术虽然给我们带来了便利，虽然与我们的日常起居之联系越来越紧密，但技术的无孔不入却似乎又意味着对我们的奴役。我们使用的电脑、手机以及车载的GPS定位，都会留下我们曾经于何时何地做过什么的痕迹。这已经不是数据记录，而是真正的实时监控。我们不得不说，技术并没有实现当初我们努力开发它时所抱有的初衷：我们认为技术越先进，我们的生活就会越幸福。

现在，我们有足够的理由相信，技术虽然满足了人们的各种欲望，但技术的进步似乎并没有使人们变得更幸福。如果有人说，幸福是难以定义的，人们是否幸福因人而异。那么，我们就不能因为古代的技术水平低，就说我们比古代的人幸福，也不能因为当代世界某个国家和地区的经济和技术条件差，而说当地的人民不幸福。这样看来，技术似乎是与人们的幸福无关的。既然与人们的幸福无关，可为什么世界各国要争先恐后地发展技术呢？这可能是因为，世界各国处于博弈状态中，尽管技术与本国人民之幸福没有必然的关系，但落后于别的国家必然会受技术先进之国的欺负，即，技术落后必然会使本国人民不幸福。有鉴于此，还是要努力发展技术。而技术本身正是在这种博弈状态中逐渐地发展着。如果技术也是一种生命的话，我们似乎可以说：技术在利用人类，技术就像人类DNA序列中未被人类破译、看似无用的某个片段，它正在默默地给人类下指令，以在人类的协助下生长发育，直到有一天能够反噬人类。

　　而且，即使技术的进步给人们生活所带来的改善已经非常明显，但人们在生活中该遇到的烦恼还是会遇到，该遭逢的挫折还是会遭逢。技术的进步并没有使人们少遭受痛苦，也没有使人们少遇到悲伤。就拿医疗来说，虽然医疗技术发展的初衷在于减少人类的疾病，让人们在治疗的过程中少遭受痛苦；可是，医疗技术的进步似乎反而增加了人类疾病的种类，并使生病的人感受到了更大的痛苦。"医疗技术开拓者所开创的、对急性病目标明确的治疗和对更精确的外科手术的探索皆延长了人类寿命。"[1]可是，人类寿命的延长却是以接受手术的病人获得伴随终生的慢性病为代价的。"人们以往最担心的是看得见的、局部的和比较简单的疾病；而现在最担心的则是难以捉摸的、多形态的和无尽头的疾病。……尽管延长了寿命，却可能使一种疾病的急性状态转化。……今天，医学必须跟这样一种概念——认为可不把患者作为整体看待——商榷。"[2]如果说技术，当然包括医疗技术在内，确实是在不断地进步，但是我

---

[1]　爱德华·特纳：《技术的报复：墨菲法则和事与愿违》，徐俊培、钟季康、姚时宗译，上海：上海科技教育出版社，2012年，第59页。
[2]　同上，第65页。

们需要明白的是，技术不单单是在进步。任何一次技术的进步，其实都在聚集着技术的报复效应。"最终报复效应意味着人们会向前进，但现实总是跑在我们前面，我们必须经常回头看看。"①所以，我们才需要反思，技术是什么，人类热衷于开发技术的动机究竟是什么。

---

① 爱德华·特纳：《技术的报复：墨菲法则和事与愿违》，第404页。

第一章　形而上学中的技术

　　许多年以来，人们常常认为技术就是人类的工具。如果是在以蒸汽为动力的机器出现之前，这句话会是正确的。刀枪、锄铲、舟船、器皿等都只是在辅助人们的日常生活而无法引导人们去做决定。人们可以控制这些手工工具所产生的实际后果，即使有时超出意料，也完全是在可控范围之内。不过，在以蒸汽为动力的机器出现之后，"技术是人类的工具"这一所谓的"常识"就变得极其可疑。机器的产出无论如何都比手工工具的产出多得多，而且比手工工具更为高效。但机器的副作用却也比手工工具的副作用大得多，也更为可怕。蒸汽革命时期的英国伦敦，烟囱林立、浓烟滚滚，天空中飘满黑色的煤灰，泰晤士河流淌着散发出臭气的淡褐色液体，走在大街上的人们不得不小心翼翼地呼吸着每一口空气。英国最早进行蒸汽革命，却在蒸汽革命之后变得满目疮痍，成了环境污染最严重的地方。蒸汽机器虽然大大提升了当时的生产力，却也造成了不可控的严重后果。这样，人们才突然意识到，技术不是人类的工具，或者说，不再仅仅是人类的工具。

　　可是，如果技术不是人类的工具，那么技术究竟与人类是什么样的关系？如果人类无法控制技术的发展，也就是说，人类有可能对技术之发展只起到催化作用，那么技术之不停的发展，其方向和目的究竟在哪里呢？如果技术之发展与人类的幸福无关，技术在满足人类之各种欲望的同时，也使得人类付出了极高的甚至是不可估量的代价，那么，技术本身究竟是什么呢？这些问题重要且难以回答，却又时常引人思索。不过，当代法国著名思想家贝尔纳·斯蒂格勒（Bernard Stiegler）却通过他的技术哲学为我们思考这些问题开辟了一种全新的视野。且不论这种视野是不是能够得到进入其技术哲学中的所有人的认同，它至少能够使人们在思考技术问题时不至于手足无措，找不到进入此问题的入口。我们下面就要展开对斯蒂格勒技术哲学的论述。本书取名"技术替补与广义器官"，既标识出斯蒂格勒所理解的技术本质，又表明了人类与技术的关系；其既在微观上表明了技术是什么，也在宏观上表明了技术怎么样。在斯蒂格勒看来，人类的诞生就是技术的诞生，技术就是人类的本质和存在方式。不过，在自柏拉图以来的两千多年的西方形而上学历程中，技术一直被形而上学压抑着，技术被认为是派生的可有可无的能指，具有任意性和随机性。这种对技术的压抑，直到19世纪才被释放。

一　派生的能指

索绪尔首先在语言学领域内提出了能指（signifier）与所指（signified）的划分。索绪尔认为书写（writing）是能指，言语（speech）则是所指。但索绪尔贬低书写。他认为书写只具有派生的狭隘功能。书写与语言的本质无关，言语才是语言的本质。"书写因此具有我们归之于器具的外在性，归之于一件不完美的工具、一种危险甚至是有害的技术的外在性。"①因此，书写只是对言语的补充，能指只是对所指的补充。"索绪尔竭力将书写的历史视为外在的历史，视为从外面降临并影响语言的一系列偶然事件。"②这样，作为一种技术的书写就被排除在了构成语言之本质的内容之外。如果说言语是语言之本质的话，那么，书写就只是语言的一种存在方式，而且这种存在方式是临时的，是对其本质即言语之实质不构成影响的。德里达将索绪尔这种将语言划分为能指与所指二元对立的两个领域并以所指为中心的做法称为"语音中心主义"（phonocentrism）。语音中心主义实质上就是一种以在场形而上学为基础而建立的逻各斯中心主义（logocentrism）。"而逻各斯中心主义也不过是一种语音中心主义：它主张言语与存在绝对贴近，言语与存在的意义绝对贴近，言语与意义的理想性绝对贴近。"③这样看来，索绪尔对语言之能指与所指的二元对立的划分，仍然是一种形而上学的思维方式。"所指与能指的区分深深地隐含在形而上学历史所涵盖的整个漫长时代。"④索绪尔打压和贬低书写这种能指，在根本上只是因为书写是一种技术。当然，对技术进行贬低的人不只是索绪尔一个。在西方形而上学历程中，所有的形而上学家（包括康德在内）几乎一致地对技术不怀好意，压抑着技术。⑤这种对技术的态度并不是由形而上学家自身的情感好恶决定的，而是因为他们处在形而上学这种思维方式内，他们对技术的态度是由技术在形而上学中的地位决定的。那么，技术

---

① J. Derrida, *Of Grammatology*, translated by G. C. Spivak, Baltimore: The Johns Hopkins University Press, 1976, p.34.

② Ibid., p.34.

③ 雅克·德里达：《论文字学》，汪堂家译，上海：上海译文出版社，2015年，第15页。

④ 同上，第16页。

⑤ B. Stiegler, *Technics and Time, 3: Cinematic Time and the Question of Malaise*, translated by S. Barker, California: Stanford University Press, 2011, pp.187-192.

在形而上学中处于什么样的地位呢？要回答这个问题，我们必须首先来看一看究竟什么是形而上学。

西方形而上学始于柏拉图，是一种研究存在者的学说。它研究两种存在者：一般存在者和最高存在者。[①]最高存在者就是上帝，而上帝就是真理和逻各斯（λόγος），是绝对的在场，是第一所指；它是存在者之在场的支持，是所有一般存在者之存在意义的来源，是一般存在者的本质（essence）。而一般存在者则是在上帝这一第一所指的支撑下而在场的能指，这些能指只是对所指的补充和再现，具有派生性和任意性[②]；这些一般存在者只是最高存在者表现自身的方式，是最高存在者的实存（existence）。柏拉图认为，一般存在者只是分有最高存在者的本质。他不相信日常生活中所观所感的一般存在者是真实的，而认为这些东西是不现实的。真正现实的东西是理念，即最高存在者，但理念不是人的感受所能感受到的，因此理念是处于超感性领域的，是处于真实世界的。而一般存在者只是处于感性世界，感性世界的东西虽然不是真实的，但由于其是对理念的分有，所以也是能够存在的。但这种感性世界的存在者是随机产生的，它可以被另外随机产生的存在者所替换。这样，柏拉图做出了感性世界和超感性世界、虚假世界和真实世界的划分。这两个世界之间虽然隔着深深的鸿沟，但感性世界的彼岸——超感性世界却是其在场的支撑。感性领域和超感性领域的划分对应于实存和本质的划分，而这两个概念又是构成形而上学的最核心的概念。于是，从柏拉图开始，形而上学这种逻各斯中心主义

---

① 关于海德格尔对形而上学的论述，可参见《〈形而上学是什么？〉导言》，载《路标》；《尼采的话"上帝死了"》，载《林中路》；《哲学的终结与思的任务》，载《面向思的事情》；《形而上学之克服》，载《演讲与论文集》。
② J. Derrida, *Of Grammatology*, pp.12–15.

便逐渐生长出了各种二元对立的中心主义，比如，能指与所指的对立。

而技术无论如何都只是一般存在者，是最高存在者的能指。它并不在自然中生长，作为人工的制作物，其比动物和植物更加远离自然，更加远离逻各斯的中心。人工的技术会干扰对灵魂的净化。正是出于这种原因，在书写刚诞生的年代里，苏格拉底就不厌其烦地贬低作为一种技术的书写。在《斐德罗篇》（*Phaedrus*）的记载中，苏格拉底明确宣称作为一种记忆技术的书写是对灵魂的污染。他贬低书写，认为书写会干扰记忆，败坏希腊青年人的灵魂。如果关于灵魂回忆的知识都是以这种手段记录下来的，那么，智者就会教导城邦中的青年直接通过阅读文字来获取知识，而不是通过回忆来获得关于灵魂的知识。而且，智者依赖文字对知识的肆意解释，也会对希腊城邦的集体认同构成威胁。不过，我们无从得知对书写的贬低是不是苏格拉底的真实看法，因为我们之所以能够知道"苏格拉底贬低书写"正是通过作为一种技术的文字书写。苏格拉底贬低书写的言论是由形而上学的创始人柏拉图书写下来的。由于柏拉图必然支持更加接近逻各斯的言语，因此，我们就有理由怀疑柏拉图篡改了苏格拉底的言语。[①]无论其是否被篡改，但可以肯定的是，

---

① 这种篡改几乎是确定无疑的。根据斯蒂格勒的技术哲学，只要作为声音之连续流程的言语被以作为手势之连续流程的文字书写下来，那么，文字记录就是对言语的离散化，在此离散化过程中，言语在表达过程中的某些信息肯定会被丧失和遗忘。柏拉图的文字一定没有将苏格拉底的言语准确表达出来，因为苏格拉底的言语声音中的音调、音色、停顿等是无法通过柏拉图的文字表达出来的。文字与言语是无法一一对应的，它们是依赖于不同的电码而构成的不同的连续流程。柏拉图的文字遗漏掉了苏格拉底声音中的某些信息，文字书写技术无论如何也无法将苏格拉底言说时的完整场景还原出来。在此意义上，我们说，柏拉图篡改了苏格拉底的言语。但，如果不是因为这种篡改，我们就无法知道苏格拉底的思想，即使这些思想是柏拉图在某种程度上篡改过的思想。文字对言语的篡改，实则是文字对言语的替补。替补则是无奈之举，它既产生药效（使苏格拉底的思想流传后世），也产生毒副作用（苏格拉底流传后世的思想是被篡改过的）。关于柏拉图的文字与苏格拉底的言语之关系的进一步论述，可参见本书第三章第六节"德里达的药"。

在形而上学时代，不只是书写技术，就连用文字书写下来的关于技术本身的思考都少之又少。形而上学时代开始于柏拉图，终结于尼采，在其两千多年的历程中，完全没有关于技术之哲学思考的专门著作。这种现象的原因在于，形而上学家们认为，关于技术的思考根本没有必要。因为技术对灵魂和精神均没有本质的影响，它只是人类社会现象中的偶然事件。如果一种技术消失了，仍然会有新的技术补充此技术的位置，而它们所起的作用是相同的。当黑格尔认为在19世纪精神完全实现了自身（即成了绝对精神）时，他的思维方式仍旧是柏拉图的思维方式：黑格尔的精神之实现自身，只是柏拉图的灵魂之得到完全净化的另一种表达方式。只不过黑格尔将精神之实现自身放在了历史的进程中。而在这种历史进程中，完全没有技术的位置，技术对灵魂的进化、对绝对精神的实现自身完全没有影响。

19世纪是形而上学终结的世纪，黑格尔说，哲学在此完成了自身。可是，我们要说的是，技术在形而上学时代一直被压抑着，被排斥在精神和思考的范围之外。因为，形而上学中的技术只是派生的能指。

二　无目的与无动因的技术

我们无法证明形而上学产生于欧洲有其必然性，因为思考必然性就意味着思考起源性，因而当我们思考某物之起源时，就已经陷入了形而上学的思考方式之中。[1]但可以肯定的是，"在哲学的开端

---

① "不存在起源，即不存在单纯的起源；起源问题本身就包含在场形而上学。"（《论文字学》，第106页）

之处，它就将在荷马时代仍旧在一起的技术和科学（ἐπιστήμη，知识）这两个概念区分了开来。这种分开是由当时的政治背景决定的，哲学家指责智者们将逻各斯工具化，将其作为修辞和诡辩的工具，让逻各斯成为权力的工具，并与知识脱离关系。在哲学知识与智者诡辩技术的冲突下，所有的技术知识都被贬低了"[1]。亚里士多德正是在此遗风下根据其"四因说"提出了关于技术物体之本质的定义。不用怀疑，亚里士多德关于技术物体之本质的定义，仍然是在贬低技术物体。在谈论此定义之前，我们先来看一下亚里士多德的"四因说"。

亚里士多德认为，存在者之能够存在一共有四种原因。首先是质料因。比如，青铜器必须用青铜才能制作而成，青铜就是青铜器的质料因。第二种原因是形式因。每一只青铜器都必然具有形状，无论是堪称艺术品的精美的青铜器，还是被制作失败的青铜器；没有形状的青铜器是不存在的，我们可以说没有形状的青铜，但不能说没有形状的青铜器。第三种原因是动力因。比如，青铜器工艺师就是青铜器之产生的动力因。第四种原因则是目的因。青铜器之被制作出来，其目的是为祭祀之用，或者为饮酒之用，这些用途就是青铜器之能够存在的目的因。[2]这四种原因是所有存在者之能够存在的共同原因，但并不是说，所有存在者本身都同时具备这四种原因。在亚里士多德看来，青铜器之类的技术物体自身就不具备动力因和目的因。

---

[1]　B. Stiegler, *Technics and Time, 1: The Fault of Epimetheus*, p.1.

[2]　"原因有四种意义，其中的一个原因我们说是实体和所以是的是（因为把为什么归结为终极原因时，那最初的为什么就是原因和本原）；另一个原因就是质料和载体；第三个是运动由以发生之点；第四个原因则与此相反，它是何所为或善，因为善是生成和全部这类运动的目的。"（亚里士多德：《形而上学》，苗力田译，北京：中国人民大学出版社，2003年，第7页。）

技术物体同自然中生成的事物（如植物和动物）不一样。而"所谓自然，就是由于自身而不是由于偶性地存在于事物之中的运动和静止的最初本原和原因"①。技术物体之所以能够产生,其原因并不在自身之内。木本植物从一颗种子生长发育成一棵大树，藤本植物从一颗种子生长发育成四下蔓展的藤条，植物后天的性状已经蕴含在那一颗小小的种子里面，这颗种子就是植物之生长成不同样子的动力来源。因此，植物的动力因就在自身之中，动物的情形也是如此。凡是自然生成的存在者都是如此。而对于技术物体来说，"因为没有一件工艺制品的制作根源在自身之中，而是在他物之中。虽然有一些工艺制品的根源在自身之中，但那不是由于自身，而是由于偶性才可能成为这些东西的原因"②。从青铜制作而出的青铜器，其动力因并不在青铜之中，而在工艺师的思维或者精神之中。

技术物体自身也不具备目的因。工艺师将青铜制作成青铜器，这种器具的目的并不随着青铜的存在而存在，也不随着青铜器的存在而存在，其目的也不是工艺师赋予的。青铜器之能够存在的目的在于其用途，不过，其用途是可以变化的。古代的青铜酒樽用于饮酒，但现代社会考古发现的青铜酒樽，无论如何是不能再被用于饮酒了，它成了文物，在博物馆里展出，其用途就成了文明历程的见证。"所以，在技术的产品中，是我们以自己作为目的而制作质料。"③这样，技术物体的目的因只能存在于其自身之外，它自身不具备使自身存在的目的因。虽然，每一种技术都是要使某种物体生成，

---

① 亚里士多德：《物理学》，苗力田译，北京：中国人民大学出版社，1991年，第30页。
② 同上，第31页。
③ 同上，第36页。

但生成的技术物体只是偶然的存在者。"因为，技术（τέχνη）① 同存在的事物，同必然要生成的事物，以及同自然而生成的事物无关，这些事物的始因（动力因）在它们自身之中。"② 同时，技术物体也不具备先天的目的因。技术物体由作为人的使用者生产而出，只是为达到某一目的的手段。这样看来，"技术与运气（偶然）是相关于同样一些事物的。正如阿伽松所说，'技术爱恋着运气（偶然），运气（偶然）爱恋着技术'"③。而与技术相对的则是科学，因为，"科学（ἐπιστήμη）的对象是由于必然性而存在的。因此，它是永恒的"④。

通过引用阿伽松的诗句，亚里士多德将科学划分在必然性的领域中，将技术划分在偶然性的领域中，将理智获得确定性的这两种方式对立起来。不过，亚里士多德一定想象不到，在19世纪前后，技术与科学这两个在他看来绝对对立的范畴竟然结合在一起了。技术与科学结合的成果就是技术科学（technoscience），这一成果对于所有形而上学家来说几乎都是匪夷所思的。因为，无论是在柏拉图的形而上学中，还是在亚里士多德的形而上学中，或者是在康德的形而上学中，"科学作为'不能够成为不同于它的现状的事物'，都是在对现实进行阐述并使之形式化。从这个角度来看，科学是关于

---

① 对于斯蒂格勒来说，他并不建议将"τέχνη"一词翻译为"技艺"（art）："不幸的是，与以往的翻译一样，奥本克也将'τέχνη'译作'art'（技艺），而我们却希望把它顾名思议地理解为'技术'，而不应进行任何曲解。"（《技术与时间3》，第250页）其实，在他的技术哲学中，技术构成了艺术之存在的前提，有什么样的技术条件，就会出现什么样的艺术形式。在现代视听媒介没有出现之前，主要的艺术形式只有雕塑、绘画、音乐和文学等；但随着现代视听媒介的出现，也诞生了电影和动作行为等新的艺术形式。所谓艺术，就是通过对技术使用而使得长回路的欲望能够形成，即能够实现欲望之升华的技术活动。因此，艺术的本质就是技术。本书在讨论"τέχνη"一词时，统一将其翻译为"技术"，后面的论述将不再做具体的说明。
② 亚里士多德：《尼各马可伦理学》，廖申白译注，北京：商务印书馆，2003年，第171页。
③ 同上，第171页。
④ 同上，第170页。

'存在'的科学"①。也就是说,科学是关于存在者之如何存在的科学,科学是形而上学具体化的一种形式。而技术一方面不具备内在于自身的动力因和目的因,它是偶然的生成;另一方面,技术物体这种偶然的存在者,比自然生成的存在者还要远离逻各斯,它根本不是科学的研究对象,更不要谈它们能够结合在一起。

技术与科学为什么能够结合在一起而成为技术科学?这对于斯蒂格勒来说是一个重要的问题。但现在还不是谈论这个问题的时候,因为在我们真正进入斯蒂格勒的理路中去分析他的技术哲学之前,有两种较为流行的理解技术的立场仍是阻碍我们理解斯蒂格勒技术哲学的障碍。我们必须首先将这两种障碍清除,开辟出一个空旷的视野,才能更全面而深刻地理解斯蒂格勒的技术哲学。这两种立场,一种是以人类生存为中心的人类中心主义立场,另一种是过于抬高技术、认为技术可以解决人类所有难题的技术乐观主义立场。这两种立场虽然表面看来彼此冲突,但它们有着共同的起源,即它们都认为人类与技术是对立的。②

三 人类中心主义的技术观

以人类为中心去理解技术,常常只是将技术视作人类发明创造出来并供其使用的工具。如果这种工具使用起来得心应手,为人类带来了很多便利,那么,人们就会赞赏这种发明是在造福人类。如果这种工具在为人类带来便利和好处的同时,也为人类带来了更大

---

① 斯蒂格勒:《技术与时间3:电影的时间与存在之痛的问题》,方尔平译,南京:译林出版社,2012年,第257页。
② 斯蒂格勒:《技术与时间1:爱比米修斯的过失》,裴程译,南京:译林出版社,2012年,第105页。

的不便和坏处，甚至给人类带来了恐惧，但人类又摆脱不了这种工具，比如核武器，那么，人们就会说，这种工具是可怕的工具。然而，其虽然被人类称为服务自身的工具，但又可怕得令人无可奈何，这实则就是技术的人类中心主义（anthropocentrism）立场的困境。此立场将技术统统视作以服务人类为目的，但此立场却解释不了那些对人类有致命威胁的武器为什么会被发明出来，以及人类为什么又对之挥之不去。

　　海德格尔的技术哲学就是一种人类中心主义的技术哲学。当然，我们并不是说海德格尔自己支持人类中心主义。虽然从海德格尔的哲学中推论不出任何支持人类中心主义的逻辑，但是，这仍然否定不了海德格尔的技术哲学是一种站在人类的立场上来思考技术的人类中心主义技术哲学。海德格尔自己并不反对技术，但却认为技术差不多要超出人类的控制，并且，已经成了一种极其危险而可怕的力量。[①]在海德格尔的技术哲学中，人与技术之间存在着根本上不可调和的冲突，这种冲突不是依靠技术就能化解的。而且，这种技术哲学也无法为现代技术之存在与发展提供合法性。海德格尔思考技术时显得对技术无能为力，其实这是其总体思想中的一个障碍，是其思想困境的一个表现。这一困境依靠海德格尔自己的哲学是无法化解的。海德格尔技术哲学的人类中心主义虽然显现得并不明显，但其扎根得最为深远。现代许多持此立场的对技术的思考，虽然并不一定直接从海德格尔的思想而来，但海德格尔的技术哲学几乎均可看作这一立场的逻辑源头。海德格尔技术哲学之困境也是其他以

---

① 关于海德格尔的此观点可参见《理查德·维塞尔对海德格尔的采访》，载贡特·奈斯克、埃米尔·克特琳编：《回答：马丁·海德格尔说话了》，陈春文译，南京：江苏教育出版社，2005年，第8—9页。

此为立场的技术哲学的困境。所以，我们有必要讨论一下海德格尔技术哲学的基本思路，来看一看其困境是怎样形成的。

海德格尔整个哲学思想的基本建构就是"存在论差异"[①]。这一区分贯穿了海德格尔哲学思想的始终，而这一"发现和提出无疑是他为哲学研究做出的最具创发性、最重要的贡献之一"[②]。那么，何为"存在论差异"？"存在论是关于存在的科学。但存在向来是一存在者之存在，存在合乎本质地与存在者区分开来。如何把捉存在与存在者的这一区别呢？……这一区别不是随意做出的，它毋宁是那样一种区别，借之可以首先获得存在论乃至哲学自身的主题。它是一种首先构成存在论的东西。我们称之为存在论差异，亦即存在与存在者之间的差异。"[③]这种差异的最根本意义就是把存在和存在者区分开来了。

形而上学作为一种研究存在者的学说，它本身并没有关注这一差异，它只把目光放在存在者领域，因而，在形而上学两千多年的历史中，它便始终遗忘了存在。存在乃无蔽（ἀλήθεια）[④]，要揭示无蔽，必须依靠人把无蔽之澄明（Lichtung）带入在场[⑤]，而被带入无蔽之澄明在场逗留的持存者就是存在者[⑥]。"唯当存在者进入和出离这种澄明的光亮领域之际，存在者才能作为存在者而存在。"[⑦]存在者标

---

① 海德格尔使用"die ontologische Differenz""der ontologische Unterschied"等词表示我们这里所说的"存在论差异"。国内还有"存在学差异""存在论区分"等译法。
② 俞吾金：《海德格尔的"存在论差异"理论及其启示》，载《社会科学战线》2009年第12期，第195页。
③ 海德格尔：《现象学之基本问题》，丁耘译，上海：上海译文出版社，2008年，第19页。
④ 海德格尔使用不同的术语来命名存在，如"无蔽""在场""真理""无""澄明"等。我们这里并不纠结于不同术语之异同，只从"无蔽"入手，以方便处理技术问题。
⑤ "存在（无蔽）乃是对人的允诺或诉求，没有人便无存在（无蔽）。"（《林中路》，第65页）
⑥ "存在者之在场意味着在场者之在场。"（《演讲与论文集》，第149页）"在场者乃是进入无蔽状态之中并且在无蔽状态范围内本质性地现身的持续者。"（《路标》，第151页）
⑦ 海德格尔：《林中路》，孙周兴译，上海：上海译文出版社，2008年，第34页。

识着无蔽现身在场而又有所扣留地抽身而返，正是如此，存在者之解蔽既揭示着无蔽之澄明，又遮蔽无蔽之澄明。①而所谓解蔽（das Entbergen），就是把无蔽之澄明揭示出来带入在场的某种方式。"技术乃一种解蔽的方式。"②

但技术并不是唯一的解蔽方式，把无蔽之澄明带入在场的方式有无数种。③只要是能够把无蔽之澄明带入在场，此方式都可以被称为"解蔽"，无论这种方式曾经存在过而现在没有了，还是这种方式现在不存在而将来可能被发明出来。"技术是一种解蔽方式。技术乃是在解蔽和无蔽状态的发生领域中，在 ἀλήθεια［无蔽］即真理的发生领域中成其本质的。"④而这种对技术之本质的规定，不仅适用于古代的手工技术，也适用于现代技术。⑤

然而，海德格尔以存在论差异为前提，并进而把技术之本质规定为解蔽，这一理论框架已经种下了人与技术之间存在不可调和之冲突的根由。为什么会如此？首先，存在论差异区分出了存在和存在者的差异。又因为，"存在者之无蔽状态总是走上一条解蔽的道路。解蔽之命运贯通并且支配着人类"⑥。这也就意味着，任何一种解蔽手段都必然与人相关。可是，"作为这样一种命运，解蔽之命运在其所有方式中都是危险，因而必然就是危险（Gefahr）"⑦。因为，"解

---

① "存在者进入其中的澄明，同时也是一种遮蔽。"（《林中路》，第34页）"对存在者之为这样一个存在者的解蔽同时也就是对存在者整体的遮蔽。"（《路标》，第228页）
② 海德格尔：《演讲与论文集》，孙周兴译，北京：生活·读书·新知三联书店，2005年，第10页。
③ "真理的自行设置入作品""建立国家的活动""邻近于那种并非某个存在者而是存在者中最具存在特性的东西""本质性的牺牲""思想者的追问"（《林中路》，第42页）等都是解蔽的方式。
④ 海德格尔：《演讲与论文集》，第12页。
⑤ 同上，第12页。
⑥ 同上，第24页。
⑦ 同上，第26页。

蔽需要遮蔽状态"①,"无蔽状态需要遮蔽状态"②,"一切解蔽都归于一种庇护和遮蔽"③。而对于人来说,"人在无蔽领域那里会看错了,会误解了无蔽领域"④。因而,当人使用解蔽手段对无蔽之澄明进行揭示时,就会出现人将遮蔽之非本真状态看成其本真状态的情况,甚至往往会出现这样的情况。

那么,技术作为一种解蔽方式,它当然也会遮蔽存在。于是,作为一种解蔽方式的技术在根本上也意味着危险,解蔽之命运又贯通支配着人类。因而,人与技术之间就存在着根本的冲突,且不可调和。这就是海德格尔技术哲学困境的由来。

而此一困境集中表现在他试图分析现代技术的过程中。⑤在斯蒂格勒看来,"海德格尔解释现代技术所遇到的困境与其整个思想遇到的困境是一样的。他在许多著作中都关注过现代技术,但其看法并不总是一致的。这也就是说,现代技术的思想在海德格尔的著作中是模糊不清的。它似乎既是思之最终障碍,又是思之最终可能性"⑥。

那么,"什么是现代技术呢?它也是一种解蔽"⑦。"解蔽贯通并且统治着现代技术。……在现代技术中起支配作用的解蔽乃是一种促逼,此种促逼向自然提出蛮横要求,要求自然提供本身能够被开采和贮藏的能量。"⑧而这种促逼着的解蔽就是集置⑨,就是现代技术的

---

① 海德格尔:《演讲与论文集》,第236页。
② 同上,第236页。
③ 同上,第25页。
④ 同上,第26页。
⑤ 甚至可以说,海德格尔正是为了分析现代技术,才把自己的哲学思考范围扩大到技术领域。
⑥ B. Stiegler, *Technics and Time, 1: The Fault of Epimetheus*, p.7.
⑦ 海德格尔:《演讲与论文集》,第12页。
⑧ 同上,第12—13页。
⑨ 同上,第18页。

本质①，"我们以'集置'（das Ge-stell）一词来命名那种促逼着的要求，那种把人聚集起来、使之去订造作为持存物的自行解蔽者的要求"②。但尽管现代技术摆置着人，它仍还是一种解蔽方式。在这种促逼着的解蔽中，仍发生着无蔽之澄明的现身在场。可是，为什么现代技术的本质突然就成了促逼着的解蔽、强迫着的解蔽了呢？这种解蔽方式的强迫性究竟来自于哪里呢？我们仍不得不说，海德格尔对现代技术之本质所做的如此规定，仍然与其存在论差异以及以此差异对形而上学的分析密切相关。

　　形而上学是西方两千多年历史的必然命运，起自柏拉图终至尼采。形而上学遗忘了存在，但这种遗忘并不是某个思想家的粗心大意，而是当以表象-计算性思维方式③去对存在进行解蔽时所发生的一个必然情况。"我们一概把形而上学思为存在者之为存在者整体的真理，而不是把它看作某一位思想家的学说。每个思想家总是在形而上学中有其基本的哲学立场。"④而所谓的真理，在海德格尔看来，在其最原初的意义上乃是存在之无蔽状态。⑤这种存在之无蔽状态，必然通过某种解蔽方式被带入在场。而在场，就是在"无蔽状态中到达、并在那里持留的东西的持续"⑥。柏拉图把存在之无蔽状态的在场用"εἶδος"（爱多斯）、"ἰδέα"（相）来表示，并划分出理念世界和感性世界：理念世界就是存在之无蔽状态在场的世界；而感性

①　海德格尔：《演讲与论文集》，第19页。
②　同上，第18页。
③　关于海德格尔对表象—计算性思维方式的论述，可参见《泰然任之》，载《海德格尔选集》，第1230—1241页；《世界图像的时代》，载《林中路》，第75—84页；《哲学的终结与思的任务》，载《面向思的事情》，第68—72页。
④　海德格尔：《林中路》，第192—193页。
⑤　同上，第35页。
⑥　海德格尔：《演讲与论文集》，第44页。

世界就是不能把存在之无蔽带入在场的世界，就是意见的世界。然而，柏拉图这种把存在之无蔽以观审（θεωρία）的解蔽方式带入在场的方法，最终被人们冠以"形而上学"的称号，并逐渐失去了其解蔽存在的正确性。这两种世界的划分最终就成了形而上学得以存在的基本结构，即如前面所说：形而上学一方面研究存在者之为存在者的本质是什么，另一方面又研究存在者之为存在者是如何实存的。形而上学这种把存在之无蔽带入在场的解蔽方式[1]，和任何其他的解蔽方式一样都包含着危险，这种"存在者之为存在者整体的真理"最终失去了其作为存在之无蔽现身在场的真理性及作为解蔽存在之无蔽的方式的正确性。存在者的真理沉落（Untergang）了，这种沉落指的是，"存在者之可敞开状态、而且只有存在者之可敞开状态，失去了它决定性的要求的迄今为止的唯一性"[2]。

由于人与其所使用的解蔽方式之间有着必然之冲突的危险，形而上学作为一种解蔽方式，而且是关于存在者整体的解蔽方式，也必然包含着这种危险，即人与形而上学之间的冲突。于是，"存在者之真理的沉落必然自行发生，而且作为形而上学之完成而自行发生"[3]。但是，形而上学的完成并不意味着其烟消云散了，"人们绝不能把形而上学当作一种不再被相信和拥护的学说抛弃掉"[4]，"只要我们生存着，我们就总是已经置身于形而上学之中了"[5]。形而上学在自身终结之际，以分解为诸科学的方式完成了自身，"依然遮蔽着的

---

① 海德格尔：《演讲与论文集》，第75页。
② 同上，第70页。
③ 同上，第70页。
④ 同上，第69页。
⑤ 海德格尔：《路标》，孙周兴译，北京：商务印书馆，2000年，第141页。

存在之真理对形而上学的人类隐瞒起来了"①：世界倒塌，大地成为荒漠，人类失去家园，被迫从事重复的劳动。②"在其所有形态和历史性阶段中，形而上学都是西方的一个唯一的、但也许是必然的厄运"③，这种厄运以分解为诸科学的方式完成了。如今，每一种科学都是这种厄运的体现。

那么，"科学的本质何在？……科学是关于现实的理论"④，但"这句话既不适用于中世纪的科学，也不适用于古代的科学"⑤，科学这个名称仅指现代科学⑥。现代科学"特别地根据对置性（Gegenständigkeit）来促逼现实"⑦。"由此产生出科学观察能够以自己的方式加以追踪的诸对象的区域。这种有所追踪的表象，在其可追究的对置性方面确保一切现实之物的表象，乃是表象的基本特征；现代科学由此得以与现实相符合。但现在，这样一种表象在每一门科学中完成的最关键工作却是对现实的加工，后者根本上首先而且特地把现实提取到一种对置性中，一切现实由此从一开始就被改造为对有所追踪的确保而言的杂多对象。"⑧"科学变成理论，一种追踪现实并且在对置性方面确保现实的理论。"⑨现代科学也就是形而上学的完成形态。可是，"对置性本身，原则上始终只是一种在场方式而已，而……在场者虽然可能以此方式显现出来，但从来就未必一定

---

① 海德格尔：《演讲与论文集》，第71页。
② 同上，第70页。
③ 同上，第76页。
④ 同上，第40页。
⑤ 同上，第40页。
⑥ 同上，第40页。
⑦ 同上，第51页。
⑧ 同上，第51—52页。
⑨ 同上，第52页。

以此方式显现出来"①。

但是,形而上学这种关于存在者整体的真理的解蔽方式挟裹着其自身固有的厄运而来,当其真理性沉落并以分解为诸科学的方式完成之时,其厄运便真正地展现出来。形而上学"消解于技术化的诸科学"之中,以至于从其含义来讲,现代科学②就等于"完成了的形而上学"③,也就等同于现代技术。④不仅作为一种解蔽方式的形而上学挟裹着厄运,同样作为一种解蔽方式的技术也挟裹着厄运。形而上学的表象-计算性思维方式与技术在一起便构成了现代技术,便构成了有所促逼着的解蔽,即集置。"集置乃是一种命运性的解蔽方式,也就是一种促逼着的解蔽。"⑤

现代技术既然挟裹着厄运而来,就要想办法克服之。海德格尔的《哲学的终结和思的任务》一文试图回答两个问题:(1)形而上学如何在现时代进入其终结了?(2)形而上学终结之际为思留下了何种任务?⑥第一个问题的答案是:形而上学以消解于被技术化的诸科学之中而完成了。第二个问题的答案是:"放弃以往的思想,而去规定思的事情。"⑦这也就是说,因形而上学的完成而形成的诸科学、诸现代技术为人类带了厄运,使世界倒塌,大地荒漠化,人类被迫从事重复的劳动,在大地上失去家园。海德格尔相信这些困境无法

---

① 海德格尔:《演讲与论文集》,第60页。
② "现代技术之本质是与现代形而上学之本质相同一的。"(《林中路》,第66页)
③ 海德格尔:《演讲与论文集》,第80、102页。
④ 海德格尔没有对现代技术和现代科学进行区分,而是从形而上学的视角出发,几乎把二者的意义等同了。对现代技术和现代科学的产生及区别进行的详细论述,可参见斯蒂格勒:《技术与时间3:电影的时间与存在之痛的问题》,第六章,第1、2、3、6、8节。
⑤ 海德格尔:《演讲与论文集》,第30页。
⑥ 海德格尔:《面向思的事情》,陈小文、孙周兴译,北京:商务印书馆,1999年,第68页。其实,海德格尔的许多论文都在试图回答这两个问题。
⑦ 同上,第89页。

通过现代技术的发展来解决，要解决这些困境，人类就要放弃对置性的思维方式，放弃表象-计算性的思维方式，放弃形而上学的思维方式，而尝试去规定思的事情。这就是海德格尔在形而上学终结之际留给思的任务，当然也必然是留给使用着每一种解蔽方式的人类的任务。可是，这种思的任务可能对单独个人有效，但不会对社会集体有效，因而不具有真正的可操作性。

海德格尔引用荷尔德林的诗句"哪里有危险，哪里也生救渡"①来说明技术本身蕴含着使人类摆脱厄运的可能性，但海德格尔又说，"对技术的根本性沉思和对技术的决定性解析必须在某个领域里进行，该领域一方面与技术之本质有亲缘关系，另一方面却又与技术之本质有根本的不同。这样一个领域就是艺术"②。诚然，古希腊词语"τέχνη"，一方面可以叫作技术，另一方面叫作艺术。诚然，"解蔽更原初地要求美的艺术，以便美的艺术如此这般以它们的本分专门去守护救渡之生长"③。可是，不光艺术能够守护救渡之生长，其他的解蔽方式也有可能去守护救渡之生长。仅仅以词源上的联系来为艺术能够对抗技术给人类带来的普遍的厄运作证，就缺乏说服力了。

然而，打碎这个时代又是不可能办到的。又由于现代技术是需要摆脱的厄运，始终不是解决问题的合法方案，依靠现代技术的发展来解决困境就绝不会被海德格尔所认可。海德格尔一方面对现代技术极度不信任，另一方面对现代技术带来的困境又提不出可行的

---

① 海德格尔：《演讲与论文集》，第35—36页；贡特·奈斯克、埃米尔·克特琳编：《回答：马丁·海德格尔说话了》，第113页。
② 海德格尔：《演讲与论文集》，第36页。
③ 同上，第36页。

解决方案。他尽管提高了技术在揭示存在者之存在中的地位，使技术成了一种解蔽方式；但这种做法实则是将技术与其他揭示存在者之存在的解蔽方式放在一起。在这众多的解蔽方式中，技术像一颗尘埃一样在茫茫大地上变得毫不起眼，它本身究竟是什么也变得无足轻重。海德格尔说技术是一种解蔽方式，这是他对于"技术是什么"这一问题的回答，但这样的回答实则什么也没有说。技术问题是海德格尔思想中的一个障碍，也是海德格尔思想的一个困境。他化解这一困境的方法，就是将技术的地位明升暗降。不过，我们却明白，海德格尔有意避开了技术这一障碍，却没有化解这一障碍。因此，海德格尔只好说，技术是一种可怕而危险的力量，但"我并不反对技术。我从未说过反对技术的话，也没有说过反对所谓技术狂的话。我只是尝试理解技术之本质"①。不过,这正是人类中心主义对待技术的典型态度，此态度只是站在人类的立场上对技术表示担心，同样，如果有别的人也对技术只是担心，那正是因为他也站在以人类为中心的立场上。此种立场使思考技术的人只能看到技术在破坏一种旧的传统，而不能看到技术也能够建立一种新的传统；只看到了技术具有致病的毒性，而不能看到技术也能够有解毒的药性。技术的人类主义立场对理解技术是苍白无力的，从这种立场出发根本无法对技术进行深入思考。在斯蒂格勒看来，海德格尔之所以有如此以人类为中心来思考技术的态度，是因为他仍然是在逻各斯中心主义和在场形而上学的视野中思考人类的，并因而也是以此来思考技术的。②但这样根本无法真正理解技术。只有在存在之发生或者

---

① 贡特·奈斯克、埃米尔·克特琳编：《回答：马丁·海德格尔说话了》，第8页。
② 斯蒂格勒为什么会认为海德格尔的思想中仍然有形而上学思维方式的淤积，这一问题我们会在下面谈论"延异与替补"时做仔细的说明。

说存在之无蔽显现的时刻去思考广义上的技术之生成，海德格尔的这种以人类为中心去观察技术的立场才可能被摆脱，才不会对技术又惧又怕，却又摆脱不了技术。[1]

四　技术中心主义：技术终将反噬人类

如果说技术中心主义者有什么过错的话，那就是他们没有在真正理解技术是什么的前提下，就将技术放在了神坛之上。他们认为，只有他们自己才能聆听到这位技术神（techno-god）的教诲，并且，他们有义务将这种教诲传递给我们这些生活在世俗世界中的愚昧众生。他们扮演着摩西的角色，向我们传递着神之国度要降临的末日预言。他们这样做，乐此不疲，洋洋得意。技术中心主义的一个根本假设就是，技术有自身独立的目的，它是"完全自立、自为法则，它甚至因此而为万物立法。这种发展一直被人们视为无度本身，即是异化的外力，它使作为自由存在的人丧失'自由'，在排除未来或变化因素的同时，终止时间。但是，技术中心论同样而且仍然属于人类中心论的一个变种类，因为它的实质就是要掌握并占有自然"[2]。这种技术中心主义近年来比较活跃的代表人物就是《人类简史》和《未来简史》的作者尤瓦尔·赫拉利（Yuval Harari）。我们无意将其与海德格尔相提并论，因为前者的思想缺乏他所论述的问题该有的深度。赫拉利在自己的著作中做出了一些基本假设，但他很少去反思这些假设是不是真的没有问题。他只要求他的读者去认同和相信

---

① I. James, "Technics and Cerebrality", in C. Howells, G. Moore eds., *Stiegler and Technics*, Edinburgh: Edinburgh University Press, 2013, p.76.
② 斯蒂格勒：《技术与时间1：爱比米修斯的过失》，第103页。

自己的假设，而从不与自己的读者去讨论这些假设。我们之所以在此谈论赫拉利的看法，只是因为他的看法是技术中心主义的典型看法，并且在近年来流传较广。

赫拉利认为，生命是一种算法（algorithm），进化也是一种算法。"在达尔文之后，生物学家开始提出解释，认为所谓感觉也是通过演化千锤百炼的复杂算法，能够帮助动物做出正确的决定。"[①] 并且，"生命科学家近几十年间已经证实，情感并不是只能用来写诗谱曲的神秘精神现象，而是对所有哺乳动物生存和繁衍至为关键的生物算法"[②]。事实上，赫拉利认为所有的生成过程都可以用算法进行解释：无论是生命的诞生，还是生命的死亡；无论是政治选举，还是疾病传播。赫拉利之所以将所有生成过程都解释成算法，是因为他所理解的算法，就是通过计算机来处理数据的一整套智能策略机制。他把所有的过程和事件都看成数据流，因此处理这些过程和事件的方案就是算法策略。而只有在这样做之后，他才能够跟上当今科技的步伐，即跟上数据处理和物联网等数字技术的步伐。赫拉利已经认为，数字科技是未来之发展的必然方向，所以，他就必须将从原始人类时代到农业革命时代再到工业革命时代的所有事件都解释成算法升级换代的过程，以及将这些时代中的疾病、饥饿和战争问题都解释成因算法不完备和技术不先进而造成的问题。在他这里，算法实则就是技术。将所有问题归结为算法问题，也就是将所有问题归结为技术问题；所有问题都可通过算法的升级换代来加以解决，也就是所有问题都可以通过技术的更新迭代来加以解决。无论是生

---

① 尤瓦尔·赫拉利：《未来简史：从智人到智神》，林俊宏译，北京：中信出版社，2017年，第354页。
② 同上，第75页。

物进化，还是文明进步，都是技术的升级。现代社会的人类利用科技已经成功遏制了饥饿、瘟疫和战争，"我们已经达到前所未有的繁荣、健康与和谐，而由人类过去的记录与现有价值观来看，接下来的目标很可能是长生不死、幸福快乐，以及化身为神"①。而在赫拉利看来，死亡、幸福和成神等都只是技术问题②，"这里没有什么形而上的事，一切都只是技术问题。只要是技术问题，就会有技术上的解决方案。要克服死亡，并不需要等到耶稣再次降临，只要实验室里的几个科技专家就够了"③。而幸福作为一种体验既然也是一种算法，就一定有某种技术能够使每一个人每天都保持幸福快乐。因此，赫拉利建议，"幸福快乐是由生化系统所掌握的，那么唯一能确保长久心满意足的方法，就是去掌控这个系统。别再管经济增长、社会变革或政治革命了：为了提高全球幸福快乐的程度，我们需要掌控人类的生物化学"④。这样，人类既然能通过技术克服死亡并永远幸福快乐，那么，人类也就能够化身为神了。"我们可以相当确定人类会向神性迈进，因为人类有太多理由渴望这样的进化，而且也有太多方

---

① 尤瓦尔·赫拉利：《未来简史：从智人到智神》，第18页。
② 这里我们有必要再引一段赫拉利的原话，看一看这位极度乐观而近乎癫狂的人的思维是多么幼稚："对信奉科学的人而言，死亡绝非必然的命运，而不过是个科技问题罢了。人之所以会死，可不是什么神的旨意，而是因为各种技术问题，像是心脏病，像是癌症，像是感染。而每个技术问题，都可以找到技术性的解决方案。心脏衰竭的时候，可以用起搏器加以刺激，或直接用新的心脏取代。癌症肆虐的时候，可以用药物或放射线治疗。细菌繁殖的时候，可以服用抗生素来解决。确实，现在我们还无法解决所有技术问题。然而我们正在努力。现在所有最优秀的人才可不是浪费时间为死亡赋予意义，而是忙着研究各种与疾病及老化相关的生理、荷尔蒙和基因系统。他们也在开发新的药物、革命性的新疗法以及各种人造器官，这都能让人类生命延长，甚至有一天终能击败死神。"（《人类简史》，第251页。）这么看来，不要说我们这些人文学科领域的工作人员不是优秀的人，就连哲学史中像康德、黑格尔、尼采和海德格尔等大师，在赫拉利看来都不是最优秀的人。
③ 尤瓦尔·赫拉利：《未来简史：从智人到智神》，第20页。
④ 同上，第34页。

式能够达到这样的目标。"①

不过，尽管人类必然会克服死亡、获得永久幸福并化身为神，但在赫拉利看来，这也不一定是什么好事。"这里所说的让人类进化为神，指的是像希腊神话或印度教中的诸神那样的神，而不是《圣经》里那天上全能的父。就像宙斯和因陀罗并非完美一样，我们的后代也会各有弱点、怪癖和局限"②，只不过他们是不会死的。原来，赫拉利所说的人类化身之后的神，只是一些不会死的常人。不过，这也无所谓，它毕竟解决了人类会死的问题。可是，赫拉利这种对人类未来之前景的描述，已经没有了站在人类立场上做取舍的价值判断标准，而是站在技术的立场上貌似中立地进行述说。这种立场就是我们所说的"技术中心主义"（technocentrism），不过赫拉利更愿意说自己是"数据主义"（dataism），并且认为数据主义是一种宗教信仰。③"数据主义认为，宇宙由数据流组成，任何现象或实体的价值就在于对数据处理的贡献。……同样的数学定律同时适用于生化算法及电子算法，于是让两者合而为一，打破了动物和机器之间的隔阂，并期待电子算法终有一天能够解开甚至超越生化算法。"④动物和机器之间因算法所造成的隔阂终有一天会被清除，地球上的所有生成过程的信息都会以相同标准的离散元被离散化⑤为可以被传输入计算机的数据，"其产出会是一个全新的甚至效率更高的数据处理系统，称为'万物互联网'（Internet-of-All-Things）"⑥。但是这种物

---

① 尤瓦尔·赫拉利：《未来简史：从智人到智神》，第43页。
② 同上，第42页。
③ 同上，第317页。
④ 同上，第333页。
⑤ 后面在讨论斯蒂格勒的"文码化"思想时，我们会详细解释"离散化"。在斯蒂格勒看来，文码化就是一种连续流程的离散化。
⑥ 尤瓦尔·赫拉利：《未来简史：从智人到智神》，第344页。

联网之能够成功必须遵循两条最重要的戒律：第一，让数据流最大化；第二，让一切相连接。[1]这样，当此万物互联网形成的时候，不只植物的开花与结果、动物的觅食与繁衍等生物界的生成过程可以被这种物联网预测并促成，甚至人类每一次喝水的需要、拥抱的需要、做决定的需要都能被此网络很好地满足，人类根本不用去思考，也根本不会有烦恼，这样人类就会永久幸福。可是，这种未来的生活真的是人类想要的生活吗？这种万物互联网有什么意义？在赫拉利看来，这种问题只有站在人类的立场上发问才会有意义，而作为一个数据主义者，赫拉利自己是从不会这样问的，因为这样问是无意义的。当然，数据主义这种宗教信仰的建立不会一蹴而就，它可能需要几十年甚至上百年的时间。这种数据主义宗教一旦建立，就会出现一位新神，就是赫拉利所说的"万物互联网"，此网络真的就是和上帝一样，无所不在，无所不能。所以，在这一时代到来之前，赫拉利建议我们从以人为中心思考问题转变为以数据为中心思考问题。[2]这就是说，赫拉利要让我们相信他作为新宗教的先知而传播的福音。

因此，"为了获得永生、幸福快乐、化身为神，我们就需要处理大量数据，远远超出人类大脑的能力，也就只能交给算法了。……只要我们放弃了以人为中心的世界观，而秉持以数据为中心的世界观，人类的健康和幸福看来也就不再那么重要。都已经出现远远更为优秀的数据处理模型了，何必再纠结于这么过时的数据处理机器呢？我们正努力打造出万物互联网，希望能让我们健康、快乐、拥有强大的力量。然而，一旦万物互联网开始运作，人类就有可能从

---

[1]　尤瓦尔·赫拉利：《未来简史：从智人到智神》，第345页。
[2]　同上，第353页。

设计者降级成芯片，再降成数据，最后在数据的洪流中溶解分散，如同滚滚洪流中的一块泥土"①。这样，以技术为中心来思考问题的赫拉利得出了技术终将会将人类架空、成为人类之主宰的结论。但赫拉利并不承认这是自己的结论，而说，"我们无法真正预测未来，因为科技并不会带来确定的结果。同样的科技，也可能创造出非常不一样的社会"②。不过，我们都清楚，这位技术中心主义者已经为人类预测了一个不能再确定的未来：人类永生不死、永久幸福、化身为神。这种人类在万物互联网的操纵下不用做任何决定、不用做任何事情，木然一生。同样的科技，不会创造出有什么不一样的未来。

如果说，赫拉利的看法有什么基本假设的话，那么，这种假设就是：万事万物都是数据流，所有的进化都是算法的升级。但是，将所有的生成过程都说成是算法是一回事，如何用算法将生成过程的不同之处解释出来却是另一回事。德里达用"延异"来解释所有的生成过程，斯蒂格勒用"文码化"③来解释所有生成过程；但德里达和斯蒂格勒都不认为所有的生成过程之间是没有差别的。但赫拉利只进行了前一种工作，而没有进行后一种工作：他只将所有的生成过程均一雷同化，否定它们的根本不同之处，将其都等同于数据流，而没有思考它们为什么自古以来都是那样地不同。④赫拉利的这种偏激，使其根本不可能真正弄明白什么是生命以及什么是技术。任何一种算法之能够有效的前提是，算法与其对象是同性质的事件，即算法的对象是可以计算的。但生命、进化、大脑活动和政治决策

---

① 尤瓦尔·赫拉利：《未来简史：从智人到智神》，第357页。
② 同上，第357页。
③ 斯蒂格勒的"文码化"概念是其用来描述分析技术之更新迭代的核心概念，我会在本书第四章第六节中对其进行详细的解析。
④ 当然，这里也无意将赫拉利与德里达、斯蒂格勒相提并论。

与任何一种算法都不是同性质的事件。即便是可以建立一种算法模型，将这些事件用数据流来表示，此一模型也并不真正等同于这些事件。因为，所谓"算法"，实则就是一种离散化过程。当将这些事件用数据流来表示时，事件中的一些信息肯定在离散过程中丢失了，即使是最为精细的算法模型，也必然会丢失一些信息。[1]这些丢失的信息正是不可计算的。任何离散过程都会丢失掉不可计算的信息。通过将原本连续的流程进行离散化而建立的算法模型，与此一原始流程本身已不是同一个事件了，更不要说将这些生成过程当成算法。尽管算法输出的结果可以很精确，但人类的未来却不是任何一种类似于算法的技术所能确定的。

所以，赫拉利是在没有思考清楚技术、生命、进化和人类等根本问题的前提下就开始发表自己对这些重要命题的看法的。他站在技术的立场上，将科技看作未来的上帝，并以先知的身份来解释生命、进化和人类。这就造成了他的这种极端的技术中心主义立场。赫拉利的著作充满了幼稚的自启蒙运动以来就少有的乐观精神，他的著作只会误导普通大众，而不会对思考技术问题有什么真正的帮助。赫拉利站在技术的立场来思考技术，表面上，其将技术奉为神，抬高了技术的地位。但实际上，这种思考方式与人类中心主义对技术的思考在本质上是一样的，只不过人类中心主义的中心是人类，而技术中心主义的中心却是技术。二者是同一类型的中心主义，而这些所有的中心主义都是逻各斯中心主义的一种具体表现形式，即自柏拉图以来的在场形而上学的表现形式。而我们知道，在形而上

---

[1] 比如，某些投资较少的电影所制作出的特效，用肉眼一看就知道是假的。这正是因为，在用数字技术制作这些特效时，出于资金的考虑，将某些难以处理的真实环境中的画面有意地省略了。

学中，技术只是派生的能指。技术中心主义虽然不认为技术是一种可怕又危险的力量，但却将技术摆在了上帝曾经的位置上。它虽没有贬低技术，但却将人类看成一种在技术之进化面前无能为力的低级物种。过犹不及，它没有真正理解技术，没有真正做到对技术的反思，因为它仍然是一种形而上学的思维方式。

第二章　技术替补与外在化

　　以形而上学的思维方式是根本不可能理解技术的。人类中心主义的技术观将技术理解为人类为实现某个目的而使用的手段和工具，当这种工具的发展变得似乎越来越不受人类控制而人类又对之摆脱不了时，就称技术是一种可怕而危险的力量；技术中心主义的技术观则把技术奉为令人类膜拜的天神，技术就像是一种拥有比人类还要高的智商的物种，它将人类作为宿主，寄生于人类社会，利用人类来实现自身的逐步进化，直到有一天能够反噬人类。我们不能说这两种理解技术的基本立场是无意义的，但以此思维方式来思考技术，根本无法解释现今时代技术之突飞猛进所产生的力量及其导致的后果。一种思想或理论之有效与否，判断的标准在于其是否能够阐释清楚其研究对象是什么，是否能够解释其研究对象的过去状态、说明其现在状态并预测其未来状态。从形而上学衍生出的这两种理解技术的思维方式，首先就不能够将"技术是什么"这一问题阐释清楚，更不用说它们能够解释和预测技术之过去、现在和未来了。而它们之所以不能解释清楚"技术是什么"这一技术哲学的根本问题，一个重要的原因是，在现时代，技术的变化发展出现了一种新形态，即科学技术（technology）。这种新形态是形而上学思维方式根本解释不了的，因为根据形而上学，技术属于偶然性的领域，而科学则属于必然性的领域，这两个领域是不可能相互联合起来的。①

　　而这两个领域能够联合的唯一可能性在于形而上学的终结。于是，当形而上学在19世纪以分解为诸种科学的方式终结之后，"科学与技术摒弃了之前的对立，在工业时代组合在一起，随后又在生产了诸多科技的技术科学中相互混合，对于亚里士多德来说，这绝对是不可思议的"②。这不仅是因为，正如上文所述，亚里士多德将技术划为偶然性领域，将科学划为必然性领域；而且也是因为，亚里士多德认为，技术既没有自身之内的动力因，也没有自身之内的目的因。我们应该放弃亚里士多德这种"四因说"来思考技术，但即便是在"四因说"的框架内来反思技术，技术本身也并不是如亚里士多德所说的没有动力因和目的因。在斯蒂格勒看来，亚里士多德之所以没有发现技术本身所具有的动力因，有两个原因：第一，亚里士多德所生活的时代缺少考古学和古生物学的明确证据，以证明技术物体也是处在类似于根据骨骼化石所发现的动物之进化的系谱之中的；第二，亚里士多德所生活的时代，其技术之进化的速度远远没有技术与科学结合的时代即工业革命时代所显现出的速度快。③这种速度对于一位古希腊的哲学家来说是匪夷所思的。如果亚里士多德生活在工业革命或者之后的年代，估计他一定会修改自己关于技术的看法，他不仅会承认技术在自身之内具有动力因，也会以此方式承认技术具有目的因。不过，技术本身具有何种目的很难被解释。好在亚里士多德已经将动力因和目的因与形式因合在一起统称

---

① 斯蒂格勒：《技术与时间3：电影的时间与存在之痛的问题》，第249页。
② 同上，第254页。
③ B. Stiegler, *Technics and Time, 3: Cinematic Time and the Question of Malaise*, pp.187–189.

为"形式因"了，他便不再面对给技术找到一个内在于自身的目的的任务。①

而斯蒂格勒根本不会去思考"技术是不是存在着自身的目的"这种形而上学的问题。尽管斯蒂格勒在《技术与时间》中明确论证过技术有着自身的进化趋势和进化的历史系谱，但这样做并不是为了迎合亚里士多德的"四因说"，而是在为建立自己的技术哲学做准备。斯蒂格勒的技术哲学回答了"技术是什么"的问题，同时，通过分析技术的进化趋势和进化系谱说明了技术在过去的存在状态。并且，这种技术哲学也很好地解析了在我们这个科学技术的时代，技术对人类之精神文化和生活方式的影响，也对技术未来的变化趋势做出了预测并提供了应对策略。尽管斯蒂格勒的技术哲学也有一些不完善甚至自相矛盾之处，但作为一种思想理论，它的深度和有效性却无论如何都是值得肯定的。关于其技术哲学的不完善之处，我们会在本书的第六章进行详细的论述。

我们前面已经清理了对于理解斯蒂格勒思想的主要障碍，那么从本章开始，将正式进入斯蒂格勒技术哲学的视界，来看一看这位当代法国著名的思想家是如何思考技术的。本章将首先论述技术的生成为什么具有趋势，然后，来看一下斯蒂格勒是如何理解包括技术物体在内的所有存在者之生成过程的，即他是如何理解生成的。这一问题是其技术哲学的源头，这里主要涉及德里达的"替补"思想。因为"替补"思想就是斯蒂格勒技术哲学之整体的灵魂。然后，我们将阐述斯蒂格勒对"人类是谁"这一基本问题的看法，因为只有理解了"人类是谁"才能够理解"技术是什么"；相反，也只有理

---

① 赫拉利就为技术找到了一种内在于自身的目的，即技术在未来会超越人类，成为地球最高的主宰。不过，我们已在前面说过，这是十分愚蠢而幼稚的做法。

解了"技术是什么"才能够理解"人类是谁"。人与技术在斯蒂格勒这里是相互构成的。在本章的最后,我们将说明斯蒂格勒技术哲学的两个基本假设,即"爱比米修斯原则"和"普罗米修斯原则"。经过斯蒂格勒的阐释,爱比米修斯和普罗米修斯的神话故事从哲学意义上不仅说明了在斯蒂格勒的技术哲学中"人类是谁""技术是什么"的问题,也说明了"人类与技术的关系怎么样"的问题。这两则神话故事所体现的原则成了其技术哲学的两个基本假设,关系到其哲学理论的推演。只有理解了这两个假设,我们才能够将斯蒂格勒的技术哲学贯通起来。但是,这两个假设并不是其唯一的两个基本假设。还有第三个基本假设,我们将放在第三章进行论述。①

一 技术趋势与技术动力

技术物体之所以被认为没有自身之内的动力因,在亚里士多德看来,是因为技术物体是偶然的存在者。但更为根本的原因却在于,在形而上学中只有自然(φύσις)生成的才是必然的存在者,自然就是逻各斯。②这些自然生成的存在者也就更加接近于逻各斯,而技术物体是远离逻各斯的。自然中的存在者可以分为两类:第一类是各种动物、各种植物以及人类等有机物体;第二类则是石头、灰尘以及死亡的生命机体等无机物体。有机物体是一些生命体,它们是有

---

① 不将第三个基本假设也放在这里一起进行论述的原因在于,前两个假设是斯蒂格勒要回答"技术与人类的关系怎么样"的问题,第三个假设则是要回答"技术怎么样"的问题。本章主要论述"技术是什么"和"人类是谁",因此,对"技术怎么样"的问题将留到后面的章节进行论述。

② 无论是自然(φύσις)先于逻各斯(λόγος),还是逻各斯先于自然,对于必须要有某种中心作为原初所指的思维方式而言,将自然放在第一位与将逻各斯放在第一位,其效果几乎是一样的。

生命的、有机的，是由活性物质构成的；而无机物体则是无生命的、无机的，是由惰性物质构成的。同这两种物体相对应的是两种不同的动力：第一种是生命冲动，如本能；第二种则是机械动力，如引力。[①]而技术物体因为是人类的发明物，其目的在于人，因此只是偶然的存在者，并不是自然中本来就存在的，也不是自然中将要生成的物体："技术物体只不过是一种混杂物……由于物质偶然地获得一种生命行为的记号，所以一个被制造物的系列可以在时间中印证着生命行为的进化。"[②]然而，如果技术物体是一种混杂物的话，有机物体和无机物体为什么不是混杂物呢？它们同样是由化学成分不同的各种物质构成的，似乎同样都可以被称为混杂物。这三种物体之所以被不同地看待，原因正在于，物质本身一直以来就被理解为是以某种状态（status）存在的。而物质的状态要么是活性的，要么是惰性的，因此，技术物体这种人工制品由于其不是自然生成的，但它们也不是惰性的，因此只能算是活性物质和惰性物质混杂在一起而形成的混杂物。

但是，物质本身有可能根本不是以某种状态存在的，而是以趋势（tendency）存在的。自柏格森将物质理解为趋势以来[③]，以生物学的立场把自然中的存在者划分为有机物体与无机物体的可靠性就变得非常可疑。从人类中心主义的角度出发，有机物与无机物的划分很容易满足人类对自身处于世界中心的设定。但假如构成这两类物体的基础材料是一种趋势，这样的划分就变得十分不可靠：为什

---

① 斯蒂格勒：《技术与时间1：爱比米修斯的过失》，第2页。
② 同上，第2页。
③ 关于把物质理解为趋势的观点，可参见柏格森的著作《创造进化论》第一章中的"绵延""无机体""有机体"等节；也可参见B. Stiegler, *Technics and Time, 1: The Fault of Epimetheus*, p.281。

么只划分出两类物体？在有机物体与无机物体之间难道就没有一种有机化的无机物体？这种有机化的无机物体难道不可以有自身进化的动力和进化系谱？所以，基于这个角度考虑问题，斯蒂格勒说，"我们必须像研究生物机体的进化一样来研究技术及其进化"[①]；"在物理学的无机物和生物学的有机物之间有第三类存在者，即属于技术物体这一类的有机化的无机物。这些有机化的无机物体贯穿着特有的动力。它既和物理动力相关又和生物动力相关，但不能被归结为二者的'总和'或'产物'"[②]；"技术物体这种有机化的被动物质在其自身的机制中进化：因此它既不是一种简单的被动物体，也不能被归于生命物体。它是有机化的无机物"[③]。我们并不能够把有机化的无机物体看作无机物向有机物进化过程中的过渡阶段。"进化中的技术既是无机的被动物体，也是这种物体的有机化。这个有机化过程必须服从和机体同样的条件限制。"[④]技术物体就像生命体一样，或者说是一种特殊的生命形式，只是其进化生长的动力并不是生物学意义上的生命动力。而在柏格森看来，生命本身"首先体现为一种作用于天然物质的趋势"[⑤]。这样，生命就成了作为趋势之物质的一种具体表现形式，即生命趋势。生物进化过程中出现的有机体，不过是生命之洪流中偶尔出现的旋涡或气泡，这些旋涡或气泡对于生命本身来说是无足轻重的，关键在于生命能够不断地延续下去。[⑥]如果照这种思路来理解技术物体，那么，它也是物质之趋势的一种具体表

---

① 斯蒂格勒：《技术与时间 1：爱比米修斯的过失》，第164页。
② 同上，第20页。
③ 同上，第55页。
④ 同上，第164页。
⑤ 同上，第49页。
⑥ 可参见理查德·道金斯：《自私的基因》（卢允中、张岱云、陈复加、罗小舟译，北京：中信出版社，2012年）第四章"基因机器"。

现形式。于是，"技术趋势"（technical tendency）这一概念就呼之欲出了。

不过，在谈论"技术趋势"之前，我们需要谈论另一个重要概念，即"技术体系"（technical system）。因为在斯蒂格勒看来，即便是技术之进化存在着普遍的趋势，也并不意味着这种趋势就是连续的。[1]某种技术趋势会营造某种技术体系，但每一技术体系都会有自身的极限。"技术进步的实质就是不断地转移自身的极限。蒸汽机的功率越大，它的体积也越大。所以达到五千马力以上，它就不再盈利……这种极限既可以'使一个体系瘫痪，同样也可以产生一系列造成危机的不稳定因素'，从而促成进化和新的决策"[2]，即促成某种新的技术趋势。当新技术的发展表现为对旧有技术体系的破坏时，新的技术体系就会在新技术趋势所营造的临界点上开始进化。"新技术体系产生于旧技术体系的极限，这种进化从本质上说是不连续的。"[3]鉴于此，我们还需要说明的是，"技术趋势"这一概念也暗示着，技术进化和生命体进化一样也缺少明确而连续的方向性。"生命在进化过程中展示出各种不可预见的变化形式。但是这种行为方式总是在不同程度上带有一定的偶然性；它至少隐含了选择的痕迹。然而，选择意味着对各种可能行为的超前表达。所以，行为的各种可能性就必须在它实现之前向生命存在展示自己。"[4]这种可能性就是生命体进化的趋势，虽有其连续性，但也经常被某种趋势之外的偶然事件打断。约6 200万年前就生活在南美洲的骇鸟

---

[1] B. Stiegler, *Technics and Time, 1: The Fault of Epimetheus*, pp.40–43.
[2] 斯蒂格勒：《技术与时间1：爱比米修斯的过失》，第36页。
[3] 同上，第37页。
[4] 同上，第49—50页。

（*Phorusrhacidae*）在很长的时间内一直是南美大陆的霸主。如果不是因为约300万年前巴拿马地峡的形成，使得生活在南北美洲的生物能够进行大迁移，骇鸟就不会遇到自己进化出的本能所不能对抗的物种（即狼群）而迅速灭绝。巴拿马地峡的形成成了骇鸟整体进化趋势之外的偶然事件。技术物体的进化趋势也是如此，将数码相机逐渐淘汰出市场的并不是像素更清晰、画质更完美的数码相机，而是智能手机。智能手机的出现就是数码相机更新迭代趋势之外的偶然事件，它将数码相机进化的趋势给打断了。

勒鲁瓦-古兰[①]提出了"技术趋势"这一概念，其重要意义在于说明了技术进化的某种整体性，即和物种种系之进化一样的整体性。勒鲁瓦-古兰认为，"技术有其固有的进化动力。当我们回顾某种机器时会发现，它们有某种意义上的必然性，就好像它们在被某些'原型'指导着进化"[②]。从遗传学角度来讲，特定生物物种在相似的外部环境条件下的进化可以采取的进化形式非常有限。这种由外部环境施加于生命有机体上的限制，同样也会施加于由无机物质构造的技术物体中。比如，木材的纹理对刀片和刀柄的限制。技术的进化有自身的种系发生限制，有几种固定的系谱，正如在生物的进化过程中，它们只有一些给定数量的种系发生可能性。[③]

而技术物体作为有机化的无机物体所具有的趋势性之所以一

---

① 安德烈·勒鲁瓦-古兰（André Leroi-Gourhan，1911—1986年），法国考古学家、古生物学家、古人类学家、人类学家。其代表作有《姿势与言语》《人类与物质》《环境与技术》等。尤其是《姿势与言语》一书中的外在化思想深刻地影响了德里达、德勒兹和斯蒂格勒等人哲学理论的建构。勒鲁瓦-古兰的工作和研究踪迹遍及全世界，20世纪30年代初他曾到中国参加过考古研究工作。本书后面将会详细介绍勒鲁瓦-古兰的"外在化"思想。

② A. Vaccari, B. Barnet, "Prolegomena to a Future Robot History: Stiegler, Epiphylogenesis and Technical Evolution", *Transformations*, 2009(17): 12.

③ B. Stiegler, *Technics and Time, 1: The Fault of Epimetheus*, p.46.

向被忽略，一方面的原因我们已经说过，即因为思想本身对技术不待见；另一方面的重要原因在于，从约500万年前的南方古猿（*Australopithecus*）时代这些古猿使用树枝、骨骼和石块做工具以来，技术进化就没有表现出显而易见的整体性。技术物体的出现好像作为随机事件偶然地在地球之某处被人类发明出来，然后又不知道在什么时候被人类用更好的技术物体所取代。畜力犁耙的发明是人类农业文明时期一个重要的技术事件，它大大地提升了农业社会的生产效率。但随着机械化农业生产的逐渐推广，这种犁耙似乎已经不再被应用，只成为博物馆里展览出来的见证人类文明的古物。机械犁耙代替畜力犁耙，只是一种更好的工具将一种落后的工具替代，似乎并没有什么技术发展的必然趋势。如果有，那也只是先进必然代替落后的趋势。①但是，技术趋势之存在并不是能够以一种工具取代另一种工具来说明的。畜力犁耙和机械犁耙的出现是两种不同的技术事件（technical facts），无论两个技术事件在地理上或是在时间上多么接近，事件本身只是单独的和偶然的。问题的关键在于"把技术趋势从技术事件中区分出来。趋势在事件中实现，考察各事件的联系可以告诉我们趋势实现的条件。所以要对事件进行分类，发掘隐藏在事件的多样性背后的同一性"②。技术事件之所以能够将技术趋势掩盖掉，是因为它的出现是随机的，并且不可预见。它

---

① 但是，我们必须注意的是，人类从农业文明时代进入工业文明时代，本身就是与农业文明的断裂。工业时代的各种技术，逐步地破坏了人类农业文明时代所累积沉淀的精神文化和生活方式。农业文明时代的诗人所书写的抒发去国怀乡之离愁别怨的诗句，再也不能引起我们这些生活在工业文明时代的人们的共鸣；农业文明时代"日出而作、日落而息"的生活方式虽然美好，但已不能够适应现代社会快节奏的生活方式。而且农业时代中那些在具体的生活环境中被使用的技术物体，如畜力犁耙，也从其使用环境中被连根拔除而被摆放在了博物馆中。工业时代的文明是在对农业时代文明之离散的基础上形成的，工业技术体系并不是农业技术时代累积而产生的进步，而是与农业技术体系的断裂。

② 斯蒂格勒：《技术与时间 1：爱比米修斯的过失》，第53页。

要么对技术趋势根本不产生作用，只是技术进化之滚滚洪流中泛起的一朵浪花，偶一浮现，旋即破灭，比如永动机；要么是因产生得过早，即领先于当时的技术趋势而被迫淘汰出局，比如电动汽车。在汽车发展的历史中，电动汽车其实比内燃机汽车要早半个世纪产生[①]，并在1895—1905年十年间，其市场销售量占到汽车总销量的30%～50%。但很快，电动汽车由于其续航和充电方面的劣势，在20世纪的汽车市场中逐渐被淘汰了。直到21世纪初，由于石油能源日渐匮乏和内燃机汽车所带来的环境问题，电动汽车作为一种新能源汽车才重新回到人们的视野。在此，这两种技术事件"作为进化的实现激发潜在的进化因素。它就是趋势的具体化，通过事件，各种不受趋势支配、但由文化和物理环境体系决定的因素相互达成协议，并因而掩盖了趋势的普遍性"[②]。

当然，技术趋势中更多出现的则是那些能够促进趋势之增长的事件，否则就无法构成某种技术趋势。无论是在趋势之内产生的技术发明，还是从技术趋势之外引用而来的技术，都可以促进技术趋势的增长。因为，"趋势像规则一样贯穿各区域的技术—生态体系，并引导进化的总体进程，即引导区域间的交换，至于进化是通过发明还是通过引用来实现，这是无关紧要的"[③]。因此，一种技术发明之能够产生并被投入使用，其遵循的逻辑并非发明家的逻辑，而是技术趋势的逻辑。托马斯·爱迪生尽管在电气工业时代发明出了大量至今仍对我们的生活有重要影响的技术产品，但他极力推广的直

---

① 1834年，苏格兰人托马斯·德文波特发明了世界上第一辆由非充电干电池驱动的三轮汽车。1886年，德国人卡尔·本茨成功研制了世界上第一辆单缸内燃机三轮汽车。
② 斯蒂格勒：《技术与时间1：爱比米修斯的过失》，第59页。
③ 同上，第58页。

流电供电系统却因变压条件复杂、铺设成本高昂等原因而被淘汰出局。获胜者即为其竞争对手尼古拉·特斯拉（Nikola Tesla，1856—1943年）所倡导的交流电供电系统，因其使用危险系数低、成本低廉等符合电气工业趋势的原因，成为现代商业电气化的主流供电系统。但特斯拉本人的技术发明也并非都那么幸运，生活在20世纪上半叶的特斯拉，其大部分的技术发明都是那么地超越其时代。即便是今天，他的许多发明都还是以专利的形式保存在美国专利局（USPTO），仍然显得超前于我们这个时代的技术趋势。"因此，不仅发明的选择，而且发明的时代，都是由科学的进步和一切相应的技术发展，以及经济的需求等条件决定的。"[1]在技术趋势的支配下，技术自身处在永久的进化中。这种进化虽然部分地由人所塑造，但是技术的进化有其自身的组织原则。"新发明的机器、人工制品和工具的产生发展是被沿着几条路线展开的技术趋势推动的。对于勒鲁瓦-古兰而言，人类发明家，就像柏拉图的工匠一样，总是被一些原型指导着。发明家只是在选取材料和使这些原型具体化方面具有天才。"[2]

技术事件虽然会对技术趋势起到破坏和阻碍作用，但技术趋势中总体的技术事件却是对趋势本身的表达。这种表达虽然会因民族地域文化的差异而有所不同，但后者对技术趋势的增长并不起决定性的作用。"技术事件有一个技术性的核心和一个民族性的外表"[3]，其外表虽有差异，但核心是一致的。马来半岛地区、我国的西藏地

---

① 斯蒂格勒：《技术与时间1：爱比米修斯的过失》，第39页。
② A. Vaccari, B. Barnet, "Prolegomena to a Future Robot History: Stiegler, Epiphylogenesis and Technical Evolution", p.12.
③ 斯蒂格勒：《技术与时间1：爱比米修斯的过失》，第59页。

区以及日本关东地区之间虽然存在语言、风俗等地域文化的巨大差异，但这三个地区农业文明时代的畜力犁耙却呈现出相似的造型。这种现象当然与当地相似的土壤条件、地形条件以及制作犁耙的相似的木材纹理相关，但更为根本的原因却是：以畜力作为主要生产工具之动力来源的社会，其用来耕地的犁耙不可能有太大的变化范围。地域文化的差异对技术趋势的增长并不起着决定性的作用，相反，正是技术趋势与地理环境共同营造的技术体系造成了地域之间的文化差异。在斯蒂格勒看来，"技术既是造成不同文化之差异的构成性要素,也是现代世界范围内文化差异之消失的原因"①。如果不是新型造船技术的发展，使得多桅快速、载重千吨的大型远洋船只被制造出来，人类文明史上就不会出现地理大发现，各大洲之间因大洋、大海的阻隔，其文化只能按照本土的逻辑发展，各大洲的文化差异只能越来越大。而当今的全球化过程实则就是世界各地区之文化差异逐渐消失的过程。其根本原因正在于，高效而便捷的全球交通运输系统的逐步完善，以及不同区域之间的信息通过数字技术的瞬时传递。这些能够在全球范围内使用的科技，将区域的本土文化逐步离散，使其差异性消失，进而将其吸纳进全球化进程中。这些科技的应用不因文化的差异而有所不同。"技术趋势具有普遍性，虽然构成趋势的一系列技术事件具体地实现于各种不同的种族区域中，但是趋势本身却独立于种族的文化区域。"②

在斯蒂格勒看来，"勒鲁瓦-古兰的独特之处在于：他借助人类学的'生命意向'把生命进程的分析运用在有机物体之外，即有机

① C. Johnson, "The Prehistory of Technology: On the Contribution of Leroi-Gourhan", in C. Howells, G. Moore eds., *Stiegler and Technics*, p.36.
② 斯蒂格勒：《技术与时间1：爱比米修斯的过失》，第48页。

化的无机物领域"①。也就是说，勒鲁瓦-古兰将技术进化与生物进化进行类比，技术进化是另一种形式的生命进化，或者说是生物进化的继续。由于特定生物的进化有其特定的种系路径的限制，技术物体的进化也如生物的进化一样有其进化种系的限制，这种限制就构成了技术进化的趋势，即技术趋势。然而，如果说生命进化的趋势来源于一种生命意向性或生命冲动，那么，技术趋势来源于哪里呢？其来源不可能是自然本来就存在的某种驱力，如果是这样的话，技术物体就应该在人类出现之前存在。可是，我们都知道，技术物体是伴随着人类的诞生而出现的。因此，技术趋势的来源肯定与人类有关，但此来源肯定不仅仅来源于作为有机物体的人类的有机化动力，肯定不是完全由人类所决定的。②因为很明显，我们这些现代人能够感觉到，技术之进化趋势的滚滚洪流常常挟裹着我们，使我们身不由己。对于斯蒂格勒而言，"人类不再是其趋势中的主动的推动者，人类只是服从技术趋势的操作者"③。"技术趋势并不简单地来源于人类有机化的驱力，趋势不属于物质在形成技术物体之前的构造性意图，并且，它也不受任何主宰意志的影响。趋势在人类对物质的组织过程中自然形成。"④因此，技术趋势形成于人类与物质耦合（coupling）的过程中。⑤人类在进化过程中不能离开物质，人类每天需要摄入能量以维持生命的延续，也必须用某种物质材料制作而成的工具来生活或防御危险。这些工具作为一种技术物体，就是人

---

① 斯蒂格勒：《技术与时间1：爱比米修斯的过失》，第50页。
② 此种动力是与人类的死亡相关的，斯蒂格勒用普罗米修斯的神话阐释了人类的死亡对技术的推动，但这并不意味着死亡就决定着技术的进化。本章我们将谈到斯蒂格勒对普罗米修斯神话的解读。
③ B. Stiegler, *Technics and Time, 1: The Fault of Epimetheus*, p.66.
④ Ibid., p.49.
⑤ 斯蒂格勒：《技术与时间1：爱比米修斯的过失》，第52页。

类与物质的耦合；而工具之进化的趋势就形成于人类与物质耦合所构成的逻辑界限之中。

然而，虽然我们已经知道，技术并不是松散不成体系的，而有其自身的整体趋势；而且也知道了，技术趋势形成于人类与物质耦合的过程中。可是，这里仍然有一个根本的问题需要解决，即，为什么技术是不断进化的？或者说，技术的进化动力来源于哪里呢？所有的物质当然都可以按照柏格森的哲学被理解为趋势；进而我们可以说，因为物质是一种趋势，因此，技术物体的物质性本身就使得技术不断趋于进化。此种回答当然是可以的，不过过于笼统，它无法将技术进化与生命进化区分开来，因为生命也是由物质构成的。我们必须从另外的角度去寻找技术进化的动力来源。由于只有人类才发明、使用和保存技术，"人类的技术性是独一无二的，它使人类在动物世界中占有独特的地位"[1]。因此，技术的进化动力虽然并不一定由人类决定，但肯定与人类的某种特性有关。这种特性或是人类与动物相比所具有的优势，或是人类与动物相比所具有的缺陷。关键在于，我们如何对人类进行定义。因此，如果我们想要真正理解技术，就必须先理解人类。而人类中心主义和技术中心主义之所以失败，是因为二者都既没有理解技术是什么，也没有理解人类是谁。因此，当我们谈论斯蒂格勒技术哲学的时候，他对"人类是谁"这一问题的回答一定是其技术哲学成败的关键。对于斯蒂格勒来说，人类与动物相比是天生具有缺陷的：人类为了生存不得不借助于其躯体之外的物质形式，也即技术。斯蒂格勒的这一观点，是其《技术与时间》第一卷所有论证的大前提。我们甚至可以说，这一观点

---

[1] 斯蒂格勒：《技术与时间1：爱比米修斯的过失》，第56页。

是构建其技术哲学的基点。为了构建一种技术人类学或者哲学人类学，假设人类先天地具有什么特性，这是很容易做到的。但是这种假设若要能够支撑起一座宏大的理论大厦，就不是那么容易了，它需要思想家自身的思考深度、阅读广度及其天生的领悟能力做基础。而斯蒂格勒正是从这一基本观点出发，成功建设了他的理论大厦，并使之产生了巨大的影响。这说明他的这一基本观点是深刻而有效的。后面我们会谈论这一基本观点，但与谈论此观点本身相比，先来谈论此观点的思想来源却更为迫切。因为，此来源是斯蒂格勒技术哲学的灵魂，斯蒂格勒的技术哲学是此思想的另一种生长方式。

二　延异与替补

斯蒂格勒技术哲学的灵魂是德里达的"替补"思想。德里达围绕拆解西方形而上学这种逻各斯中心主义而展开自己的工作。正如之前所说，西方形而上学是一种研究存在者的学说，它研究两种存在者：一般存在者和最高存在者。①因此，这种学说可以分为两个部分——存在学（ontology）和神学（theology）。对一般存在者的研究对应于存在学，对最高存在者的研究对应于神学。形而上学从柏拉图开始，而当尼采说出"上帝死了"这句话时，就是形而上学终结的时刻。经过两千多年的历程，形而上学的内在逻辑终于在19世纪演绎完毕。生活在尼采之后的西方哲学家，他们的主要任务要么是构建一种新的哲学学说，要么是反思形而上学的思想遗产，或者是不相信形而上学的终结，继续推演其逻辑。而作为哲学家的德里

---

① 参见本书第一章第一节"派生的能指"。

达，他的主要工作就是反思形而上学，并寻找思想的新可能性。德里达将形而上学称为"在场形而上学"，因为在此学说中，存在者的存在只被规定为在场。同时这种在场形而上学又是一种逻各斯中心主义和语音中心主义。[1]我们前面所提到的能指与所指的划分就"深深地隐含在形而上学历史所涵盖的整个漫长时代"[2]中，这种二元对立的划分就造成了各式各样的中心主义。这些二元对立的中心主义在形而上学这片看似坚硬的地基上肆意生长，终于在19世纪，这片地基因承受不住过于沉重的重量而轰然倒塌。因此，在德里达看来，形而上学终结之后，哲学家的首要任务就应该是去思考形而上学得以建立的基础是什么，而海德格尔就是这么做的唯一一个人。"我们必须像海德格尔那样过问存在问题。海德格尔并且仅有海德格尔超越了存在-神学并向存在-神学提出了存在问题。"[3]

海德格尔认为，西方形而上学的根本问题在于它只将视线投注于存在者领域，而遗忘了存在问题。而正是存在使存在者能够显现，能够现身在场于一片澄明之地。因此，对于海德格尔来说，要拆解形而上学疑难，必须首先区分存在与存在者，即必须对存在而不是对存在者进行追问。但追问存在不能直接对存在本身进行发问，因为，"只要问之所问是存在，而存在又总意味着存在者的存在，那么，在存在问题中，被问及的东西恰就是存在者本身"[4]，而不是存在本身。那么，我们该如何追问存在呢？在海德格尔看来，由于"存

---

[1] 德里达：《论文字学》，第59页。
[2] 同上，第16页。
[3] 同上，第30页。
[4] 海德格尔：《存在与时间》，陈嘉映、王庆节译，北京：生活·读书·新知三联书店，2014年，第8页。

在总是某种存在者的存在"①，我们对存在进行追问时一定离不开存在者，而我们又不能直接对存在进行追问，那么，我们只好依靠一种最切近存在的存在者来追问存在了。这种存在者就是我们，也就是人。海德格尔称之为"此在"（Dasein）："此在是一种存在者，但并不仅仅是置于众存在者之中的一种存在者。从存在者层次上来看，其与众不同之处在于：这个存在者在它的存在中与这个存在本身发生交涉。那么，此在的这一存在建构中就包含有：此在在它的存在中对这个存在具有存在关系。而这又是说：此在在它的存在中总以某种方式、某种明确性对自身有所领会。这种存在者本来就是这样的：它的存在是随着它的存在并通过它的存在而对它本身开展出来的。对存在的领会本身就是此在的存在的规定。"②然而，众所周知的是，此时的海德格尔虽然看出了形而上学的问题之所在，但他却为解决此问题提供了错误的方案。依赖于作为人的此在去领会存在者之存在，最终海德格尔却在《存在与时间》中树立了一个高大而坚硬的此在，这种存在者取代了已经死亡的上帝的位置。海德格尔的思想又陷入了形而上学的思维方式之中。此一思想就是在20世纪40至60年代风靡西方的存在主义浪潮的思想源头。存在主义运动是人类之最高监护人离开之后人类的一场狂欢。人类就像游客一样，坐在上帝的宝座上，肆无忌惮地放飞自我，弄得满目狼藉。海德格尔解决形而上学之疑难的方法适得其反，所以，必须重新思考存在之为存在。海德格尔也意识到了依赖作为人的此在来对存在进行领会所导致的问题，原计划要写作的《存在与时间》第二部便再也没有出现。

---

① 海德格尔：《存在与时间》，第11页。
② 同上，第14页。

在《存在与时间》之后，经过《形而上学导论》至《林中路》的思路推演，海德格尔才能够在更为开阔的视野中去反思存在问题。后期的海德格尔已经不把领会存在的任务交给作为人的此在，他虽然仍在使用"此在"一词，但其含义却不再只局限于人。一位伟大人物的演讲、一幅凡·高的油画、一朵花的绽放，都可以是一种此在。就连形而上学本身也是一种历史性的此在。而此在就是缺席与在场争执之际、遮蔽与解蔽争执之际所出现的一处裂隙。此裂隙打开了一片澄明之地，使无蔽或者说存在能够出场。[①]因此，要领会存在的话，就应该直面存在本身，而不是依赖于某种所谓切近存在的此在。于是，"超出存在者之外，但不是离开存在者，而是在存在者之前，在那里还发生着另一回事情。在存在者整体中间有一个敞开的处所。一种澄明在焉"[②]。这种澄明就是存在，就是本有，就是无蔽，或者其他的一些名字。可是，我们不得不有另外的疑问。这种存在无论是在空间中的某处，或者时间中的某处，或者根本就是无，它总是一种中心，总是那种最为原初的所指。那么，当海德格尔将存在规定为本有（Ereignis）时，难道不是又回到了逻各斯中心主义上来了吗？"逻各斯中心主义支持将存在者的存在规定为在场。"[③]因此，在德里达看来，由于"海德格尔坚持认为，存在的历史只有通过逻各斯才能形成，并且根本不处于逻各斯之外"[④]，"存在的逻各斯……是区分能指和所指的第一和最终来源"[⑤]，这样一来，"海德格尔的思想就不是去摧毁，而是要恢复将存在的真理和逻各斯

[①] 海德格尔：《林中路》，第44页。
[②] 同上，第34页。
[③] 德里达：《论文字学》，第16页。
[④] J. Derrida, *Of Grammatology*, p.22.
[⑤] Ibid., p.20.

作为'原初所指'"①。"海德格尔的思想并未完全摆脱这种逻各斯中心主义，它也许会使这种思想停留于存在-神学的时代，停留于在场哲学中，亦即停留在哲学本身。"②于是，海德格尔在唤起存在的声音之后，又使存在失声了。这表明海德格尔在对待在场形而上学和逻各斯中心主义方面的模糊立场。③我们甚至可以说，海德格尔在将存在的意义规定为本有时，他就仍处在形而上学的历史中。因此，在德里达看来，思考存在问题根本不能摆脱形而上学二元对立的思维方式。要摆脱这种思维方式，就要去思考一般存在者与最高存在者、实存与本质、能指与所指等对立的二元是如何生成的。也就是说，去思考生成（becoming）问题，而所有生成过程都是延异（différance）过程。"正是延异使得在场与缺席之对立成为可能。没有延异的可能性，这种在场的欲望就不会找到自身的呼吸空间。"④所以，与延异相比，存在与存在者的区分同样是派生的。⑤

　　所谓的存在者都处在变动不居的流程中，没有任何存在者是固定不变的。这正是德里达对所有的生成过程的一种宏观理解。德里达将所有生成过程都理解为延异，他所要拆解的，正是因形而上学这种基本的模型而生长出来的各种中心主义。所有的中心主义都似乎要思考其中心的起源问题，这一中心作为原初的所指或者是第一所指，是依赖此中心而生长的各种能指的意义来源；也只有在第一所指存在的情况下，派生的能指才具有意义，正如存在规定着存在者一样。可是，这一中心、这一第一所指又是该如何聚集起来支撑

① J. Derrida, *Of Grammatology*, p.20.
② 德里达：《论文字学》，第16页。
③ J. Derrida, *Of Grammatology*, p.22.
④ Ibid., p.143.
⑤ Ibid., p.23.

其派生出去的能指呢？如果这种第一所指是全能上帝的话，那么，这种上帝已经被海德格尔证明是一种历史性的此在，它的存在仍是需要有别的所指进行支撑。[①]所以更不要说那些一般的所指，它们更是原初所指派生出的能指，它们只是暂时履行着原初所指的职能。因此，在德里达看来，任何所指都不可能绝对独立地存在，它们必须依赖于能指而生成能指。"能指从一开始就是它自身重复的可能性，是它自身的图画或相似性的可能性。它是它的理想性的条件，是将它确定为能指并使它发挥能指作用的东西，这种东西将它与所指联系起来，而所指因为同样的原因不可能成为'独一无二的实在'。"[②]所谓原初的所指，在其中心处一定存在着原初的能指：这种所指之所以被称为是原初的，正因为存在着原初的能指；而原初的能指之所以是原初的，也正是因为存在着原初的所指。"从根本上讲，没有任何东西能够逃脱能指的运动，能指与所指之间没有任何差别。"[③]只有这样，同样原初的能指与所指在一起，才能开启一种独立的系统。"在这个系统的某个地方，能指再也不能被它的所指所取代，以致最终没有任何能指可以单纯地、简单地被所指所取代。因为不能进行替换的地方也是整个意指系统的方向所在，在那里，原初所指被视为所有所指的终点。"[④]然而，无论是能指还是所指都不能再构成这个系统的中心，因为在生成的某处根本不可能有中心的存在。所谓的中心之处存在着所指的延迟（deferral），存在着能指的差异（differentiation）。这种中心是生成之洪流中的旋涡，它使得生

---

① 本·维德：《"上帝死了"——尼采与虚无主义事件》，载孙周兴、陈家琪主编：《德意志思想评论》（第5卷），上海：同济大学出版社，2011年，第20页。
② 德里达：《论文字学》，第135—136页。
③ J. Derrida, *Of Grammatology*, pp.22–23.
④ 德里达：《论文字学》，第389页。引文有改动。

成之洪流显得波澜起伏，从而也使得生成能够成为生成。因为生成正是对生成的延迟和对生成的差异，即生成就是延异（différance）。"'延异'同时包含了'延迟'和'差异'两方面的意思，即时间的空间化和空间的时间化。"[1]这也正是德里达将"延迟"和"差异"两个词组合成"延异"一词的本义。[2]

不过，虽然我们不必再纠结于一个系统是否存在着中心，但我们必须要追问的是，一个系统的生成是如何被开启的？在人类社会中，在星辰宇宙中，甚至在微观的细胞世界内，尽管它们都遵循着"延异"，但它们是极其不同的生成系统。我们不可能像那些技术中心主义者一样将这些不同的系统等而划一。这些系统是不同的，它们之不同正是由某种非常偶然的因素开启的。无论是鸟类、爬行类动物的胚胎，还是鱼类、哺乳类动物的胚胎，它们在最初的发育阶段几乎是没有什么差别的，而"胚胎发育越到后期，越是表现出所属更高分类群的特定性状"[3]。"对胚胎发育阶段的研究常常能够表明，一个共同祖先起源是如何在祖先树的不同分支上逐渐分化的。"[4]胚胎

---

[1] B. Stiegler, *Technics and Time, 1: The Fault of Epimetheus*, p.138.

[2] 我们有必要像斯蒂格勒一样直接引用德里达对延异的论述："我们知道，法语动词 différer（拉丁语为 differre）有两个完全不同的意义；在此意义上，拉丁语 differre 不是希腊语 diapherein 的简单转译。因为希腊语 diapherein 的意义中，并没有表现出拉丁语 differre 的两个主旨中的一个，即推迟的行动、斟酌的行动及考虑时间和暗示着经济计算、迂回、迟延、保留、表现等运作的力量的行动。所有这些概念，我在这里想概括为我从未用过的一个词，但这个词能够铭刻在这一环：延迟（temporization）。Différer 在这一意义上就是延迟，是自觉或不自觉地求助于暂时应付的折中迂回办法，以延迟'欲望'或'意志'的实现或满足，并且这一迂回是以取消或缓和其本身效果的方式对这一延迟发生作用的。……这种延迟也是一种时间化和空间化……Différer 的另一意义更常见也更容易确定：非同一性、他者性、可辨识性等。差异可以指不相同、差别，也可以指分歧、不和，然而不论是对于哪一种含义来说，差异都必须在不停的重复中积极而能动地产生一种间隔、距离，也就是产生空间性的差别。"（德里达：《延异》，张弘译，载《哲学译丛》1993年第3期，第42页）

[3] 恩斯特·迈尔：《进化是什么》，田洺译，上海：上海科学技术出版社，2012年，第26页。

[4] 同上，第27页。

的发育过程正是在重复着物种种系的发生过程。这说明，生命在其
进化的历程中仅仅是出于某种十分偶然的因素而使生命的生成出现
分叉，比如，蝾螈的胚胎在某个阶段固定了下来，而乌龟的胚胎则
继续发育（见图1）。这些不同的偶然因素经过几十万年甚至上百万
年的逐渐累积，便形成了今天地球上种系繁杂、姿态各异的生命
体。这些偶然是生命在进化过程中不可避免遇到的变量，它可能是
基因复制过程中的随机错误，也可能是外部环境没有在合适的时机
激发基因钟而导致的错误。然而，这些错误既然已经出现，生命要

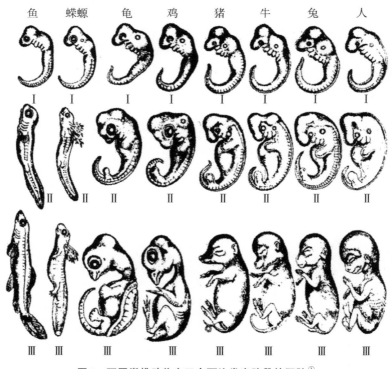

图1　不同脊椎动物在三个可比发育阶段的胚胎[1]

————————
[1]　图片来源：恩斯特·迈尔：《进化是什么》，第26页。

想继续生成下去，就必须承认这些错误是必然要存在的。于是，这些错误就开启了生命的分叉，开启了物种进化的分叉。这种分叉（bifurcation）是对上述偶然错误的纠正；然而，也只有在分叉之后，这些偶然才会成为分叉后所出现的生命和物种的必然。分叉开启新的生命种系，而偶然开启了分叉。于是，偶然就成了必然，也就是说，正是偶然开启了一种新的延异过程。偶然就是对新延异过程之产生的无必然的替补（supplement）。

因此，起源处没有那种坚固而清晰的所指，起源处只有偶然这种对无必然的替补。[1]替补常常使能指代替所指而成为所指，使偶然代替必然而成为必然。但替补既非能指也非所指，既非偶然也非必然。[2]"起源概念或自然概念不过是补充的神话，是通过成为纯粹的附加物而废除替补性的神话。它是抹去痕迹的神话，也就是说，是抹去原始延异的神话，这种延异既非缺席也非在场，既非否定也非肯定。……在这种复杂性中，人们只能改变或回避……能产生形而上学而又不能被形而上学所思考的东西。"[3]在德里达看来，所有的形而上学家都摆脱不了思考起源的问题，但又无法真正思考起源的问题。这之中的典型人物就是卢梭。卢梭是一位逻各斯中心主义者，但他的立场并不坚定，他触及了形而上学的边缘，却无法超越形而上学去思考这一边缘。[4]在卢梭看来，在场应该是自足的，在场也始终是自然的，即在场绝不可被替补。[5]但卢梭所面对的问题却始终是在场已经被替补。卢梭认为，自然状态下的人类是绝对快乐的，只

---

① J. Derrida, *Of Grammatology*, p.304.
② 德里达：《论文字学》，第459页。
③ 同上，第242页。引文有改动。
④ 同上，第155页。
⑤ 同上，第212页。

是一个十分偶然的盲目因素开启了替补之链，自然状态被破坏了，人类不得不进入社会状态。进入社会状态是人类的不幸事件。因为没有再比自然状态更好的时代了。①但这个不幸事件并非不可弥补，比如通过教育使儿童回归到最切近自然的状态。"一切教育，即卢梭思想的要旨，后来被描述为替补的体系，这种体系旨在以最自然的方式重建可能的自然大厦。"②可是，这种教育再完善，它也只能是对自然的暂时的替补，而不可能是自然状态本身。然而，没有教育这种替补，就不可能切近自然状态。替补是唯一接近自然的办法，但替补也是逐渐远离自然的策略。无限序列的替补必定增加替补的中介，这种中介不断推迟着自然的在场。"替补介于完全缺席与完全在场之间。替代活动填补特定的空白并标志着这种空白。"③因此，替补被卢梭看作"不幸的优点"④。

然而，卢梭的这种矛盾之处——欲回归自然，却远离自然；欲废除替补，却更依赖替补——正是因为，他以柏拉图主义的方式重复了追问最高理念的问题⑤，这一最高理念在卢梭这里是自然，它是人类之为人类的第一所指，是人类之生存的意义来源。卢梭一直推迟回归自然，但却越来越远离自然。自然既是卢梭思想的起点，也是卢梭思想的终点。然而，"不再被推迟的东西也被绝对推迟。此时，呈现给我们的在场是一种幻想"⑥。自然状态就是这一幻想。因为，"一切东西都是从间接性开始的"⑦，"替补总是替补的替补。人

---

① 德里达：《论文字学》，第379页。
② 同上，第212页。
③ 同上，第230页。
④ 同上，第220页。
⑤ 同上，第22页。
⑥ 同上，第225页。
⑦ 同上，第230页。

们希望从替补回到源头，但人们必须认识到，源头处只有替补"①。之所以能够谈论起源，是因为替补生成了；之所以能够谈论所指，是因为能指生成了。没有绝对的在场，正如没有绝对的现在一样，现在总是对现在的延迟。自然本身正是一种替补，这是形而上学的边界，也是卢梭思考中的盲点。形而上学中的卢梭无法超越这一视野的界限，他只好说，替补是不幸的优点。因为，替补的逻辑正在于："外在就是内在；他者和缺乏作为替代减少的增益而自我补充；将自身加入某物的东西取代了此物中之欠缺的位置，而这种欠缺，作为内在的外在，已经处于内在之中。"②

而在斯蒂格勒看来，技术就是人类之内在的外在，即技术就是人类之先天缺陷的替补。③也正是在此意义上，我们说，德里达的替补思想是斯蒂格勒技术哲学的灵魂，斯蒂格勒的技术哲学是德里达替补思想的另一种生长方式。④不过，对于斯蒂格勒来说，德里达既是其思想不断生长的源头，又是其不断批评反思的对象。虽然技术这一问题在德里达的思想中也占有一定的位置，比如其对书写技术的论述，但技术问题从来没有成为德里达思想的中心。然而，"技术是即将来临之所有可能性和未来之所有可能性的视野。十年前，当我开始构思其最初之轮廓时，技术问题仍然是次要的。但今天，它贯穿我所有的研究，其范围之广，无所不及"⑤。技术问题成了斯蒂格勒思想的中心问题，是其理解包括政治、经济、教育、文化、艺

---

① J. Derrida, *Of Grammatology*, p.304.
② Ibid., p.215.
③ B. Stiegler, *Technics and Time, 1: The Fault of Epimetheus*, p.141.
④ J. Tinnell, "Grammatization: Bernard Stiegler's Theory of Writing and Technology", *Computers & Composition,* 2015(37): 135.
⑤ B. Stiegler, *Technics and Time, 1: The Fault of Epimetheus*, p.ix.

术等各种社会问题的基础，而不只是他所关注的各种问题中的一个问题。因此，我们要问的是：斯蒂格勒从德里达的替补思想出发，为什么却走上与德里达截然不同的道路，将技术问题置于其思考的中心？

这其中的关键问题在于，二人对原初延异之属性的理解不同。在德里达看来，延异本身不携带任何的物质属性，从其最原初的时候，它就是一种趋势："虽然它并不存在，虽然它不是所有丰富性之外的此在，但它的可能性先于我们称之为符号的一切（所指/能指，内容/表达式，等等）……延异就是形式的构造。"①而技术只是延异携带物质后的一种表现形式。可是，斯蒂格勒对原初延异的理解与德里达却恰恰相反，所谓的原初延异恰恰意味着，它必须有着物质性（materiality）。就连 DNA 本身也必须以碱基作为载体，以蛋白质的形式表达自身所携带的生命信息；否则没有这种物质性，也就无所谓有生命信息的存在。如果没有物质性，任何存在者都不会存在，延异这种趋势本身也不会存在。如果说延异意味着延迟和差异，那么，这正好说明，只有以物质为载体，延异这种趋势才会存在，延异本身正是物质的延迟和物质的差异。②斯蒂格勒将原初延异所必然具有的物质性称为"原初的代具性"（originary prostheticity），我们将很快谈到代具性这一问题，因为代具性正是指技术性（technicity）。③这就是说，在斯蒂格勒的技术哲学中，任何生命的延异过程都具有技术性。但这并不意味着任何生命都在使

---

① 德里达：《论文字学》，第89页。引文有改动。
② S. Barker, "Techno-pharmaco-genealogy", in C. Howells, G. Moore eds., *Stiegler and Technics*, pp.267-268.
③ 技术性并非直接意味着技术，技术性和代具性一样是指替补性。

用技术。能够使用技术只是人类的特征，是人类与纯粹生命断裂而出现的特征，这种特征进而构成了人之为人的本质。因为，任何生命都是生命之洪流因偶然的因素而分叉进而被替补的过程的产物。不同的生命样态就是原初生命的替补形式。就此而言，任何生命都具有替补性（supplementarity）、代具性和技术性。在斯蒂格勒这里，他用"代具"（prosthesis）一词来特指对人类而言的技术，代具就是人类的躯体外器官。人类是生命进化过程中的一个特例，与其他的生命形式不同，人类生命进程中的替补并没有像其他生命一样全部发生在躯体内部，而是以技术和各种技术物体的形式主要地发生在躯体外部。就此而言，技术是人类特有的生命形式。

在斯蒂格勒看来，"德里达的延异思想实际上是关于生命的一般性历史"[①]。所有生命的生成与死亡都属于德里达所说的延异过程，但德里达并没有思考人类进化的延异过程与一般生命进化的延异过程的区别，也没有思考人类进化的延异过程的特殊之处。正是在此，斯蒂格勒与德里达的差别出现了，技术问题成了斯蒂格勒思想的中心问题。斯蒂格勒的思想所要解决的是因技术的强大力量而给人类社会带来的诸多严重问题，他将德里达用于描述一般生命之生成过程的延异思想用于描述人类的生成过程。而在斯蒂格勒看来，人类的生成过程就是技术的生成过程。

三　外在化与后种系生成

斯蒂格勒的《技术与时间》可以看作是德里达《论文字学》（*Of*

---

① B. Stiegler, *Technics and Time, 1: The Fault of Epimetheus*, p.137.

Grammatology）的继续，前者试图将技术从西方形而上学对其的压抑中释放出来，后者则试图将书写也从此压抑中释放出来。[①]对勒鲁瓦-古兰的引用是斯蒂格勒与德里达的一个共同之处。[②]如果说，德里达的替补思想是斯蒂格勒技术哲学的灵魂，那么，勒鲁瓦-古兰的"外在化"（exteriorization）思想就是斯蒂格勒技术哲学的逻辑出发点。我们可以认为，正是由于勒鲁瓦-古兰的外在化思想，才使得斯蒂格勒意识到人类生命是与纯粹生命的断裂，二者的替补方式是根本不同的，进而技术问题就成了斯蒂格勒审视所有问题的全部视野。既然如此，本节就需要首先将这一思想阐述清楚。

勒鲁瓦-古兰的大部分著作都倾向于从实证的人类学和考古学所得出的结论出发，进而推论出抽象的哲学结论。尽管这些考古所获得的证据并不一定完备，但勒鲁瓦-古兰的这种研究方法为德里达和斯蒂格勒都提供了思考哲学问题的唯物主义进路。"对于斯蒂格勒来说，勒鲁瓦-古兰的人类学对其技术哲学的主要贡献就是系统性地用唯物主义的方法定义人类。"[③]如果说勒鲁瓦-古兰的技术趋势概念定义了技术整体倾向的话，那么，其"外在化"概念则定义了人类的本质和技术的本质。

勒鲁瓦-古兰在《姿势与言语》（*Gesture and Speech*）一书中区分了生命进化过程中所出现的三种记忆：基因记忆（genetic memory）、神经记忆（nervous memory）、人工记忆（artificial memory）。[④]（1）基因记忆。任何生命体都具有基因记忆，这种记

---

① C. Johnson, "The Prehistory of Technology: On the Contribution of Leroi-Gourhan", p.34.

② 德里达对勒鲁瓦-古兰的引用可见《论文字学》，第122—124页。

③ C. Johnson, "The Prehistory of Technology: On the Contribution of Leroi-Gourhan", p.35.

④ A. Leroi-Gourhan, *Gesture and Speech*, translated by A. B. Berger, Boston: The MIT Press, 1993, pp.219–235 (*The Freeing of Memory*).

忆是生命从胚胎发育为成体的记忆蓝图。也正是因为这种记忆,尽管不同物种的初始胚胎几乎差不了多少,但却使得它们向不同的方向生长,蝾螈的胚胎绝对不会发育为乌龟。(2)神经记忆。除了鞭毛虫(*flagellate*)之类的最为原始的单细胞生物不具备神经元之外,地球上大部分的动物都是具有神经元的。①神经元(nerve cell)是一种接收外部环境对生命体刺激的信号,进而使生命体做出反应的细胞。所谓神经记忆因而就是生命体在与环境的适应过程中逐渐累积在神经系统中的条件反射记忆。这种记忆与基因记忆不同,基因记忆是先天的,是生命体在后天无法更改的。②而神经记忆是后天生成的记忆,同一种系的不同生命体如果它们所处的外部环境不同,它们所累积的神经记忆也就会不同。后天生成的记忆随着生命体的死亡而消散,这种记忆不会被累积进基因记忆中。(3)人工记忆。人工记忆则是人类所特有的,是人类与其他动物区别开来的本质特征。这种记忆包括人类的工具、语言、文化和制度等所有人类特有的元素和体系。这种记忆当然也是后天生成的记忆,它们最初也是出现在神经系统中。但是,它们并没有随着前一代人的神经记忆的消失而消失,而是被人类以不同于基因记忆和神经记忆这两种躯体记忆的记忆方式保存在了人类躯体之外。如果给这种人工记忆起一个名字的话,那么,在勒鲁瓦-古兰看来,这种记忆就可以统称为"技术"。这样,"记忆问题就成了技术问题。因为勒鲁瓦-古兰的结论正是:构成人类化(hominization)现象的是记忆的外在化,并

---

① 当然,具有神经元并不意味着一定具有神经系统,腔肠动物只有单一的神经元。从稍微高级一点的线形动物开始,动物才普遍具有神经系统。
② 即使可以被更改,更改后的基因记忆也无法被遗传。

且，技术物体就是记忆物体"①。

　　然而，这里却出现了一个关键的问题：人类这一物种有什么特殊能力能够将后天累积的记忆保存下来，并一代一代地传递下去呢？人类当然有特殊能力，这种能力来源于人类与其他物种采取了不同的进化模式。为了更好地说明人类与其他动物进化模式的不同之处，斯蒂格勒将勒鲁瓦-古兰的三种记忆略加修改，进一步深化了其三个层次的记忆概念：（1）基因记忆；（2）后生成记忆（epigenetic memory）②；（3）后种系生成记忆（epiphylogenetic memory）。③

　　后生成记忆是勒鲁瓦-古兰所说的神经记忆，后种系生成记忆则是人工记忆。而在斯蒂格勒看来，人类的进化模式与动物的种系生成（phylogenesis）进化模式是不同的，前者是采取后种系生成（epiphylogenesis）的模式来实现自身种系之进化的。

　　动物的进化在很大程度上是由基因记忆决定的。基因在复制过程中会产生随机突变，这些突变有的会被保留下来，有的则会被淘汰。保留或淘汰的标准在于是否适应环境，即达尔文所说的自然选择。长颈鹿的长脖子并不是它努力拉伸肌肉并使这种特征遗传下去的结果，而是其基因随机突变的结果：那些脖子长、能够吃到更高的树叶的长颈鹿更容易生存下去，而那些脖子短、吃不到高处树叶的长颈鹿就没那么容易生存下去；于是，使长颈鹿的脖子能够长长的突变基因就被筛选保留下来了，久而久之，便出现了所有的长颈

---

① B. Stiegler, B. Roberts, J. Gilbert et al., "Bernard Stiegler: 'A Rational Theory of Miracles: on Pharmacology and Transindividuation'", *New Formations*, 2012, 77(1): 164.

② 也可以译为"表观记忆"。表观记忆的形态可以分为两类：不同物种和同一物种的不同个体。不同物种是基因记忆在遗传过程中逐渐累积而出现的表现型，同一物种的不同个体因后天影响而发生的变异也是基因记忆的表现型。物种和物种个体这两种表现型都是后天形成的，都是后天（epi）累积而发生的记忆形态。因此，二者都是表观记忆形态。

③ B. Stiegler, *Technics and Time, 1: The Fault of Epimetheus*, p.177.

鹿都拥有长长的脖子这种表观特征。动物正是这样通过基因遗传记忆从其前代获得种系特征和生存本能：种系特征保证了其与前代的统一性，生存本能则保证此物种种系的延续。可是，动物这种可容突变发生的速率只能以十万年甚至百万年的时间计算[①]，因此，动物因遗传记忆而获得的本能使其难以应对环境发生的剧烈变化。当外部环境突然发生剧烈变化的时候，动物物种很难依靠基因记忆迅速产生应对策略。这种剧烈变化往往会导致物种的大灭绝，如约6 500万年前白垩纪末期，大地外空间陨星雨和火山喷发而导致的生物物种大灭绝。这种物种灭绝相应地也就导致了其所累积的种系特征的消失。对于动物来说，如果不是出于基因的原因，其作为统一物种的完整性几乎不会突然地发生改变。动物基因记忆的剧烈突变当然可能发生，如核辐射所导致的突变。动物无法在短时期内产生应对这些突变的策略，剧烈的基因突变反倒会干涉动物的进化，扰乱其种系的完整性。

动物在其生命过程中会获得后生成记忆。但动物的后生成记忆绝不会以外在于基因记忆的技术方式传递给后代，它们顶多只会在一个种群内传播。[②] "灵长类动物学家普遍地认同，即使是与我们最近的非人属的亲戚所使用的工具，也只是被每一代碰巧重新发明的。倭黑猩猩（*Pan paniscus*）用木棍钓食白蚁的技能，并不被作为累积的和协调的文化技能之产物而被其下一代所接纳。这种关于前代的

---

① 克里斯蒂安·德迪夫：《生机勃勃的尘埃：地球生命的起源和进化》，王玉山等译，上海：上海科学技术出版社，2014年，第5页。

② "在巴西拉古纳，当地的宽吻海豚与渔民形成一种令人吃惊的合作关系——帮助渔民捕鱼。它们会将鲻鱼群赶向渔民，而后摇晃脑袋和拍打尾巴，在海面上溅起水花，通知渔民抛出渔网。"（http://tech.sina.com.cn/d/2012-05-08/07397073185.shtml）这种后生成记忆恐怕只有在这个地方的某个宽吻海豚种群中出现，此地其他宽吻海豚并不见得一定有此种协作记忆。

有利的（后生成）记忆并不会被遗传给倭黑猩猩的下一代。"①事实上，绝大部分后生成记忆会被淘汰，只有极小一部分会随着基因突变累积起来。因此，动物的进化遵循着由基因记忆决定的渐进式的种系生成模式。

人类的进化几乎不受封闭的基因记忆的影响。②比如，从距今约1.4万年前的晚期智人时代开始，狗就已经被人类完全驯化了。从那以后至今的时间中，家犬的习性特征几乎没有发生明显的变化。可是，对于人类来说，尽管在这约1.4万年的时间中，晚期智人与现代智人的生物种系特征也并没有发生太大的变化③，但人类因技术的发展却已经进化了无数个量级：从穴居狩猎、农耕聚居到机械化生产，甚至到通过生物技术改变自身的基因记忆。人类究竟还有没有同一的种系特征，究竟还能不能被称为同一的物种，这些尚在争论中。与旧石器时代打制石器的早期智人相比，因技术的进化而导致的我们与其之间的差别，就如同猫科动物与熊科动物之间的差别那么大。④因此，基因记忆对人类进化的影响极小。"基因记忆的遗传隔离在于保证动物物种的单一稳定性。"⑤比如，猫科动物和熊科动物能够比邻进化几千年却从不互相混杂，并且，在这几千年的过程中，其各自的种系特征只发生着极其微小的变化。事实上，人类的生物种系特征也是如此。"从解剖学上看，人类的身体从旧石器时代中期到新石器时代的农业革命，再到青铜时代的原始书写，直到我

---

① G. Moore, "On the Origin of Aisthesis by Means of Artificial Selection; or, The Preservation of Favored Traces in the Struggle for Existence", *Boundary 2*, 2017, 44(1): 208–209.

② B. Stiegler, *Technics and Time, 1: The Fault of Epimetheus*, pp.50–51.

③ 晚期智人与现代智人最重要的区别是脑容量的变化，但这种差别并不大，现代智人的脑容量只比晚期智人增加了约7%。

④ A. Leroi-Gourhan, *Gesture and Speech*, p.247.

⑤ B. Stiegler, *Technics and Time, 1: The Fault of Epimetheus*, pp.50–51.

们所谓的数字时代,也一直没有发生变化。"①但人类的技术水平已经进化了无数个量级,以至于早期智人和现代智人虽没有先天的种系差异,但二者在后天文化上的差异却已无限大。甚至从旁观者的视角来看人类的进化,早期智人与现代智人或许已根本不属于同一物种。这其中的关键原因在于人类与动物对待后生成记忆的方式的差别:人类能够将其认为有利的后生成记忆运用技术保存起来。这些被保存在技术载体中的后生成记忆,以及作为记忆的技术本身,就构成了人类的后种系生成记忆,也就是勒鲁瓦-古兰所说的人类外在化的记忆。

"对于勒鲁瓦-古兰而言,外在化概念,是其所描述的人类化进程的中心议题。"②"外在化"不仅是指将人类后生成的记忆外在化于躯体,也是指将躯体器官本身就具有的记忆外在化:"人类整体的进化,倾向于将其他动物通过物种适应而获得于内的东西置于其自身之外。"③石制工具的使用将骨骼记忆外在化,弓箭的发明将肌肉记忆外在化,红外线射频装备将神经记忆外在化,人工智能则是将思考记忆逐渐地外在化。这几种外在化进程并不是逐步地进行的,而是并列进行,只是有些开始得早,有些开始得晚。勒鲁瓦-古兰在广义上使用"记忆"这一概念,记忆在他这里指的就是躯体的一系列连续的流程(flux)。④所谓记忆的外在化就是指这些流程被置于人类躯体之外,因而这些记忆就成了各种技术和技术物体。技术记忆虽然是后生成的,但它们并不随着一代人的死亡而消失,而是在

① G. Moore, "On the Origin of Aisthesis by Means of Artificial Selection; or, The Preservation of Favored Traces in the Struggle for Existence", p.199.
② B. Stiegler, *Technics and Time, 1: The Fault of Epimetheus*, p.116.
③ A. Leroi-Gourhan, *Gesture and Speech*, p.235.
④ Ibid., p.413.

人类种系中一代一代地被传承下去，它们成了后于种系生成的（epi-phylo-genetic）记忆，并构成了人类存在的本质，即人类的技术性。"人类的技术性不再与其细胞的发展相联系，而似乎将其自身完全外在化。"[1]人类将其肌肉记忆、骨骼记忆、神经记忆以及大脑记忆逐步地外在化于躯体之外的技术和技术物体之中，"通过技术来实施其器官功能的外在化"[2]，进而实现种系的进化。这样，勒鲁瓦-古兰的"外在化"概念就不仅定义了人类的本质，而且也定义了技术的本质。人类这种特有的进化模式被斯蒂格勒称为后种系生成的进化模式。[3]

"人类生命的后生成层次并不随着生命的死去而丧失，相反，它把自身储存沉淀起来，就像一件礼物、一笔债或者一种命运一样遗传到余生和后代中去……这种后生成的沉淀，是对已发生之事的记忆，是我们以人类的后种系生成命名的东西。这个概念意味着连续的后生成的储存、累积和沉淀。"[4]人类的后种系生成进化标志着人类与外部环境之间构成了一种新的关系，这种关系的纽带就是技术。[5]技术是人类躯体记忆的外在化，它承载着人类生命过程中不可或缺的器官功能，与人类躯体器官一道共同构筑了人类生命的本质。在此意义上，技术就是一种器官。后种系生成概念扩大了人类生命的范围，它将承载着生命后生成记忆的技术纳入人类生命的范围。"以至于伴随着人类（技术）的生命，构成进化中负熵之分化的，不再只局限于胚胎记忆和躯体记忆之中。"[6]一代人的生命并不是仅仅随着

---

[1] A. Leroi-Gourhan, *Gesture and Speech*, p.139.

[2] Ibid., p.257.

[3] B. Stiegler, *Technics and Time, 1: The Fault of Epimetheus*, pp.135–136.

[4] Ibid., p.140.

[5] Ibid., p.177.

[6] B. Stiegler, *Symbolic Misery, 2: The Catastrophe of the Sensible*, translated by B. Norman, Cambridge: Polity Press, 2015, pp.139–140.

其生物机体的消亡而不见，他们的记忆被保存在他们所发明和使用的技术之中。在此意义上，他们的生命随着其记忆的保存而永远地存续着，并影响其后代。

后种系生成概念也扩大了生命本身的范围，因为技术成了对生命的替补。技术作为一种生命形式也被纳入了生命的范围中，技术物体是有机化的无机物体。①但技术也是生命自身发生的替补，是生命的一种延异形式；正如物种是对生命之洪流的延异一样，技术和物种都是生命延异过程的表现形式，它们都体现了生命延异的经济原则或者说省力原则，即替补。②"替补，作为一种经济概念，它允许我们在不会出现对立的同时来谈论对立。"③因此，生命的替补既是对生命的背叛，也是对生命的忠诚；既是对生命的违抗，也是对生命的服从。物种是这样，技术也是这样。不过，技术这种对生命的替补，却是与纯粹生命的断裂。因为，纯粹生命生来就是具体化（concretization）的，它们的基因记忆中包含了所有其后天生存所必需的器官和功能；而技术物体则是趋向于具体化的，技术物体首先出现的是像石斧、石锤这种单一零散的元素，其次才逐渐出现像蒸汽机这种具有不同功能的机器，然后才出现像汽车由这种不同机器组合在一起而成的技术整体。④这种与纯粹生命断裂的生命形式，是

① 斯蒂格勒本人并没有说过，技术是一种生命形式。这种说法是我的说法。之所以这样表达，我出于三个方面的考虑：（1）斯蒂格勒认为技术是人类的躯体外器官，而器官必然就是一种有机组织，因此，将技术直接说成或者比喻成一种生命形式，更能展现技术的本质；（2）如果说技术是对人类先天缺陷的替补，那么，这种替补所起的作用和德里达所说的替补的作用是一模一样的，而德里达的延异思想被斯蒂格勒理解为是一种关于广义生命的思想，因此，技术这种对人类先天缺陷的替补就可以被理解为是一种生命形式；（3）将技术的进化纳入一种广义的生命进化史之中，更容易从总体上把握斯蒂格勒的技术哲学。
② J. Derrida, *Of Grammatology*, p.154.
③ Ibid., p.179.
④ 斯蒂格勒：《技术与时间1：爱比米修斯的过失》，第86—88页。

由人类开启的。它的诞生就是人类的诞生，而人类的诞生也就是技术的诞生。因为人类的进化是不受封闭基因决定性影响的后种系生成的进化，构成人类之本质的是外在于其躯体的技术和技术物体。这正是勒鲁瓦-古兰的外在化思想对斯蒂格勒的启示。

然而，技术作为一种生命形式，并不意味着它可以独立地存在。技术物体的存在必须依赖于其具体的生存环境，这就像鱼离不开水、隼离不开天空一样。而人类则是能够生成技术的联合环境（associated milieu）①中的一种必要因素。②技术必须依赖于人类而存在，它的进化动力虽然并不是由人类所决定的，但是必然与人类相关。但这种相关已经不再是"人类统治技术"或是"技术统治人类"的问题了。③人们之所以担心技术有一天会取代人类成为地球的主宰，并使人类臣服于技术的淫威之下，其中一个重要的原因在于：目前人们已经看到人工智能正逐渐地在各方面超越人类。人工智能可以在很短的时间内记录人类几百年历程中所累积下的棋谱，并能够瞬间计算出百步之后该怎么落子。如果是这样的话，不用多长时间，人工智能的智力将普遍超越人类，很有可能在未来某一天，其自我意识突然觉醒，然后将人类像奴隶一样统治起来。这种担心其实来源于一个很深的成见，即认为大脑在人类进化过程中起着决定性的作用。并进而认为，如果未来某一天有一种大脑能够超越人类的大脑，那么，人类就将处在这种大脑的奴役之下。但是，在勒鲁瓦-古兰和斯蒂格勒看来，大脑并不在人类进化过程中起着决定性的

---

① 这是西蒙栋所使用的概念，我会在第四章第一节"技术物体的存在方式"中进行具体阐释。

② G. Simondon, *On the Mode of Existence of Technical Objects*, translated by C. Malaspina, J. Rogove, Minneapolis: Univocal Publishing, 2017, p.59.

③ B. Stiegler, *Technics and Time, 1: The Fault of Epimetheus*, p.137.

作用，它不是人类与猿类相分离的决定性因素。决定人类之为人类的，另有其因。

四 南方古猿的颅骨

勒鲁瓦-古兰认为，人类与猿类相分离的决定性因素是从南方古猿时代开始的脚的扁平化。[①] 此种扁平化使南方古猿脚上的对生大脚趾（opposable big toe）逐渐变小，并与其他脚趾并列在一起，成为扁平化的脚掌。这样，南方古猿就失去了用下肢紧握树枝以在大树上攀援的所有猿类都具有的能力。脚的这种变化就开启了人类化的进程，而在此过程中，手并没有起到决定性的作用。无论手对于人类来说显得多么重要，但手的功能只有在脚的扁平化使南方古猿能够直立行走之后才能够被派生出来。"人类的手与其他的灵长类动物的手并没有根本的不同。和其他灵长类一样，人类的手的抓取能力也是由于对生拇指（opposable thumb）的作用。然而，人类的脚却是与任何一种灵长类动物都根本不同的。在人类的脚进化的初始阶段，对生的大脚趾是可能存在的。但人类的脚的进化与其他灵长类动物的脚的进化，必然在目前所知的最早的类人猿阶段就已经出现分歧。"[②]（见图2）这一最早的类人猿阶段就是南方古猿阶段，从南方古猿时代开始的脚的扁平化的进化趋势只会导致人类的诞生。只不过这一阶段还是过渡阶段，南方古猿虽然已经具备成为人类的决定性种系特征，但它还没有完全摆脱掉猿类的种系特征。

---

① A. Leroi-Gourhan, *Gesture and Speech*, p.65.
② Ibid., p.65.

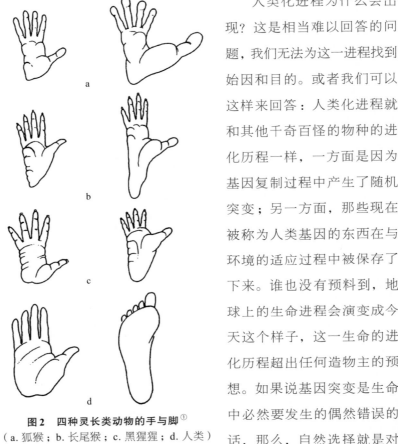

图2　四种灵长类动物的手与脚[1]
（a. 狐猴；b. 长尾猴；c. 黑猩猩；d. 人类）

人类化进程为什么会出现？这是相当难以回答的问题，我们无法为这一进程找到始因和目的。或者我们可以这样来回答：人类化进程就和其他千奇百怪的物种的进化历程一样，一方面是因为基因复制过程中产生了随机突变；另一方面，那些现在被称为人类基因的东西在与环境的适应过程中被保存了下来。谁也没有预料到，地球上的生命进程会演变成今天这个样子，这一生命的进化历程超出任何造物主的预想。如果说基因突变是生命中必然要发生的偶然错误的话，那么，自然选择就是对

这一必然之偶然错误的弥补策略。正如我们之前所说，物种的产生和进化是生命自身之延异过程的替补。那么，就人类化进程本身而言，脚的扁平化及其所逐渐开启的动作序列，可能正是对猿类在进化过程中所出现的目前未知的某种基因随机突变并在自然选择作用下所发生的替补过程。但在人类化这一替补过程中，与脚的扁平化

---

[1]　图片来源：A. Leroi-Gourhan, *Gesture and Speech*, p.62。

相比，大脑的功能是后续发生的，它随着石器的进化而进化。大脑对人类化进程并不起决定性的作用。[1]

"决定性的考古学事件是1959年东非人[2]化石的发现，'这个东非人身旁有石器工具……但其大脑很小，并不是超类人猿的大颅骨……这一发现迫使学术界不得不修改人类的概念'。因为这一发现最为直接地说明了，人类的进化并不是起始于大脑，而是起始于脚。"[3]如果说，人类化起始于大脑的话，那这个伴有工具的南方古猿化石就应该也伴有硕大的颅骨。南方古猿已经属于人类，如果它们并没有硕大的大脑，那就应该重新定义人类化进程的开端。[4]直立姿势、较短的面部、移动自由的双手以及硕大而发达的大脑，这些都是人类所独有的特征，但它们都是从脚的扁平化这一决定性的变化派生出来的。于是，对于勒鲁瓦-古兰而言，"人类化开始于脚"[5]。

脚的扁平化进而决定了南方古猿只能以直立的姿势行走。于是，"直立姿势决定了'前缘区'（anterior field）的两极之间的新型机制：手从移动功能中'解放'出来，也就使得面部从攫取功能中解放出来"[6]。手的解放使南方古猿能够使用工具、产生手势，以摆脱直接在手和视野区域内活动的限制；同时，面部的解放使声音与手势相结合，为一般性语言的产生提供了必要的条件。"诚然，大脑在这种关系中扮演着一定的角色，但它不再是指导性的角色：大脑只是整体

---

[1] A. Leroi-Gourhan, *Gesture and Speech*, p.229.

[2] "东非人"（*Zinjanthropus*）是南方古猿的旧称。近年来，多数古人类学家认为，1959年于东非坦桑尼亚发现的头盖骨只是南方古猿鲍氏种的头盖骨，并已同意废除"东非人"这一属名。勒鲁瓦-古兰在写作《姿势与言语》（1964—1965年）时，使用的仍是此旧称。因此，斯蒂格勒引用其著作时一仍其旧。

[3] B. Stiegler, *Technics and Time, 1: The Fault of Epimetheus*, p.145.

[4] Ibid., p.148.

[5] A. Leroi-Gourhan, *Gesture and Speech*, p.149.

[6] B. Stiegler, *Technics and Time, 1: The Fault of Epimetheus*, p.145.

机制中的一个部分要素，尽管这一机制的进化导致了大脑皮层的形成。"[1] 大脑皮层（cerebral cortex）的形成开始于第一个南方古猿使用燧石之时。[2] "大脑皮层在燧石中投影，而燧石就是大脑皮层原初的镜子。这种原初的投影是'外在化'过程矛盾的和非逻辑的开端。大脑皮层就形成于从东非人到新人[3]过渡的几十万年的过程中，在此过程中，石器出现了。石器是大脑皮层通过对自身的反射而与物质耦合的结果。"[4] 于是，石器就成了大脑皮层反射记忆的第一面镜子。[5] "在人类化的开端，……后种系生成的载体是石器，因为石器保存了后生成的记忆。大脑皮层的形成过程就是这一保存的反射过程，而这一保存本身已经是对后生成记忆的反射。"[6] 与其说大脑决定了石器的演化过程，不如说大脑受惠于这一过程。[7] 大脑皮层的扩张过程与石器的漫长演化过程是一致的[8]，形成于南方古猿和晚期智人之间。在晚期智人之后，随着旧石器文明的终结，大脑皮层的扩张也就终结了。[9] 晚期智人的脑容量与现代人的脑容量几乎没有差别。[10] "因为，从遗传学上

---

[1] B. Stiegler, *Technics and Time, 1: The Fault of Epimetheus*, p.145.

[2] Ibid., p.142.

[3] 新人，也就是晚期智人，是原始人进化过程第三阶段中出现的人种。

[4] B. Stiegler, *Technics and Time, 1: The Fault of Epimetheus*, p.141.

[5] Ibid., p.142.

[6] Ibid., p.142.

[7] A. Leroi-Gourhan, *Gesture and Speech*, p.26.

[8] B. Stiegler, *Technics and Time, 1: The Fault of Epimetheus*, p.134.

[9] Ibid., p.142.

[10] 南方古猿，生活于距今约440万—130万年前，脑容量400～500 mL，处于猿类向人类的过渡阶段。能人，生活于距今约250万—160万年前，脑容量510～752 mL，其标志着人类与猿类的分离。原始人进化的三个阶段及人种分别为：直立人，生活于距今约170万—20万年前，脑容量600～1 251 mL；古人（早期智人、尼安德特人），生活于距今约25万—4万年前，脑容量1 100～1 500 mL；新人（晚期智人、克罗马农人），生活于距今约5万—1万年前，脑容量1 300～1 750 mL。现代智人产生于大约1万年前，脑容量1 000～1 700 mL。关于人类进化过程中脑容量的变化示意，可参见附录A。数据来源：吴秀杰：《化石人类脑进化研究与进展》，载《化石》2005年第1期，第10页；吴秀杰、刘武、Christopher Norton：《颅内模——人类脑演化研究的直接证据及研究状况》，载《自然科学进展》2007年6期，第708页。

讲，自新人以后，大脑皮层的组织已经基本定型了。"①

在人类化的进程中，大脑在某种程度上是第二位的。"一旦人类获得大脑，它必然会在人类社会的进化中起着决定性的作用。但就严格的进化而言，大脑毋庸置疑是与直立姿势相关的产物，并且不是最初的。"②如果说大脑在人类进化过程中起着决定性的作用，是第一位的，那么，从晚期智人到现代智人，其大脑皮层的容量仍应在不断扩大的过程中。因为我们与晚期智人相比，无论是所获得食物的丰富度、居住条件的完善度，还是对抗外部危险的能力、种族繁衍的能力，都比一万多年前的晚期智人时代的人类高出了许多个量级。如果有一个外星人从晚期智人时代开始一直观察地球上数量最庞大的物种，也就是我们人类，那么，到了今天，当这个外星人对比晚期智人与现代智人时，它估计早已无法判断出这两种人类究竟还是不是同一物种。这一问题同样也是斯蒂格勒和勒鲁瓦-古兰始终在关注的问题。如果对一个物种之种系统一性的定义只涉及其躯体形态和动作行为等体质特性，那么，晚期智人和现代智人在这方面几乎没有什么差别，但二者在衣、食、住、行等方面却又出现了巨大的差异。同一个物种在不同的生存年代为什么会表现得如此不一样？这种差异背后的统一性又是什么呢？

那么，还是先让我们回到南方古猿脚的扁平化这一人类化进程的决定性起点上来。在南方古猿时代，因直立姿势而导致的双手和面部的解放，虽然已经使手势和言语开始萌芽，但它们对人类文明进程的重要性只有到了智人时代才完全表现出来。南方古猿处于猿类向人类进化的过渡阶段，它们要想进化为智人，大概还需要500

---

① 　B. Stiegler, *Technics and Time, 1: The Fault of Epimetheus*, p.135.
② 　A. Leroi-Gourhan, *Gesture and Speech*, p.19.

多万年的时间。在这漫长的岁月中，它们必须首先克服因脚的扁平化而带来的直接劣势，即它们的防御和捕食的器官功能弱化了。因为脚的扁平化，南方古猿失去了猿类锋利的爪牙等主要特征，两足直立行走又使它们无法在凶禽猛兽的追逐下飞速地逃跑，也无法快速地爬上树，与凶猛的野兽相比完全处于劣势。不过，有失必有得，脚的扁平化却也使南方古猿获得了新的器官和器官功能：手从之前的运动功能中去功能化了，而再功能化为"抓取"（prehension）。"手之为手就在于，它为进入技艺、技巧和技术提供了通道。"①手所抓取的东西，也就是作为技术物体的工具。运动功能被去除的手与老虎、猎豹等凶禽猛兽的尖利爪牙相比，其防御功能和捕食功能确是非常之弱。但是，拿刀枪和传递手势以彼此协作的手却是能够战胜老虎、猎豹这类凶禽猛兽的。南方古猿手中的工具成了它们失去锋利爪牙的替补，这种替补物外在于其躯体而存在，却在实质上构成了其躯体。这就是勒鲁瓦-古兰所说的外在化过程，"随着外在化过程的出现，生命个体的躯体就不再仅仅是躯体了：躯体只能够伴随工具而活动"②。他相信"工具是人类的大脑和躯体的'分泌物'"③，这是因为人类的进化模式是逐渐将其连续的躯体记忆流程置于躯体之外而进化，也即斯蒂格勒所说的后种系生成的进化模式。无论是南方古猿与能人，还是直立人与智人，也无论它们与现代智人的差异有多么巨大，在此人类化的进程中，它们之所以被放在同一个种系中的统一性就是技术性。"技术性，作为手的解放的

---

① B. Stiegler, *Technics and Time, 1: The Fault of Epimetheus*, p.113.

② Ibid., p.148.

③ A. Leroi-Gourhan, *Gesture and Speech*, p.91.

后果，就是置身于自己之外，也就是置身于躯体范围之外。"①而"在从南方古猿到智人的生命现象中，几乎没有任何其他现象是比技术性更持久的。从人类以去自然化的形式进化开始，技术性就贯穿于人类数百万年的进化历程中。人类能够作为一个物种的原因，只能在于其'解放'的持续性是'外在化的进程'"②。这一过程至今也是如此，但自从科学技术出现之后，外在化进程就不只是对骨骼、肌肉、神经和大脑记忆的外在化了。作为人类化的外在化正试图对纯粹生命本身的记忆即基因记忆进行外在化：绘制基因图谱，并试图对物种的基因进行编辑，以干涉纯粹生命的进程。由于缺乏真正的评判标准，对基因记忆的干涉可能产生的真正后果至今没有得到准确的评估。因为人类化的外在化进程仍在持续之中，这一进程的最终端点仍然是无法预知的。人类躯体是否会在外在化进程中全部被离散，或者人类的躯体是否终将成为人类进化的障碍，这既取决于人类，也取决于技术。因为在斯蒂格勒的技术哲学中，技术既是人类的本质，也是人类的存在方式。但外在化进程本身包含一种矛盾性，即："我们必须讨论所谓的外在化，然而却不存在一个先于外在的内在，内在本身也构成在外在之中。"③于是，这种矛盾性可以以疑问的方式表述为：究竟是人类发明了技术，还是技术发明了人类？这种发明的意义不是指技术物体的产生，而是指技术、技术化（technicalization）的产生，以及人类、人类化的产生。人类是这一外在化进程的内在，而技术则是这一进程的外在。内在不可能先于外在而存在，但同时，外在也不可能先于内在而存在。这种矛盾性

---

① B. Stiegler, *Technics and Time, 1: The Fault of Epimetheus*, p.146.
② Ibid., p.149.
③ 斯蒂格勒：《技术与时间 1：爱比米修斯的过失》，第155页。

虽然展现了内在与外在的对立，但它也正好说明了同一个运动过程的两个方面："内在和外在是同一的，在内也即在外。"①但是，要将人类与技术这种内在与外在之间的对立统一阐释清楚，已经不是单单通过实证性的人类学和考古学就能够完成的了。要完成这一任务，必须借助于某种抽象的基本假设。而建立这种基本假设正是一种技术哲学所必须完成的关键任务之一，也是一种技术哲学能够成功的关键步骤之一。通过勒鲁瓦-古兰的实证性的方法论，可以得出人类化的进程依赖于技术的外在化倾向，以及技术进化具有整体趋势的结论，但却无法解释技术进化的动力是怎样形成的。这是实证性的方法论的局限。要突破这种局限，就必须在更高的层面着眼，重新思考"人类是谁""技术是什么"的问题，以及"技术与人类的关系怎么样"的问题。

五　爱比米修斯与普罗米修斯

勒鲁瓦-古兰从考古学和古人类学的实证性证据中推演而出的"人类化起源于脚"的结论，使一种关于技术的思考可以摆脱人类中心主义的立场。在他看来，认为人类与其他动物的本质区别在于人类拥有超强的大脑，实则是一种脑中心主义，并注定会演变成一种精神的特创论（creationism），从而它只能从神学意义上来解释人类的起源问题。可是，对于一种技术哲学来说，只依赖于实证性的证据根本无法将技术问题本该有的深度展现出来。对于斯蒂格勒而言，他必须一方面寻找到将勒鲁瓦-古兰从实证性证据推演而出的结论囊

① 斯蒂格勒：《技术与时间1：爱比米修斯的过失》，第155页。

括进去的基本模型或基本假设；另一方面，他也必须通过运用这种基本模型或基本假设使其技术哲学向更广阔的思想海洋中推进。如果斯蒂格勒所使用的基本假设无法使其技术哲学在广度上得以扩张、在深度上得以加深，那么，不仅他的基本假设是失败的，他的技术哲学本身也将是失败的。但是，斯蒂格勒的技术哲学作为一种理论本身是很成功的，它为我们理解技术现象、理解当代的各种技术问题，以及从技术的视角去解释政治、经济、文化和教育等领域的问题提供了一种全新的视野。这种视野使得我们在分析技术问题时，不至于像人类中心主义者那样手足无措而又忧心忡忡，也不至于像技术中心主义者那样志得意满、得意洋洋。

斯蒂格勒的技术哲学由三项基本假设或基本原则建构起来，这三项假设的每一项都对应着一个神话，分别为爱比米修斯神话、普罗米修斯神话和潘多拉神话。这三则神话中的三位主人公由爱比米修斯最初的一个过失而命运般地联系在了一起，这三则神话相应代表的基本原则也正建构起了斯蒂格勒整个技术哲学的结构。我们可以认为，由这三则神话故事所代表的三个基本原则是斯蒂格勒技术哲学的骨骼框架。我们只有理解了这三则神话在其技术哲学中的意义，才能够清晰而全面地辨明其技术哲学的整体结构，并进而使我们能够在这种全新的视野中理解现代技术的发展和变化。不过，在本节我们将只阐释爱比米修斯神话和普罗米修斯神话这两则神话故事在斯蒂格勒技术哲学中的意义，其原因，我们会在第三章给出说明。那么，就先让我们从爱比米修斯因粗心大意犯下的过失开始。他的过失标志着人类的诞生，而人类的诞生也正意味着一种过失。

爱比米修斯（Epimetheus）与普罗米修斯（Prometheus）是一对兄弟，爱比米修斯是普罗米修斯的弟弟，他们都是泰坦诸神之后。

然而，众所周知，这两位兄弟中，普罗米修斯足智多谋而有远见，爱比米修斯愚蠢而心不在焉。①

后来，会死的族类诞生的命定时刻到了，神们就掺和土和火以及由火和土混合起来的一切，在大地怀里打造出他们。到了神们想到该把会死的族类引向光亮的时候，神们（宙斯）便吩咐普罗米修斯和爱比米修斯替每个［会死的族类］配备和分配相适的能力。爱比米修斯恳求普罗米修斯让他来分配："我来分配"，他说，"你只管监督吧"。这样说服普罗米修斯后，他就分配。分配时，爱比米修斯给有些［族类］配上强健但没有敏捷，给柔弱的则配上敏捷……［给它们］裹上密密的毛和厚厚的皮，既足以御冬，又能耐夏热，要睡觉时还可以当作自己家里的床被，而且毛和皮都是自动长长……他让有些生育得少，让死得快的生育多，以便它们保种。可是，由于爱比米修斯不是那么智慧，他没留意到，自己已经把各种能力全用在了这些没有理性的［种族］身上。世人这个种族还留在那儿等着爱比米修斯来安置，而他却对需要做的事情束手无策。②

这就是爱比米修斯的过失。爱比米修斯把人类遗忘了，遗忘了应该分配给人类作为一个种族先天拥有的能力。但爱比米修斯并非故意要把人类遗忘，只是由于他天生就是一位粗心大意的神。爱比

① 赫西俄德：《工作与时日·神谱》，张竹明、蒋平译，北京：商务印书馆，1991年，第42页。
② 柏拉图：《普罗泰戈拉篇》，载刘小枫：《柏拉图四书》，北京：生活·读书·新知三联书店，2015年，第67—68页。

米修斯这个名字本身的意思就是后知后觉（épi-métheia）[1]，这注定了这位神不会事先做好谨慎而周密的规划，以便开展他所从事的工作。他只会在事后发现当初的做法所必然导致的致命过失，这种天性也致使他后来上了宙斯的当。

　　爱比米修斯给会死的族类分配本能，但他遗忘了分配给人类任何以供其生存的本能。这件事是一个偶然，但它发生了，人类在其起源处就成了被遗忘的族类，"人类是一种偶然的生成，缺乏本质"[2]。"在起源处除了过失之外，什么也没有，这个过失正是起源的缺陷或者作为缺陷的起源。"[3] "人类就像早产的小动物，赤裸裸的，没有皮毛，也没有保护自己的手段，他们来得太早，也来得太迟。"[4] 而人类的婴儿与动物相比确实就只能算是早产儿，新生的人类婴儿既不会飞，也不会游泳，甚至不会爬行。如果不是经过父母襁褓中的精心照料，他们要么冻死，要么饿死，要么被野兽吃掉。所以，人类的起源就是缺陷性的起源，他生而一无所有。在斯蒂格勒的技术哲学中，爱比米修斯所造成的这一过失说明了人类的起源，这是斯蒂格勒对人类之起源的基本假设。

　　如果我们将这一基本假设与他根据勒鲁瓦-古兰而区分出的三种记忆联系起来，就会发现，所谓人类天生一无所有的缺陷性起源从相反的方向说明了，人类的进化几乎不受封闭的基因记忆的影响。神话故事不会考虑生物学上的基因遗传记忆。但是，爱比米修斯为其他动物都分配了先天必有的本能，唯独人类只有先天必有的缺陷。

①　关于Epimetheus与Prometheus这两位泰坦神的名字的词源学意义，可参见 *Technics and Time, 1: The Fault of Epimetheus*, pp.206–210。

②　B. Stiegler, *Symbolic Misery, 2: The Catastrophe of the Sensible*, p.41.

③　B. Stiegler, *Technics and Time, 1: The Fault of Epimetheus*, p.188.

④　Ibid., p.188.

这一过失就将其他动物与人类区分开来。从生物学的意义上，其意味着，动物的进化必然取决于其基因遗传记忆，这一记忆是对动物的限制，而人类却可以不受此基因遗传记忆的限制。

然而，虽说人类可以不受基因记忆的限制，但在爱比米修斯的过失发生时，即在人类的起源处，他们仍旧一无所有，他们必须获得对此缺陷的替补才能够真正地生存。那么，现在让我们继续回到这一神话故事上来。为会死的族类分配相应的本能以使它们能够生存的任务，是宙斯分配给爱比米修斯和普罗米修斯两位泰坦神的。当普罗米修斯过来检查他的弟弟将任务完成得怎么样时，

> 他看到，其他生命已全都和谐地具备了这些〔能力〕，世人却赤条条没鞋、没被褥，连武器也没有。轮到世人这个族类必须从地下出来进入光亮的命定时刻已经迫在眉睫。由于对替世人找到救护办法束手无策，普罗米修斯就从赫斐斯托斯和雅典娜那里偷来带火的含技艺的智慧送给人做礼物。毕竟，没有火的话，即便拥有〔这智慧〕，世人也没办法让这到手的东西成为可用的。……他〔又〕偷偷进到雅典娜和赫斐斯托斯的共同居所……偷走赫斐斯托斯的用火技艺和雅典娜的另一种技艺，然后送给世人。由此，世人才有了活命的好法子。①

为了弥补这一过失，普罗米修斯从赫斐斯托斯和雅典娜那里盗取了火，作为人类一无所有的替补，以便人类能够生存下去，"火

---

① 柏拉图：《普罗泰戈拉篇》，第68—70页。

便是人类的第一种技术"①。但是，与动物相比，"动物的属性是一种天性，是诸神赠予它们的善意的礼物：宿命。而使人成为人的礼物（普罗米修斯盗取的火）则并不是善意的：它只是替补。人类没有天性，没有宿命：人类必须发明、实现和创造天性。并且，这些属性一旦被发明出来，并不意味着它们一定属于人类；与其说它们属于人类，不如说属于技术"②。由此，技术就成了人类的本质和存在方式。这一本质就是对人类无本质的替补，是对人类起源性缺陷的替补。由于这一替补必然与技术的物质属性相关，斯蒂格勒采用了"代具"（prosthesis）一词来替换德里达的"替补"概念。

这种被偷盗来的技术就是代具。"代具（pros-thesis）是放置在前的东西，即在外的东西，在放置在前的东西之外的东西。"③正如替补是对替补的替补一样，"'代具（技术）'并不取代任何东西，并不取代先于它而存在但已经丧失的躯体器官：它是实质上的加入"④。代具（技术）加入了人类的躯体器官，从而构成了人类的躯体外器官。"代具（技术）并不仅仅是人类躯体的一个延伸；它构成了'人类'的躯体本身。它不是人类的一种'手段'，而是人类的目的。"⑤由于技术代具存在于人类躯体之外，所以，人类的进化就是依赖于技术的外在化过程。"人类的存在就是外在于躯体的存在。为了弥补爱比米修斯的过失，普罗米修斯带给人类的礼物就是，置身于自身躯体之外"⑥，即人的本质的外在化，也就是说，"人超越了他们的生

---

① C. Howells, G. Moore, "Philosophy — The Repression of Technics", in C. Howells, G. Moore eds., *Stiegler and Technics*, p.4.

② B. Stiegler, *Technics and Time, 1: The Fault of Epimetheus*, pp.193–194.

③ Ibid., p.193.

④ Ibid., p.152.

⑤ Ibid., pp.152–153.

⑥ Ibid., p.193.

物性，人在本质上是技术性的存在"[1]。

人类天生一无所有，必须借助于外在于自身的技术而存在，技术就成了人的本质和存在方式。这就是"爱比米修斯原则"，它是斯蒂格勒技术哲学的第一个基本假设，它回答了人类的本质和存在方式是什么，即技术。技术是人类天生之无本质的替补，爱比米修斯原则同时也回答了"技术是什么"的问题。但这一基本假设并不能够解释人类的进化和技术的进化问题，因为它无法说明此进化的动力是怎么构成的，即无法说明动力的来源问题。正如我们之前所说，技术本身也具有趋势性，有其自身进化的动力。"技术物体的有机化动力虽然已不再服从人类的意志，但却需要某种超前（anticipation）的操作动力。"[2]这种超前与人类相关，准确地说，是与人类的死亡相关。人的超前性就是人的死亡：人之所以为人，就在于，与神相比人是会死的。作为超前的死亡构成了技术进化的动力，同时也构成了人类进化的动力。使人类意识到他们自身是会死亡的，正是由普罗米修斯所造成的过失。

尽管"诸神和人类有同一个起源"[3]，"但'不死'在人类与诸神之间划出了一条严格的界限"[4]。然而，正是普罗米修斯对宙斯的欺骗使人意识到死亡的事实。这次欺骗发生在诸神与人类尚未分离的时刻，当时，"他们共同生活，分享同一敬贺，远离一切罪恶。人类不知道劳动的必要，不知道疾病、衰老、劳累、死亡和女人。当宙斯在升为天王并且在诸神中重新指定他们的等级和职能时，那就

---

[1] B. Stiegler, *Technics and Time, 1: The Fault of Epimetheus*, p.50.
[2] Ibid., p.82.
[3] 赫西俄德：《工作与时日·神谱》，第4页。
[4] 韦尔南：《古希腊的神话与宗教》，杜小真译，北京：商务印书馆，2014年，第38页。

到了在人与神之间进行重新划分、准确划分两族各自固有的生活类型的时候了。普罗米修斯负责执行"[1]。众所周知，普罗米修斯一贯偏袒人类，并且先知先觉（pro-métheia），他不是宙斯的敌人，也不是宙斯的朋友，他没有野心，但又有反叛精神。"普罗米修斯出来宰杀了一头大牛，分成几份摆在他们面前。为想蒙骗宙斯的心，他把牛肉和肥壮的内脏堆在牛皮上，放在其他人面前，上面罩以牛的瘤胃，而在宙斯面前摆了一堆白骨，巧妙堆放之后蒙上一层发亮的脂肪。"[2] "智慧无穷的宙斯看了看，没有识破他的诡计，因为他这时心里正在想着将要实现的惩罚凡人的计划。"[3]普罗米修斯试图违抗宙斯的命令，欺骗众神之王而偏袒人类：他准备的每一份祭品都是一个圈套，一个试图欺骗宙斯的圈套。尽管普罗米修斯自认为很聪明，"他也没有怀疑他给人类奉献的是有毒的礼物"[4]。普罗米修斯看似狡猾，但在这里他却上了宙斯的当。他自以为是好的一部分，实际上却是不好的。在宙斯面前蒙上脂肪的骨头正是唯一好的一份。"假如他们很高兴地享食死去的畜生的肉，假如他们有着享受这一食品的迫切需要，那是因为，他们那不断复活着的饥饿，实际上意味着力量的消耗、疲劳、衰老和死亡。而众神则满足于焚烧骨头时的香烟缭绕，靠薰香和气味而活着，他们完全体现了另一种本质：他们是永远活着的不朽者，始终年轻，他们的生存不包括任何会死的因素，他们跟腐烂的范畴没有任何的接触。"[5]

---

① 韦尔南：《古希腊的神话与宗教》，第67—68页。
② 赫西俄德：《工作与时日·神谱》，第42—43页。
③ 同上，第43页。
④ 韦尔南：《古希腊的神话与宗教》，第68页。
⑤ 韦尔南：《神话与政治之间》，余中先译，北京：生活·读书·新知三联书店，2005年，第309—310页。

人类对已死亡的牲口的烤熟的肉垂涎欲滴，他们毫不犹豫地食用了普罗米修斯分配给他们的肉，肚子里便反复复活着不断增长的饥饿感。这种饥饿感就是对死亡的意识，是死亡的标志。死亡就是普罗米修斯招致给人类的缺陷，"而人类的出现无疑就是人类的消失：这就是宙斯的报复。继黄金时代而来的是苦难时代：人类不再有任何上到手头的东西，不再有任何东西可以被他们直接吃到"①。

尽管宙斯当时已经看穿了普罗米修斯的诡计，但当他真正看到后者放置的有意欺骗自己的白骨时，仍然愤怒异常。由于"人类是唯一吃熟食的"物种②，宙斯便把烤熟食物的火藏了起来，以便让人类为普罗米修斯偏袒他们的诡计付出代价。没有了火，人类便无法吃到美味的熟食。为了解决这一问题，普罗米修斯便又一次欺骗了宙斯，他瞒过宙斯，盗得了天火的一颗火种，把它藏在茴香秆内带到了人间。③但普罗米修斯所盗得的火，并不是天火本身，"不是奥林波斯之火：它已经被连根拔起，失去了原来的用途"④。"普罗米修斯之火是一团智慧之火，一团技巧之火……它同时又是不稳定的、会灭亡的、饥饿的。"⑤人类只有小心翼翼地保护这人工之火，才能够用它来烤熟食，吃了熟食才能够暂时地避免死亡。用火烤熟肉来吃，使人类更加确认了自己会死的事实。而这也同时意味着，人类必须利用技术（技艺之火）才能够延迟（defer）死亡。⑥"人类手中的火是一种有着神圣起源的力量……然而，火并不是人类的力量，它不

---

① B. Stiegler, *Technics and Time, 1: The Fault of Epimetheus*, p.192.
② 韦尔南：《神话与政治之间》，第311页。
③ 赫西俄德：《工作与时日·神谱》，第43页。
④ B. Stiegler, *Disbelief and Discredit, 3: The Lost Spirit of Capitalism*, translated by D. Ross, Cambridge: Polity Press, 2014, p.84.
⑤ 韦尔南：《神话与政治之间》，第310页。
⑥ B. Stiegler, *Technics and Time, 1: The Fault of Epimetheus*, p.194.

是人类的财产。它顶多算是一种驯化的力量，一旦脱离技术之掌控，就会显露其野蛮狂暴。"①

　　人类食用这种技术之火烤熟的食物，以减少他们腹中不断增长的饥饿感，以缓解他们对死亡的恐惧，但却永远无法消除自身的死亡，无法像神一样永生不朽。"火是第一个技术，它是一个人工的技术代具、一个外在的器官。火使人能够在自身之外生存，同时也宣判了人必须如此。斯蒂格勒之后使用了一个术语来表示技术的这种双重性：药（*pharmakon*），既是解药也是毒药，既是对我们的拯救也是对我们的毁灭，既把人抬高于所有动物之上，也成为死亡的符号——死亡把人类从与诸神同桌欢宴的餐桌上驱逐出去。"②于是，所有的技术便都带上了普罗米修斯带给人类的第一个技术的属性，"技术既是人类自身的力量，也是人类自我毁灭的力量"③。因为人类是技术性和代具性的存在，所以他们有着自我毁灭的危险，技术代具既使人类免于直接饿死、冻死或者被野兽吃掉，但技术代具也标志着死亡之必然的降临。④

　　人与神之间有着暧昧的关系，他们曾经与神共处、同桌欢宴、平起平坐。但普罗米修斯两次偏袒人类的行为却使人类再也不能与神平等相处。人类十分怀念这样的黄金时代，于是通过牺牲献祭以图打开与神的沟通道路。他们点燃祭坛之火，焚烧牺牲白骨，以表明他们服从宙斯的意愿，即承认人与神是完全不同的两个种族：神是不朽者，而人则是会死者。这就是人的衰落。"献祭重新唤起了这

① B. Stiegler, *Technics and Time, 1: The Fault of Epimetheus*, p.194.
② C. Howells, G. Moore, "Philosophy — The Repression of Technics", in C. Howells, G. Moore eds., *Stiegler and Technics*, p.4.
③ B. Stiegler, *Technics and Time, 1: The Fault of Epimetheus*, p.85.
④ Ibid., p.198.

一衰落,而人类也在此献祭仪式中接受了这一事实。"[1] 这就是普罗米修斯的失败。普罗米修斯意图偏袒人的诡计,不仅没有从宙斯那里获得任何好处,反而使人明确地意识到自己是会死者。死亡就是普罗米修斯给人类招致的缺陷,人的诞生就意味着人的衰落。"死亡就是普罗米修斯原则。"[2]

然而,对于人来说,死亡既是确定的,又是不确定的。确定是指,死亡超前于人的此在,死亡一定会到来;不确定是指,死亡不知道什么时候会到来。这是人与神的最大不同。动物虽然也会死,但动物并不能够意识到自身的死亡。人不仅能够意识到自己的死亡,而且始终保持着对死亡的畏惧。死亡是此在在世生存的大背景,人无论选择沉沦于世,还是勇敢向死而在,都是面对死亡做出的筹划。死亡超前于人,死亡就是人的超前性。向神的献祭与牺牲,使人再次确认人与神的差别,或者说表明人类承认与神相比自身所拥有的缺陷。"欺骗宙斯和蒙混他的心志是不可能的。"[3] 普罗米修斯这位诸神中先知先觉和足智多谋的泰坦神这样尝试却失败了,而人类则必须为他的失败付出代价。普罗米修斯使人意识到的死亡正构成了人类必有的缺陷。然而,人类虽然承认自己是神的献祭者,不能永生,但人类始终怀念与神平起平坐、欢宴共饮的黄金时代。这样的怀念与向往不朽也就是死亡的超前性的意义,构成了人类试图不断弥补自身缺陷的动力。然而,人类之所以对不朽永恒有所向往,或者是试图依赖技术不断地推迟死亡,正是因为人类会超前地领会着自身的死亡。所以,死亡才是人类借助于技术不断进化的动力,而这一

---

[1] B. Stiegler, *Technics and Time, 1: The Fault of Epimetheus*, p.191.

[2] Ibid., p.192.

[3] 赫西俄德:《工作与时日·神谱》,第45页。

动力同时也是技术进化的动力。这一动力超前于人类而存在，所以它不是人类能够决定的；但是它却因人类而存在，因为它本身就是人类的死亡。普罗米修斯原则为人的进化与技术的进化互相推动的动力提供了解释，它是斯蒂格勒技术哲学的第二个基本假设。

我们现在来总结一下斯蒂格勒技术哲学中的前两个基本假设的意义。爱比米修斯神话的技术哲学意义在于：爱比米修斯的过失构成了一种缺陷，这种缺陷是相对于动物的缺陷。动物的基因包含有供其生存的遗传记忆，这是动物能够生存的先天本能的来源。但与动物相比，人类几乎是一个早产儿，没什么先天的本能，如果没有别人的照料护理，这个早产儿就无法长大成人。所以，与动物相比，人缺少先天的本能。人必须通过掌握普罗米修斯从诸神那里偷盗来的技术以保障自己的生存，人的存在就是外在于自身而存在。而普罗米修斯神话的技术哲学意义在于：普罗米修斯的过失也为人类招致了一种缺陷，但这种缺陷是相对于不朽的神的缺陷。普罗米修斯的诡计本来是想要从神那里让人类获得更大的好处，但结果却使人明确了自己与神是不同的族类，人承认了与神的区别，接受了自己会死的事实。这位泰坦神的后裔在列举他给人类带来的好处时说："我把人类从对死亡的预见中解脱出来。"[1]死亡，就是普罗米修斯原则。死亡的超前性，既唤起了人类对与神平起平坐的时代的怀念，也成为人类进化的动力和技术进化的动力。

通过斯蒂格勒对这两则神话故事的阐释，我们发现，这两位泰坦神因自己的过失而为人类招致的缺陷，都必须通过技术进行弥补。这样，在斯蒂格勒的技术哲学中，技术不再仅仅是人的工具，而是

---

[1] 斯蒂格勒：《技术与时间1：爱比米修斯的过失》，第215页。

在生存论意义上对人的在世存在有着源初构成性作用的替补物，它实则就构成了人的本质。另一方面，死亡作为一个超前存在的事实已决定了技术是要不断进化的，而进化的目的正是要弥补死亡这一人类必有的缺陷，技术是死亡的替补。于是，技术就成了人的存在方式。这两方面的意义也都是斯蒂格勒所说的后种系生成概念的题中之义。因为这一概念既表示着人与技术的存在方式和互动结构，解释了人的起源和进化的问题，同时也就解释了技术的起源与进化的问题。人构成着技术，技术也构成着人。

第三章　第三持留与药学

　　通过普罗米修斯原则，我们很容易就会发现，斯蒂格勒将技术的范围大大扩展了。由于技术性和代具性本身就是替补性，因此，除去人类天生的动物属性，其他的人类社会中所出现的一切，包括人类所穿着的衣服，使用的器具，约束人类行为的风俗、法律和制度，甚至人类的语言都是某种技术和技术物体。这一切作为人类外在之本质的技术和技术物体，从神话学意义上讲，是产生于爱比米修斯当初那个不经意犯下的过失及普罗米修斯对此过失的弥补；而从人类学意义上讲，人类的技术本质则是起源于南方古猿时代脚的扁平化所开启的单冲程的人类化进程。斯蒂格勒排除了那些在谈论人类时人类就已经具有的人性、范畴、本性、精神和理性等特有的属性，因为这些属性都不是人类之为人类的根本属性。也就是说，这些被旧的形而上学所不断讨论的所谓先验的和先在的东西，它们既不是本来存在的，也不是独立存在的，每一个先验的范畴总是摆脱不了一个经验的记忆。这种记忆不单是指那些储存在大脑中的记忆，正如之前所述，也包括骨骼记忆、肌肉记忆和神经记忆。这些记忆以外在化的方式被保存在技术和技术物体之中，它们成了记忆的载体，但这种载体也意味着记忆本身。如果没有书写技术，我们就从来不会知道康德的哲学思想；如果康德不是将其哲学思想写成书并流传后世，我们就不会去思考康德所说的先验范畴。就此而言，书写技术和书本这种技术物体构成了康德的哲学思想，而康德的哲学思想则成了我们所理解的康德本人。

爱比米修斯原则同时也代表了时间中的过去。人类起源时是一无所有的，但在人类的逐渐进化中，每一代人当其初来到世界上时，总有一个已经在那里的文化体系或者说技术体系。这个体系是前代人留存下来的，它既表示着前代人的精神世界，也是这一代人所必须接受的精神世界。因为作为一个一无所有的来到世界上的人，他必须接受某些先在于他但又外在于他的已经在此（already-there）的东西，以使自身作为人在世界上生存。这些已经在此的所有东西就是斯蒂格勒所说的各种各样的技术和技术物体，也就是海德格尔所说的世内存在者（Innerweltliche Seiende）。这些世内存在者实际上对人的在世生存有着构成性意义，而并不是如海德格尔所说的只会导致沉沦。

斯蒂格勒技术哲学中的普罗米修斯原则同样与海德格尔在《存在与时间》中所说的"向死而在"不谋而合。在斯蒂格勒的技术哲学中，死亡的超前性是人类进化与技术进化的动力来源；而在海德格尔的生存论哲学中，向着死亡而存在是此在能够从沉沦中抽身而出回归本真的唯一方式。人类的有死性在这两位思想家这里都构成了一种态势或前进的指针，而且二人对人类生存中的已经在此和先行于前的看法也表明，他们对时间的结构有着相同的规定。但是，由于斯蒂格勒和海德格尔的哲学分析之根本出发点不一样，所以导致了他们对已经在此的世内存在者的看法不一样；或者说，由于二人的哲学处于两个传统中，所以导致了他们对生存的看法不一样。

我们会在本章第一节仔细谈论海德格尔对此在在世存在的生存论论述，而我们的着眼点就是已经在此的世内存在者。因为在斯蒂格勒看来，"在海德格尔那里，尤其是在他的后期著作中，存在的问题成为技术的问题。事实上，海德格尔的问题从一开始就是作为阐释问题提出的，这个问题逐渐走向（或已经变成）普罗米修斯原则的问题。但是海德格尔的生存论证及其时间问题缺乏普罗米修斯原则和爱比米修斯原则所构成的根本性意思"①。因此，尽管海德格尔重新拾起了自形而上学发生之时就被遗忘的存在问题，但是，他却仍然陷在形而上学的泥潭之中。这就进而导致了"他对技术的认识仍然停留在传统的形而上学立场之上"②。海德格尔也只认识到了技术的毒性，而没有仔细分析技术天生就携带的药性，这种对技术的偏执看法正和传统形而上学对技术的看法一样。对海德格尔技术哲学之内在逻辑的分析，有助于我们真正认识到技术对人类之在世生存的构成性意义，并且清除我们在分析斯蒂格勒技术哲学的第三个基本假设之前所遇到的障碍。这种障碍形成于形而上学本身对技术的偏见，在根本上，这种障碍起源于形而上学中的先验性问题。

因此，本章第二节我们将集中讨论形而上学的先验性问题。这一问题的最初形式，同样是以一则神话故事出现在形而上学形成之前的希腊神话传说中，即帕尔塞福涅（Persephone）神话；然后，通过柏拉图的阐释，以"灵魂回忆说"的形式出现在《美诺篇》（Meno）中，先验性的问题以灵魂的回忆和灵魂的沉沦的对立关系成为美诺向苏格拉底发起提问的根本冲动，这一提问成了著名的"美诺疑难"，即"我们如何认识我们从来不认识的东西"。最后，

---

① 斯蒂格勒：《技术与时间1：爱比米修斯的过失》，第218页。
② 同上，第228页。

对这一问题的回答形成了灵魂不死的固定答案，它作为教条出现在《斐德罗篇》中，在其中，"关于灵魂的神话进而转换为一种'形而上学'，理智和感觉的对立成为现实，存在现实地和变化相对立，灵魂和肉体的对立从此成为一切哲学论述的基石——并由此产生了自然与文化、人和技术的对立"①。后世的思想对这一答案做了各种形式的变更，如理念不灭、上帝永恒、精神不朽、理性永存等。"试图回答这个诘难，这本身就是哲学史一切思想尤其是现代思想的动力：笛卡尔、康德、黑格尔、胡塞尔、尼采、海德格尔等，无一不探讨这个问题"②，但始终摆脱不了灵魂不死这一框架。然而，在斯蒂格勒看来，之所以会出现所谓的先验性问题或者灵魂不死的问题，那只是因为形而上学在其发生之前就已经接受了起源与沉沦、不变与变化、不朽与死亡的划分，于是，在其发生之后，形而上学又不得不调和这种区分。不过，鸿沟既然已经存在，调和既然总是失效，无视它又是不可能办得到的，那就不如否定起源、不变和不朽，否定形而上学之建立的根本前提。这样一来，人类本身就是处在沉沦中、处在变化中、处在死亡中，它们反倒是构成人之为人的基础事实。而那些技术和技术物体就是人类之沉沦、变化和死亡的象征，技术成了人类之沉沦、变化和死亡的镜像。技术和技术物体是斯蒂格勒以"第三持留"（tertiary retentions）命名的东西，它们是作为知觉的第一持留和作为回忆的第二持留之能够存在的前提和基础。至于为什么，我们会在第二节详细论述。

尽管我们将斯蒂格勒的哲学称为"技术哲学"，但此"技术"并不只是指涉狭隘的技术范畴。他的技术概念的范围非常广泛，包括

---

① 斯蒂格勒：《技术与时间 1：爱比米修斯的过失》，第 111 页。
② 同上，第 108 页。

与纯粹生命断裂的人类之生成延异过程中所发生的一切替补。正如上面所说，技术是人类之沉沦、变化和死亡的象征和镜像。因此，斯蒂格勒尽管是在谈论技术，但实际上，他是要通过对技术的重新定义，进而重新解释西方形而上学传统，思考形而上学发生之时那些被遗忘和压抑的东西。斯蒂格勒技术哲学是一种非常开阔的哲学视野，其视野之开阔的一个重要的原因就是他在建立自己技术哲学的支撑时所提出的爱比米修斯原则和普罗米修斯原则的假设。就此而言，我们说，他的这两个基本假设是非常成功的。而他的第三个基本假设，作为其技术哲学的第三个支撑也同样是非常有效和成功的。但这一假设的重要意义，也只有在我们清除了形而上学的先验性问题或者说"美诺疑难"在哲学中形成的障碍之后，才可以真正被理解。因为这一基本假设所说明的正是：先验来源于经验，不变来源于变化，不朽来源于死亡。斯蒂格勒技术哲学的第三个基本假设，我们可以称之为"潘多拉（Pandora）原则"。潘多拉原则是对技术自身性质的描述，即对"技术怎么样"这一问题的回答。它同时也是对欲望之性质的描述，因为在斯蒂格勒的技术哲学中，技术决定着欲望的形态。这一原则意味着每一种技术都是一味药（*pharmakon*），都具有毒性和药性两方面的作用；只要一种技术被投入使用，它的毒性和药性会同时发挥作用，技术的毒性是无论如何都不可能被避免的。因此，斯蒂格勒的结论是，一种关于技术的学说就是关于药的学说，技术学（techno-logy）就是药学（pharmaco-logy）。技术学即关于技术的起源和进化的科学。[①]这种技术学的历史就是一部药学的历史。欲望同样如此，它同时具有药

---

① 斯蒂格勒：《技术与时间1：爱比米修斯的过失》，第29页。

性和毒性。宙斯将潘多拉送给爱比米修斯做妻子，一方面是要使人类看到这位美丽的女人而暂时摆脱对死亡的恐惧，另一方面却是要使人类备受这位美丽的女人所引起的欲望的折磨。这正是宙斯对人类之惩罚的阴险和高明之处。这些是本章后三节所主要论述的内容。

当然，在开始论述这些内容之前，我们需要先清除那些对作为世内存在者的技术和技术物体的偏见，这些偏见认为技术和技术物体只具有毒性，世内存在者只会使此在沉沦。不错，斯蒂格勒在此所要批评的思想者就是海德格尔。

一　海德格尔的"谁"与"什么"

海德格尔在《存在与时间》中树立起了一个高大而坚硬的此在，试图依赖于这一存在者重新拾起被西方形而上学一直以来遗忘的对存在的追问。无论这一时期的海德格尔将"此在"称为沉溺于好奇、闲言、两可的常人，还是回归本真、先行于自身向死而在的真人，此在在《存在与时间》中只是指人，即谁（who）。当此在沉沦于世时，这个谁就是常人；当此在向死而在时，这个谁就是真人。"这种存在者的存在总是我的存在。这一存在者在其存在中对自己的存在有所作为。作为这样一种存在的存在者，它已交托给它自己的存在了。对这种存在者来说，关键全在于［怎样去］存在。"①因此，对此在即谁的存在规定是生存（existence）。与谁这种存在者相对的，是另外一类存在者，这类存在者被海德格尔统称为"世内存在者"。所谓世内存在者，是在一个世界之中现成存在的存在者，它们可能

---

① 海德格尔：《存在与时间》，第49页。

是一个器具，也可能是其他的人工制品。①这类存在者就是"什么"（what），是非此在式的存在者，对这种存在者的存在规定是范畴。"生存论性质和范畴乃是存在性质的两种基本可能性。与这两者相应的存在者所要求的发问方式一上来就各不相同：存在者是谁（生存）还是什么（最广义的现成状态）。"②对这两种存在者的追问从一开始也是斯蒂格勒所关心的最核心问题。"谁"在斯蒂格勒这里是人类，而作为世内存在者的"什么"则是各种各样的技术和技术物体，或者我们将其统称为"技术"。但是，对"谁"与"什么"之间的关联的理解，则成了斯蒂格勒和海德格尔之分歧的关键所在。③

海德格尔认为，所有的存在者都存在于一个世界之中，但世界并不是由时间和空间等抽象概念所组成的一个物理学意义上的世界。当我们返身对这个世界进行思考时，我们其实就已经以某种在世界中的眼光去认识世界本身，因为"'世界'在存在论上绝非那种在本质上并不是此在的存在者的规定，而是此在本身的一种性质"④。这也就是说，"谁"来到世界上之时，就有一个世界已经在那里等着他；"谁"必须接受这个已经在此的世界，这个世界构成了"谁"之为"谁"的前提和基础。不过，传统形而上学早已遮蔽了此在自身向来携带着一个世界的性质，这是导致它遗忘了存在的原因之一。所以，当我们重新思考此在之为此在时，就不能够再将已经在此的世界绕开，而必须从此在所处的世界入手。"我们应从平均的日常状态（作为此在的最切近的存在方式）着眼使在世从而也使世界一道成为分

① 海德格尔：《存在与时间》，第77—85页。
② 同上，第53页。
③ 斯蒂格勒：《技术与时间1：爱比米修斯的过失》，第226页。
④ 海德格尔：《存在与时间》，第76页。

析课题。必须追索日常在世，而只要在现象上执着于日常在世，世界这样的东西就一定会映入眼帘。"①对日常在世的此在而言，首先映入眼帘的是其周围的世界。此在的这个周围世界充满着各种各样的世内存在者，即"什么"。此在首先与通常通过作为世内存在者的用具与其周围世界打交道，"在打交道之际发现的是书写用具、缝纫用具、加工用具、交通用具、测量用具"②。这些用具是斯蒂格勒所说的技术物体，它们是一种工具，在协助"谁"的在世生存，或者说，在对爱比米修斯对人类造成的过失进行替补，它们是人类之外在化的本质和生存方式，并构成了一个整体。海德格尔也认为，这些用具构成了用具之整体，"属于用具的存在的一向总是一个用具整体。只有在这个用具整体中，那件用具才能够是它所是的东西"③。

不过，即便是在这个用具整体中的各种用具，也并不意味着都能够映入此在之眼帘。海德格尔区分了世内存在者的两种状态，即上手状态（Zuhandenheit）和在手状态（Vorhandenheit）。"对锤子这物越少瞠目凝视，用它用得越起劲，对它的关系也就变得越源始，它也就越发昭然若揭地作为它所是的东西来照面，作为用具来照面。锤本身揭示了锤子特有的'称手'，我们称用具的这种存在方式为上手状态。"④我们日常所居住的房屋、鼻梁前架着的眼镜、脚上穿的鞋子也都像本来就属于我们的躯体所有一样，因其合适而变得不触目。但是，这些用具也有变得触目的时候，当用具残缺损坏，或者根本不合用，锤子太重、眼镜太松、鞋子太大时，它们就显得触目碍眼。

---

① 海德格尔：《存在与时间》，第77—78页。
② 同上，第80页。
③ 同上，第80页。
④ 同上，第81页。

"触目在某种不上手状态中给出上手的用具"①,这是上手状态的一种变式,即现成在手状态,"现成状态的揭示就是上手状态的掩盖"②。这种状态标志着此在在同周围世界打交道之际上手用具的缺乏,"我们愈紧迫地需要所缺乏的东西,它就愈本真地在其不上手状态中来照面……它作为仅还现成在手的东西暴露出来"③。但现成在手状态不仅提示着周围世界中上手状态的缺乏,它同时也有可能遮蔽着周围世界本身。因为世界不只是由上手事物组成的,还由许多被异化的上手事物组成。这些被异化的上手事物就仅仅作为现成在手的世内存在者,遮蔽着此在之为此在的在世生存的真相。④而此在首先与通常沉沦于它的世界之中,"人们虽未说出,其实先就把此在理解为现成的东西"⑤。于是,在海德格尔看来,此在首先与通常就已经被抛在了一个到处伴随着现成在手的世内存在者的世界之中,此在首先与通常就不是它自身。"此在首先总已从它自身脱落、即从本真的能自己存在脱落而沉沦于'世界'。"⑥

在这个世界中当然不只有作为"什么"的世内存在者,也有跟此在一样的其他的"谁"。作为此在的"谁"与其他的"谁"一起在世界中生存,这就是此在与他人的共在。"自己的此在正和他人的共同此在一样,首先与通常是从周围世界中所操劳的共同世界来照面的。此在在消散于所操劳的世界之际,也就是说,在同时消散于对他人的共在之际,并不是它自身"⑦,而是常人(das Man),常人是此

---

① 海德格尔:《存在与时间》,第86页。
② 同上,第185页。
③ 同上,第86页。
④ 同上,第86—89页。
⑤ 同上,第133页。
⑥ 同上,第204页。
⑦ 同上,第146页。

在的日常平均状态，"此在首先是常人而且通常一直是常人"①。此在作为"常人"沉溺于闲言、好奇、两可之中，而忘却对自己是"谁"的追问。但此在的沉沦并不是对此在的一种价值判断，对于海德格尔而言，这种沉沦是此在生存论的结构。此在摆脱不掉它的这种生存论结构，就像此在摆脱不掉它的已经在此的世界一样。这个已经在此的世界也是斯蒂格勒技术哲学中所说的由各种各样的技术和技术物体构成的世界，二人对此在都具有一个已经在此的世界这一生存论结构的看法是一致的。但与海德格尔将这个世界理解为一个人工的世界、是导致此在之沉沦的原因不同，斯蒂格勒认为这个世界构成了此在——也就是"谁"——的本质和存在方式，是"谁"之所以能够为"谁"的原因。究竟是海德格尔什么样的根本立场致使其认为此在总是首先沉沦于世界之中呢？

"如果不是通过此在的日常性为中介而提供的预备性理解，就无法提出存在的意思的问题。……存在只能在事后的延迟中呈现自己：这还是爱比米修斯的问题。"②然而，分歧的关键就在这里：海德格尔的"存在分析和爱比米修斯的死亡学之间最接近之处——同时也是区别它们的起点，就是关于已经在此的论点"③。虽然海德格尔认为只有从此在的日常性和实际性为切入口才能把握存在问题，然而，此在的这种日常性和实际性，也恰是海德格尔在以之为领会存在的预备性步骤之后极力要摆脱的东西。因为，此在通常是以日常性和实际性的非本真状态被抛在世界之中的，这种状态是一个切入口。但只有当此在从其常人的非本真状态中返回到本真状态，它才能够追

---

① 海德格尔：《存在与时间》，第150页。
② 斯蒂格勒：《技术与时间1：爱比米修斯的过失》，第263—264页。
③ 同上，第264页。

问存在并领会存在。海德格尔在《存在与时间》中花了很大篇幅去分析此在的日常性，分析此在的已经在此的实际性，并不是要承认它们对此在的构成性意义。这种分析只是回归本真的一个预备性步骤。已经在此的日常性和实际性，即已经在此的世内存在者的日常性和实际性，对于海德格尔来说，总是他的返回步伐的一种障碍。

海德格尔对此在之返回其本真状态所做的分析的一个关键性概念，与斯蒂格勒的普罗米修斯原则在结构上几乎完全相契合，即此在的死亡，或者说，"谁"的死亡。但死亡在海德格尔的生存论分析中成了此在之返回的动力，而不是前进的动力。在海德格尔的哲学整体中，无论是作为"谁"的此在，还是在其后期哲学中出现的艺术作品、伟大事件等其他的此在，总有一种孑然一身返回自然的倾向。海德格尔的哲学中存在着世界之外和世界之内的隔阂，存在着自然与技术（人类）的隔阂，而前者总构成了此在之返回的源头或者中心。尽管人们常说海德格尔从前期到后期发生了一种差别极大的转向，但海德格尔对本源与沉沦的区分在其哲学整体中总是那样根深蒂固、坚不可摧。那么，现在就让我们来看一下海德格尔是怎样分析此在从日常沉沦回归本真状态的。

此在首先与通常被抛于世界之中，这个此在就是常人，常人庸庸碌碌、人云亦云，不知其生何来，亦不知其死何往。"此在首先与通常消散在常人之中，为常人所宰治"[①]，这时的此在就处于其非本真状态中。这意味着，"此在从它本身跌入它本身中，跌入非本真的日常生活的无根基状态与虚无中"[②]。而无根基状态，就是指此在的本真状态对它锁闭着，或者说，此在以沉沦于世界的方式逃避着它

---

① 海德格尔：《存在与时间》，第194页。
② 同上，第207页。

的本真。这种本真就是此在有一天是要死的，这一天虽然不知道是什么时候，但它一定会到来。"死是一种此在刚一存在就承担起来的去存在的方式。"[1] "死亡是此在本身向来不得不承担下来的存在可能性。"[2] 但由于此在通常以常人的方式沉沦于世，此在会死这件事于是总被常人否定着和遗忘着，"人们知道确定可知的死亡，却并不本真地对自己的死'是'确知的。……人们说：死确定可知地会到来，但暂时尚未。常人以这个'但'字否认了死亡的确定可知"[3]。此在"日常沉沦着在死之前闪避是一种非本真的向死而在"[4]。然而，此在如何才能本真地向死而在，直面死亡的虚无，而回归本真状态呢？海德格尔说，要有勇气去畏。"畏之所畏者就是在世本身。……畏之所畏不是任何世内存在者。因而畏之所畏在本质上不能有任何因缘。"[5] 而"因缘乃是世内存在者的存在"[6]，畏不能有任何因缘，就意味着要摆脱所有的世内存在者的干扰。"畏之所畏者不是任何世内上手的东西"[7]，更不用说那些世内现成在手的东西。此在"并不是首先通过考虑把世内存在者撇开而只思世界，然后在世界面前产生出畏来，而是畏作为现身样式才刚把世界作为世界开展出来"[8]。因而，畏之所畏者以及畏所为而畏者就都是在世本身。然而，此在之在世本身又有什么可畏的呢？"畏把此在抛回此在所为而畏者处去，即抛回此在的本真能在世那儿去。畏使此在个别化为其最本己的在世的

---

[1] 海德格尔：《存在与时间》，第282页。
[2] 同上，第288页。
[3] 同上，第296页。
[4] 同上，第297—298页。
[5] 同上，第215页。
[6] 同上，第98页。
[7] 同上，第216页。
[8] 同上，第216页。

存在。……畏在此在中公开出最本己的能在的存在。"① 此在这种最本己的能在的存在是任何一个"谁"都无法替代的，此在只能自己孤独地面对、最真切地面对：这种存在就是此在先行于自身的向死而在，这种存在就是本真的向死而在。因此，正是畏这种现身情态公布出了本真的向死而在。②

此在之在世本身是无根基的，因为此在是必然要死亡的。而死亡本身也不再标志着对此在的救赎，因为救赎是上帝所要做的事情。但在海德格尔所生活的时代，上帝已经死了，人的死亡就不再是一个能够获得救赎的标志，而成了每一个此在都必然会坠入的无底的黑暗和无边的虚无。对于海德格尔来讲，此在之所以浑浑噩噩、虚度终日，正是因为它已经遗忘了或者试图遗忘自身是会死亡的这一事实，所以，此在总是沉沦于世，处于常人的平均状态中。如果此在自身不奋然一跃、跳出常人、回归本真状态，那么，别的"谁"都不可能帮到它。所以，此在必须直面其在世之无根基这一事实本身，先行到死亡中去，向死而在。"向死存在，就是先行到这样一种存在者的能在中去：这种存在者的存在方式就是先行本身。"③ 因为"死是此在的最本己的可能性。向这种可能性存在，就为此在开展出它的最本己的能在，而在这种能在中，一切都为的是此在的存在"④。作为"谁"的此在必须孑然一身独自完成对自身的救赎，它必须摆脱那些"什么"，即世内存在者和其他的"谁"遮蔽自身之最本己存在的可能性，摆脱它们对自身导致沉沦的可能性，此在必须孤独而

---

① 海德格尔：《存在与时间》，第217页。
② 同上，第305页。
③ 同上，第301页。
④ 同上，第302页。

坚强地生存在大地上，先行于自身而直面死亡。这就是我们为什么说，海德格尔在《存在与时间》中树立起了一个高大而坚硬的此在，它遗世而独立，对抗上帝死后的虚无。

"此在……应把自己从迷失于常人的状态中收回到它本身来，也就是说：此在是有罪责的。"[①]这种罪责并非意味着此在在世就携带着原罪，而是说，此在只要是沉沦于世，它就是有罪责的。[②]对于海德格尔而言，此在之所以沉沦，其他已经在此的存在者对此在的干扰绝对是一个重要的原因，无论这种存在者是"什么"还是"谁"。因此，这些已经在此的存在者构成了此在的沉沦，也即构成了此在的罪责，它们是此在起源的缺陷。然而，要摆脱罪责，此在就要听从良知的呼唤，直面自身的罪责，决心先行步入到自身最本己的可能性中，即先行步入死亡之中。"如果决心源始地即是它所倾向于去是的东西，决心便本真地处在源始的可能性中。而我们曾把此在向其能在的源始存在绽露为向死存在……从而，决心只有作为先行的决心才是向着此在最本己的能在的源始存在。只有当决心有资格作为向死存在，决心才始领会能有罪责的这个'能'。"[③]先行步入超前于此在而存在的死亡，成了海德格尔存在论生存论中使此在摆脱被抛境况的必然方向和唯一方向。然而，超前的死亡之所以具有拯救此在的功效，也不过是因为死亡总是此在已经具有的超前的缺陷，"起源的缺陷（即罪责）和终结（它总是一种缺陷）是同一层关系的两个'方面'"[④]。

---

① 海德格尔：《存在与时间》，第328—329页。
② 同上，第328—329页。
③ 同上，第349页。
④ 斯蒂格勒：《技术与时间1：爱比米修斯的过失》，第286页。

　　在斯蒂格勒看来，此在的"这种生存的结构非常接近缺陷存在或因缺陷而存在这种普罗米修斯和爱比米修斯'结构'"①。被抛的此在继承了一个已经在此的过去，而因爱比米修斯的过失而诞生的人类也不得不依赖外在于自身的技术去生存——已经在此和外在于自身，在此具有相同的意义。在海德格尔对此在的生存论分析中，此在所携带的已经在此是此在逃避死亡沉沦于世的原因。而此在之所以逃避死亡，在根本上是因为死亡是此在的缺陷。这种论述同样契合于斯蒂格勒技术哲学中因普罗米修斯的过失而给人类招致的缺陷。不过，在斯蒂格勒的技术哲学中，"对于此在来说，它的过去和它没有经历的过去同样真实，不仅如此，这个没有经历的过去比所有它经历的过去更具有已经在此、更具有它的真实的在此的意义"②。如果没有已经在此的"什么"对"谁"先天无本质的缺陷进行替补，那么，"谁"将不成为"谁"。对于斯蒂格勒而言，已经在此的过去构成了此在之在世的本质和存在方式，它不是此在逃避死亡的原因，也不是此在沉沦的原因。然而，在海德格尔这里，既然已经在此的"什么"始终使此在处于非本真状态，为了使此在返回本真状态，就必须切断此在与已经在此的联系，先行步入死亡之虚无中。但这种切断与已经在此的联系只是从心态上切断，它只能是想象的结果而不可能在实际中发生。因为，此在只要在世它就不可能真正将其已经在此抛弃掉。此在从心态上向死而在，才能"本真地从将来而是曾在。先行达乎最极端的最本己的可能性就是有所领会地回到最本己的曾在来。只有当此在是将来的，它才能本真地是曾在。曾在

①　斯蒂格勒：《技术与时间1：爱比米修斯的过失》，第229页。
②　同上，第287页。

以某种方式源自将来"①。此在生存的所有意义似乎都来自死亡的虚无，尽管死亡在海德格尔这里也是此在的必有之缺陷，但它似乎也是此在能够返回本真的唯一可能路径。海德格尔的此在对作为世内存在者的"什么"不信任，对其他在世生存的"谁"也不信任。这个此在是一种孤零零的、先行步入死亡中的此在，它抛开了其他的"谁"，更抛开了所有的"什么"。海德格尔对此在的存在论生存论分析之所以出现这样的面相，是因为海德格尔认为，"'谁'具有相对'什么'的优先性，所以'什么'永远不可能自身具有构造的意义"②。在海德格尔的整体哲学中都有一种切断"谁"与"什么"之联系，切断自然与技术（人类）、起源与沉沦之联系的倾向，这种倾向来源于海德格尔所不断批判的形而上学基本立场。"声音和在场的优先性仍然贯穿于无声意识的主题中，它明确地标志着，海德格尔在他自己确立的解构'在场形而上学'的工程面前的退缩。"③海德格尔自身所具有的形而上学倾向使其切断了"谁"与"什么"之间所具有的天然联系，并使得海德格尔在其思想的后期虽然已经意识到技术之强大的力量，但却找不到一种切入口对技术进行系统的分析。因此，他只好说，"我并不反对技术。我从未说过反对技术的话……我只是尝试理解技术之本质"④。

然而，我们从斯蒂格勒的技术哲学出发，发现"谁"与"什么"之间的联系根本是切不断的，因为"谁"构成着"什么"，反过来，"什么"也构成着"谁"。"'谁'和'什么'之间的差异实际就是

---

① 海德格尔：《存在与时间》，第371页。
② 斯蒂格勒：《技术与时间1：爱比米修斯的过失》，第300页。
③ 同上，第301页。
④ 贡特·奈斯克、埃米尔·克特琳编：《回答：马丁·海德格尔说话了》，第8页。

'谁'和'什么'的相关差异，二者是不可分离的。"[①]"相关差异既不是'谁'，也不是'什么'，它是二者的共同可能性，是它们之间的相互往返运动，是二者的交合。缺了'什么'，'谁'就不存在，反之亦然。"[②]"谁"在此指的就是人类，而"什么"指的则是技术，人类与技术之间的延异过程，正如我们之前所说，既使人类得以生成，又使技术得以生成。海德格尔的世内存在者概念是斯蒂格勒所说的技术，也即"什么"。但海德格尔自始至终都对世内存在者有着根深蒂固的偏见。尽管海德格尔耗尽毕生心力试图将形而上学连根拔除，但他的思想中仍然留下了形而上学的残余，这种残余很明显地表现在他对此在之本真状态与非本真状态的划分中。因为这一划分的依据就是先验与经验的区分，这种区分的历史比形而上学的历史更为久远，它在形而上学出现之前就已经扎根在希腊悲剧时代的神话传说中。虽然海德格尔对此在的生存结构的分析非常契合于斯蒂格勒的爱比米修斯原则和普罗米修斯原则，但他思维深处的先验与经验的划分仍然使其试图切断"谁"与"什么"之间的联系，这就阻碍了他去透彻地思考技术问题。当然，这种先验性问题也可能阻碍我们去透彻地思考技术问题。所以，我们必须根除先验性问题对我们思考技术的阻碍，这也是斯蒂格勒的技术哲学所要处理的主要问题之一。因此，下一节我们将分析先验性问题的由来，并阐释斯蒂格勒为解决这一问题所使用的概念武器。

二　"美诺疑难"与先验性问题

《存在与时间》中的此在只要在世，就必然要沉沦于世界，这包

---

① 斯蒂格勒：《技术与时间1：爱比米修斯的过失》，第265页。
② 同上，第154页。

括此在沉沦于常人，以及此在沉沦于世内存在者。由于常人在根本上就是一种缺乏活性的平均状态，这种状态因此和世内存在者那种僵死的惰性状态无异。在此意义上，此在沉沦于世，就是此在沉沦于世内存在者。海德格尔对此在之沉沦的思考非常可疑，他几乎就是以世内存在者的现成在手状态，即物质的惰性状态为模板来思考此在之沉沦的。"如果'沉沦论'是指：沉入物质世界，那么这同时也就是指（而且主要是指）：沉入技术世界。"①对于海德格尔来说，沉沦是此在对其本真状态的遗忘而进入其非本真状态；对于柏拉图来说，沉沦则是灵魂进入肉体、进入物质世界，是灵魂对其本身的遗忘。为了摆脱物质世界的束缚，为了摆脱沉沦状态，海德格尔的此在是要学会向死而在，先行步入死亡本身中去；而柏拉图则要求人们要不断回忆，因为伴随着肉体的灵魂正是对知识的遗忘，以此人们在死亡之后才能使得灵魂变得纯粹。无论是海德格尔还是柏拉图，死亡都是摆脱沉沦的一种很好的方向。海德格尔的"沉沦说"几乎就是对作为柏拉图哲学理论之基础的"灵魂沉沦说"的一种复刻，虽然海德格尔建立其此在生存论的目的正是要克服以柏拉图的哲学理论为开端的形而上学。海德格尔虽然可能跳出了形而上学的束缚，但却没有跳出先验性问题的束缚。正是因为这样，海德格尔才试图把存在问题解释清楚。然而，当他将存在规定为无蔽、本有的时候，他就陷入了先验性问题的束缚中。在此意义上，德里达和斯蒂格勒才说，海德格尔的思想仍然没有摆脱逻各斯中心主义，仍然有着形而上学的残余。

先验性问题是形而上学得以形成的前提，它最初以神话的形式出现在《美诺篇》中。当时苏格拉底正要以此神话来说明灵魂的不

---

① 斯蒂格勒：《技术与时间1：爱比米修斯的过失》，第106页。

朽，并反驳美诺所提出来的疑难，这个神话就是帕尔塞福涅神话①。
美诺很怀疑苏格拉底所说的灵魂不朽，所以认为，"一个人既不能试
着去发现他知道的东西，也不能试着去发现他不知道的东西。他不
会去寻找他知道的东西，因为他既然知道，就没有必要再去探索；
他也不会去寻找他不知道的东西，因为在这种情况下，他甚至不知
道自己该寻找什么"②。这就是"美诺疑难"：我们如何认识我们从来
不认识的东西？让我们换一种方式来阐释"美诺疑难"：如果灵魂
是不朽的，那么，人就不需要去寻找和探索灵魂，只要等着死亡就
可以了；如果灵魂是会死亡的，那么，人就根本不会知道该去哪里
探索和寻找灵魂。这一疑问与其说是对不朽的疑问，不如说是对死
亡的疑问。"美诺疑难"并不是对灵魂不朽的根本否定，因为美诺已
经接受了灵魂是不朽的这一前提。此前提导致"美诺疑难"的产生。
这一疑难是美诺在试图理解灵魂不朽时所产生的疑问，美诺将迫使
苏格拉底站在会死亡的人的立场上去解释灵魂的不会死亡。以此为
契机，苏格拉底使用了帕尔塞福涅神话来向美诺解释灵魂的不朽和
人的死亡。苏格拉底说："灵魂在某些时候会死亡，在某些时候会再
生，但绝不会彻底灭绝。……'帕尔塞福涅会对这些过去遭受厄运
的人进行补偿，每隔九年就使他们的灵魂复活，升上天空。……'
既然灵魂是不朽的，重生过多次，已经在这里和世界各地见过所有事

---

① 帕尔塞福涅为宙斯和谷物神德墨忒尔（Demeter）所生的女儿，冥王哈德斯（Hades）非常喜
欢她。有一天，帕尔塞福涅在大地上玩耍，大地突然开裂，哈德斯把她抓到了冥府做自己的
妻子。德墨忒尔得知后痛苦万分，便无心管理谷物，致使田地荒芜，大地之上处处饥馑。宙
斯出面干预，他让哈德斯每年春天将帕尔塞福涅送往大地之上，即送往德墨忒尔身边；而在
秋天来临之时，德墨忒尔则须将帕尔塞福涅送回冥府，交还哈德斯。这样，德墨忒尔便不再
伤心，大地重新恢复了生机。见《神谱》913行，以及《神话词典》，第239—241页。
② 柏拉图：《美诺篇》，载《柏拉图全集（第一卷）》，王晓朝译，北京：人民出版社，2002年，
第506页。

物，那么它已经学会了这些事物。如果灵魂能把关于美德的知识以及其他曾经拥有过的知识回忆起来，那么我们没有必要对此感到惊讶。"①这就是先验性问题的最早陈述，它开启了形而上学的先河。②

然而在此，与其说苏格拉底是在向美诺解释灵魂为什么不朽，不如说苏格拉底是在以灵魂不朽为前提向美诺解释肉体只不过是灵魂的短暂沉沦。沉沦是因某种偶然的因素而发生的，或者说沉沦就是偶然；而死亡则成了偶然的沉沦与必然的不朽之间出现差异的分界线。对于先验性问题而言，沉沦与不朽之间之所以出现差异，是因为沉沦与不朽是偶然与必然的对立。这种差异是因沉沦而产生的，只要沉沦存在就一定会导致差异。然而，"美诺疑难"的根本并不在于差异本身，而在于如何将差异中的对立即沉沦与不朽之间的对立清除掉。苏格拉底的回答是，既然灵魂沉沦入肉体只是灵魂将自身已经获得的知识暂时遗忘了，并且由于灵魂获得的知识根本不可能被遗忘，所以，人这种沉入肉体的灵魂就必须通过回忆来获得关于灵魂不朽的知识以及其他各种灵魂已经获得的知识，"我们所谓的学习就是恢复我们自己的知识，称之为回忆肯定是正确的"③。于是，苏格拉底通过将死亡解释成灵魂由沉沦向不朽之纯粹状态回归的过渡而将沉沦与不朽之间的对立取消了，"死亡无非就是肉体本身与灵魂脱离之后所处的分离状态和灵魂从身体中解脱出来以后所处的分离状态"④。

然而，将死亡解释成灵魂离开肉身以取消不朽与沉沦之间的对

① 柏拉图：《美诺篇》，第506—507页。
② B. Stiegler, *Technics and Time, 1: The Fault of Epimetheus*, p.97.
③ 柏拉图：《斐多篇》，载《柏拉图全集（第一卷）》，第77页。
④ 同上，第61页。

立，实际上是对这种对立的存而不论，并不是真正取消这种对立。对立之所以产生是因为灵魂的沉沦，而要化解对立就要依靠灵魂的不朽，因此，灵魂既是问题产生的原因，又是解决问题的条件。苏格拉底肯定了灵魂的不朽，然后肯定了一种先验的、绝对的、在灵魂没有进入肉体之前就已经获得的知识的必要性；进而又说，人要想获得这种知识，就只有通过回忆，因为灵魂是不朽的，"灵魂沉入肉体就如同掉进了自己的坟墓（真正的生命在肉体之外），沉沦使它一下子把一切都忘了"①。所以，回忆使人能够不断地净化自己沉沦的灵魂。但这种方法只能使人逐渐逼近灵魂的纯粹状态，而只有死亡才能使灵魂真正摆脱沉沦。死亡就是架在此岸与彼岸之间的桥梁，回忆则促使灵魂不断接近这座桥梁，然而要到达彼岸只能靠死亡的过渡。可是，如果没有一种先在的、先验的知识，人的肉体将不会有任何意义。先验的知识使得肉体有存在的价值，不过与不朽的灵魂相比，肉体仍然是灵魂的堕落。所以，先验总是决定着经验，灵魂总是决定着肉体。先验知识是灵魂不朽的证据，但是反过来，灵魂不朽却也是先验知识得以存在的根据。柏拉图在证明灵魂不朽这一先验性的大前提时使用了循环论证，先验性的灵魂成了柏拉图得出其他结论的前提。所有的结论在寻找自己的前提时，最终都在这一先验性问题面前停住了，只能返回。柏拉图为自己的哲学设置了一个极限，但在证明这个极限的有效性面前止步不前。

　　如果说，柏拉图在《美诺篇》中对先验性问题的解释仍然带有神话的比喻色彩，那么在《斐德罗篇》中，柏拉图关于先验性问题的判断已经变成了教条，所有别的问题都可以依据这一教条通过逻

---

① 斯蒂格勒：《技术与时间1：爱比米修斯的过失》，第109页。

辑推理而获得论证，但这一教条本身却并未被证明。在《斐德罗篇》中，柏拉图论证道："一切灵魂都是不朽的，因为凡是永远处在运动之中的事物都是不朽的。那些要由其他事物来推动的事物会停止运动，因此也会停止生命；而只有那些自身运动的事物只要不放弃自身的性质就绝不会停止运动。还有，这个自动者是其他被推动的事物的源泉和运动的第一原则。作为第一原则的这个事物不可能是产生出来的，因为一切事物的产生都必须源于第一原则，而第一原则本身则不可能源于其他任何事物，如果第一原则也有产生，那么它就不再是第一原则了。进一步说，由于第一原则不是产生出来的，因此它一定是不朽的，因为如果说第一原则被摧毁，那么肯定就不会有任何东西从中产生出来，假定第一原则的产生需要其他事物，那么也不会有任何东西能使第一原则本身重新存在。"[1] 不朽的灵魂成了生成其他存在者的原因，成了绝对的在场，成了绝对的中心，以及成了第一所指，它能派生出各种各样的能指。然而，灵魂之所以能够不朽却也恰恰是因为它成了第一原则。柏拉图此时对先验性问题的回答已经成了一种典型的形而上学，这就意味着："在极限面前退步，否认美诺诘难，哲学在自己提出的问题的无限性面前，以教条的形式为自己提供方便。"[2]

于是，从此以后，灵魂与肉体、先验与经验之间的对立就成了一切哲学论述的基础结构，即形而上学的基础结构，并进而转化为天国与俗世、自然与社会、人类与技术等各种对立形式。而调和这些对立成了柏拉图之后大部分哲学家的根本任务。这些先验的、支撑其他存在者存在的知识，在柏拉图这里被称为"理念"，而到了

---

① 柏拉图：《斐德罗篇》，第159页。
② 斯蒂格勒：《技术与时间1：爱比米修斯的过失》，第111页。

笛卡尔，支撑其他存在者之存在的先验存在者又成了"上帝""广延"和"我思"。笛卡尔的哲学理论成为近代西方哲学的主要进路。笛卡尔主义本质上是一种先验唯心主义，这种哲学把自身建立在上帝和广延这两种先验实体以及在上帝支撑之下而存在的内在经验范畴——我思的基础之上。不可否认，笛卡尔主义是柏拉图主义的一种变化形式，这种哲学同样处在由柏拉图所开启的哲学框架中，它所要调和的矛盾仍然是柏拉图所调和过的矛盾，即灵魂与沉沦、先验与经验之间因差异而出现的对立矛盾。但和其他所有的哲学理论一样，笛卡尔主义的哲学在被广泛接受了一个时期之后，人们逐渐怀疑其哲学之得以建立的基础是否真的具有不证自明的确定性，并进而出现对这种哲学本身的批判。随着上帝之死，笛卡尔主义得以稳固的先验支撑失去了其可靠性。因此，对于那些在上帝死亡之后仍然试图追随笛卡尔主义的哲学家来说，他们就必须从内在经验范畴中寻找到支持笛卡尔主义复活的新的支撑。在19世纪末和20世纪初，试图追随笛卡尔脚步的一位主要的哲学家就是胡塞尔。

三　第一持留与第二持留

我们之所以引出胡塞尔，是因为一方面他所解决的主要矛盾正是形而上学历史中的主要矛盾，而斯蒂格勒技术哲学自始至终也正是要解决或者说摆脱形而上学的主要矛盾；另一方面他试图解决这一矛盾的主要哲学理路正是斯蒂格勒技术哲学所批判的理路。在斯蒂格勒看来，胡塞尔的哲学缺少了一个关键性的概念武器，以至于这种哲学只能无限地向一个极限回归，但却永远触不到这一极限。这个极限可以被看作某种第一所指，是所有能指的最终所指。胡塞尔只有找到这个第一所指，他才能找到使所有存在者都能够稳定的基础。这个第一所指在柏拉图那里是不朽的灵魂，柏拉图以之为教条克服了无限的回归。但对于胡塞尔来说，他已经不能指望外在的先验实体去扮演第一所指的角色，因为他处在上帝作为第一所指已经死去的时代。可是，"我思"这个思维实体在胡塞尔时代也已经变得不那么牢固，它无法不容置疑地担当起扮演第一所指的任务。所以，胡塞尔必须在内在意识中找到先验实体以担当第一所指，尽管胡塞尔不愿将他找到的自明性的基础称为先验的。"胡塞尔在《逻辑研究》中断言，所有意识都是相对于某个意识对象的意识。现象学家不能事先自我给予构成物，因而必须杜绝有关其对象之存在的一切论题。"① 胡塞尔将意识的所有外在对象都悬置了起来，这也就意味着所有能指的第一所指不能在外在的先验实体中寻找，而只能够在意识中寻找。

对于胡塞尔来说，这个第一所指必然得是不证自明的。在《内时间意识现象学》中，胡塞尔提出了"持留"（retention）这一概念②，作为意识中存在的支撑所有其他存在者之存在的自明性的基础，也即第一所指。"每个朝向一整体、朝向可区分因素的某种多的意识，都在一个不可分的相位中包含着它的对象；无论一个意识在何时指向一个其部分是演替的整体，对这个整体的直观意识都只有

---

① 斯蒂格勒：《技术与时间 2：迷失方向》，赵和平、印螺译，南京：译林出版社，2010 年，第 218 页。
② 《内时间意识现象学》的中译本将"retention"翻译为"滞留"，之所以如此翻译，可能的原因在于，胡塞尔对内时间现象的分析中，意识流程有前后相续的序列性；在其相续性中，会有停滞不前而被维持的知觉和记忆构成意向性。但对于斯蒂格勒的技术哲学而言，外在于意识的"retention"对内在于意识的"retention"有决定性的构成意义，因此，这种"retention"就不再是一种停滞，而一种保持存留。鉴于此，笔者考虑将"retention"统一译为"持留"，涉及《内时间意识现象学》的中译本引文出现的"滞留"也统一为"持留"。

在各个部分以代表的形式总聚为瞬间直观之统一的情况下才是可能的。"[1] 这种瞬间的直观就是持留现象，或者叫作"原生回忆""第一记忆"（primary memory）"第一持留"（primary retention）。第一持留是延展着的现在的意识，它是意识之流程中最为清晰的部分，是一个扩大的现在（broaden now），或者叫"大当即"，所有过去和将来的意识都从第一持留这里获得意义。因而，第一持留也就是感知（perception），"如果我们将感知称作这样一种行为：它将所有的'起源'包含在自身之中，它进行着本原的构造，那么原生的回忆就是感知。因为只有在原生的回忆中，我们才看到过去的东西，只有在它之中，过去才构造起自身，并且不是以再现的方式，而是以体现（Präsentation）的方式"[2]。感知将过去和未来都统摄到这个扩大的现在中来，"与现在相接的各个相位的连续性无非就是这样一个持留，或者说，一个由持留组成的连续性"[3]。这个连续性由第一持留统一起来，它是当下的感知。"在一个运动被感知的同时，每时每刻都有一个'把握为现在'在进行，这个运动的现在现时的相位便是在这个'把握'中构造起自身。但这种'现在立义'却可以说是由各个持留组成的彗星尾的核心。"[4]

可是随着现在的不断扩大，它总会出现断裂。一首乐曲的终止就会使当下的感知断裂，乐曲终止之后的意识就与乐曲演奏时产生的感知不再是一个连续统，虽然这个感知和这个意识之间并没有彻底地断裂。乐曲终止之后的意识可以是对刚演奏过的乐曲的回忆，

---

[1] 胡塞尔：《内时间意识现象学》，倪梁康译，北京：商务印书馆，2010年，第58页。
[2] 同上，第83页。
[3] 同上，第70页。
[4] 同上，第70页。

虽然这时出现的感知仍然可以感受乐曲优美的旋律。但在胡塞尔看来，它只是对乐曲演奏时产生的原生回忆的再回忆，是对第一持留的再当下化。"只要对再当下化的回忆和延展着现在意识的原生回忆做一个关注的比较，我们就可以看到，在这两方面的体验之间有一个巨大的现象学区别。"[1]这种区别在斯蒂格勒看来，甚至是一种对立。"我们将原生的回忆或持留称之为一个彗星尾，它与各个感知相衔接。与之完全有别的是次生的回忆、再回忆。在原生回忆完结之后，有可能出现一个对那个运动、那个旋律的新回忆。"[2]这种新回忆也可以被称为"第二持留"（secondary retention），它是以过去出现过的乐曲的声音和旋律以及在听到此乐曲时产生的感知为素材，从而重新编织出的一种回忆。但这种回忆在胡塞尔看来已经与原生回忆即第一持留有着很大的区别："再回忆本身是当下的，是本原地被构造的再回忆，并且此后是刚刚曾在的再回忆。它本身是在原素材和持留的连续统中建造起自身，并且与此一致地构造起（或者毋宁说，再造起）一个内在的或超越的连续对象性。相反，持留并不生产（既不本原地也不再造地生产）延续的对象性，而只是在意识中持留被生产物，并给它加上'刚刚过去'的特征。"[3]而再当下化的第二持留之所以能够持留的原因在于，这种持留是想象（phantasy）。想象与感知不同，感知是当下自身给予的行为，是最为原初地构造现在的行为，"它将某物作为它本身置于眼前，它原初地构造客体。……它将所有的'起源'包含在自身之中，它进行着本原的构

---

① 胡塞尔：《内时间意识现象学》，第88页。
② 同上，第75页。
③ 同上，第77—78页。

造"①。而"想象的本质恰恰就在于：不是自身被给予"②。

想象利用过去的素材构造一个当下的时间客体，但这个时间客体根本不能够在想象本身即第二持留中获得构成自身的根据。因为想象的材料不是当下被给予的，"被想象的现在表象着一个现在，但本身并不给予一个现在"③。由此，想象即第二持留在胡塞尔的内时间意识现象学中只是在场的一种替补，它虽然能够给予一个在场，但它本身并不是在场。也正是因此，胡塞尔才将想象称为次生的回忆，是处于第二位的持留；而将感知称为原生的回忆，是处于第一位的持留。至此也就很明显，胡塞尔所要寻找的那个不证自明的基础就是位于内在意识之中的感知。"感知建立在感觉上。感觉以体现的方式作用于对象，它构成一个不断的连续统"④，感知因此就是绝对的在场（presence）。它虽然不一定是第一所指，但却是最接近于成为第一所指的所指。而对于想象来说，它"不是一个能够提供某种客体性或在客体性中将一个本质的和可能的特性作为自身被给予的而提供出来的意识。……甚至连想象的概念都并非产生于想象。……就想象概念的构成而言，对想象的感知是原初地给予着的意识，在这个感知中我们直观到什么是想象，我们在自身被给予性的意识中把握到它"⑤。因此，想象是被感知构成的，也即第二持留是被第一持留构成的，它是原生回忆的再现。这同样也就意味着，想象或者第二持留是派生的能指，它本身是不在场的，它是在场的再造，是在场的替补。

---

① 胡塞尔：《内时间意识现象学》，第82—83页。
② 同上，第88页。
③ 同上，第83页。
④ 同上，第90页。
⑤ 同上，第88页。

胡塞尔通过将想象（第二持留）解释成感知（第一持留），并且是在感知的支撑下对感知的再造，就将想象（第二持留）和感知（第一持留）对立了起来。这种对立是中心与派生的对立，也是所指与能指的对立，更是在场与不在场的对立。胡塞尔的现象学仍然在继承着笛卡尔主义的哲学任务，但是，胡塞尔对在场与不在场的调和并不是要像笛卡尔一样去寻找"上帝""广延"和"我思"等作为第一所指，因为胡塞尔清楚地知道在他生活的时代不仅"上帝"和"广延"靠不住，就连以"我思"作为先验实体也不能指望。"胡塞尔在任何情况下都没有把作为主体的'我思'与其他的客体相对立，也没有把'我思'实体化，正相反，他把'我思'的实体性以一种更接近尼采而不是康德《纯粹理性批判》的方式还原为意识之流程的统一性。"①这种统一性被胡塞尔命名为"意向性"，它总是指向某个对象，即使这个对象并不存在。意向性不是先验实体，而是一个在意识结构上带有方向性的矢量。然而尽管如此，在意识内部找到使存在者能够获得确定性的根据（第一所指），仍然是胡塞尔沿着笛卡尔所开辟出的道路继续前进的根本冲动。但是，胡塞尔的这种将"我思"的实体性还原为意识流程的统一性的做法实质上只是换了一座沟通在场与不在场、所指与能指的桥梁，从柏拉图时代以来就存在的彼岸与此岸之差异的对立仍然存在，只不过表现为意识流程中的感知（第一持留）和想象（第二持留）的对立。在胡塞尔的内时间意识现象学中仍然有中心，从这个中心处派生出各种意义。这个中心是第一持留，从中派生出第二持留，以及派生出胡塞尔随后所提到的"图像意识"（image-consciousness）。

① B. Stiegler, *Technics and Time, 2: Disorientation*, translated by S. Barker, Stanford, California: Stanford University Press, 2009, p.196.

在胡塞尔看来，图像意识并不是对刚刚过去的场景的回忆，比如刚刚演奏完的乐曲，而是对某种曾经存在的场景的意识，比如，我正在回忆我很早之前见到过的一个灯火通明的剧院。"这就是说，我'在我的内心中'……直观到这个非-现在。感知构造着当下。为了有一个现在本身站立在我眼前，我必须感知。为了直观地表象一个现在，我必须'在图像中'，以再现变异的方式进行一个感知。但并不是我表象一个感知，而是我表象一个被感知之物、一个在感知中作为当下显现出来的东西。"①这个东西是一个曾经被我感知的东西，但它现在的当下化并不是作为感知（第一持留）出现在我的意识中，也不是作为想象（第二持留）出现我的意识中。因为想象不必依托于曾经存在的场景，想象是对感知的再造。图像是对某种意识外部之场景的再造，"这种外部的再造必然是通过一个内部的再造才被意识到"②。这种内部的再造就是关于图像的意识，或者图像意识。斯蒂格勒在《技术与时间》中将这种图像意识称为"第三记忆"（tertiary memory）③。

斯蒂格勒之所以这么做，是因为他在跟随胡塞尔的思路，以便在适当的时机对胡塞尔的现象学思路进行反击。我们可以认为，将图像意识称为"第三记忆"，是斯蒂格勒对胡塞尔以第一持留为中心对内时间意识的分析的妥协，但这种在名称上的妥协是有优势的：一方面，"第三记忆"这一名称可以很容易表明其与"第一记忆"和"第二记忆"的联系；另一方面，以斯蒂格勒技术哲学的立场来看，从第三记忆入手更易于展开对胡塞尔现象学方法的批判。

---

① 胡塞尔：《内时间意识现象学》，第102页。
② 同上，第101页。
③ B. Stiegler, *Technics and Time, 1: The Fault of Epimetheus*, p.246.

117

在胡塞尔看来，"回忆并不一定就是对以前感知的回忆"①。回忆分为两部分，对以前感知的回忆是第二记忆，而并不是对以前感知的回忆就是第三记忆。②"回忆确实隐含着一个对以前感知的再造；但回忆并非在本真的意义上是对一个感知的表象；在回忆中被意指、被设定的并不是感知，而是感知的对象和感知的现在，而后者此外还在与现时现在的关系中被设定。"③第二记忆在对"感知的现在"的回忆中构造起自身，而第三记忆"则是在一种与感知相对立的行为中、在一种'对以前感知的当下化'（剧院在这种当下化中是以'仿佛现在'的方式被给予）中构造起自身"④。第三记忆是"感知的对象"的再造，它并不具有第二记忆再造当下之感知的特征，因此，胡塞尔就将第二记忆和第三记忆也对立了起来。这也就意味着，这三种记忆是彼此对立的。⑤这种做法符合胡塞尔现象学的基本立场，因为他所要找的第一所指必须发挥像不朽的灵魂在柏拉图哲学中发挥的作用，这样，它才能够作为一个大前提以支撑其他存在者的存在。作为笛卡尔主义的哲学家，胡塞尔并没有像笛卡尔一样先行设立出这种大前提，而是从日常现象、世界现象、意识现象中入手，逐渐一步一步地返回，以试图达到那个不证自明的根据之地。这就是胡塞尔的现象学方法。可是，胡塞尔的现象学方法根本忽视了作为三种记忆之中心的第一记忆的有限性，或者说内时间意识之记忆本身的有限性，即持留的有限性（retentional finitude）。无论是感知（第一记忆）、想象（第二记忆），还是图像意识（第三记忆），它

① 胡塞尔：《内时间意识现象学》，第102页。
② 在此我们需要注意的是，胡塞尔从来没有使用过"第三记忆"这一概念。
③ 胡塞尔：《内时间意识现象学》，第103页。
④ 同上，第103页。
⑤ B. Stiegler, *Technics and Time, 1: The Fault of Epimetheus*, p.247.

们都是内时间意识的现象。对于一个人来说，他的这三种记忆都是有限的；而对于一个集体来说，如果没有书籍、节日、律法、制度等外在的技术系统对其集体记忆进行支撑，集体的记忆也十分有限，甚至集体本身都无法产生。

对于斯蒂格勒来说，如果没有外在于内部意识的技术与技术物体，不仅第二记忆不可能存在，第一记忆本身也不可能存在。而第三记忆，也即胡塞尔所说的图像意识，在斯蒂格勒的技术哲学中，就是外在于内部意识的技术和技术物体。当然，并不是说所有的技术都对应着某种图像意识，而是说所有的技术都可能产生某种图像意识，尽管技术本身并不一定来源于内部意识，但技术一定正在构造着某种内部意识。我们必须在非常广泛的范围内理解斯蒂格勒技术哲学中的记忆概念。正如前面所述，技术即为记忆：如果没有技术，就不会有记忆；如果存在着记忆，就必定是因为技术。记忆包括人类的躯体中的肌肉记忆、骨骼记忆、神经记忆和大脑记忆，这些记忆都可能被外在化于躯体而以技术的形式存在，尽管它们并不一定来源于内部意识，但都可以产生某种意识。"工具首先是回忆……工具首先作为图像意识而起作用"[1]，尽管工具最初可能只是以骨骼记忆或肌肉记忆的外在化形式存在。因此，由于工具等技术与技术物体的外在性，斯蒂格勒又将作为图像意识的第三记忆称为"第三持留"。[2]

"我们所说的第三持留指的是'客观性'记忆的所有形式：电影胶片、摄影胶片、文字、油画、半身雕像，以及一切能够向我证实

[1]　斯蒂格勒：《技术与时间1：爱比米修斯的过失》，第280页。
[2]　"我们把胡塞尔所说的'图像意识'称为第三持留。"（*Technics and Time, 1*, p.18）

某个我未必亲身体验过的过去时刻的古迹或一般实物。"[1]第三持留是后种系生成的载体[2]，因为人类的进化正是依赖于技术的外在于躯体的进化。这种第三持留实际上先于第一持留和第二持留而产生，其原因在于，人类化进程是由脚的扁平化所导致的肌肉记忆和骨骼记忆的外在化开始的，原始人也只可能在脚的扁平化之后才开始拥有感知（第一持留）和想象（第二持留）。在斯蒂格勒的技术哲学中，意识是人类化这一单冲程进程开始之后必然要出现的现象。"第三持留是意识的代具。没有这一代具，就不会有思想，不会有记忆的留存，不会有对未曾经历的过去的记忆，不会有文化。"[3]正是第三持留标志着人类的延异过程与一般生命的延异过程之间出现了断裂。因此，如果人类化过程是后种系生成的过程，那么这一过程也必然是第三持留的生成过程。[4]于是，根据斯蒂格勒的技术哲学，当我们重新思考胡塞尔所划分的三种持留时，我们发现，并不是第一持留这种当下直观的感知决定了第二持留和第三持留，而是外在于内部意识的第三持留决定了第二持留和第一持留。胡塞尔试图返回内部意识的最深处或者意向性结构的最稳固处，摆脱以想象构造感知之再当下化的第二持留和外在于意识的第三持留，以找到那个不证自明的第一所指，但这种现象学方法最终只能被证明是一种尝试。"胡塞尔现象学的每个'时代'都以其特有的方式推迟解决困境的问题"[5]，他的现象学工作是想通过还原来扩展当即（now）的稳定性，使之

---

① 斯蒂格勒：《技术与时间 3：电影的时间与存在之痛的问题》，第34页。
② 斯蒂格勒：《技术与时间 2：迷失方向》，第6页。
③ 斯蒂格勒：《技术与时间 3：电影的时间与存在之痛的问题》，第50页。
④ B. Stiegler, *Symbolic Misery, 1: The Hyper-Industrial Epoch*, translated by B. Norman, Cambridge: Polity Press, 2014, p.34.
⑤ 斯蒂格勒：《技术与时间 2：迷失方向》，第268页。

形成大当即、超大当即，以支持意识体验和意识的连续性，同时摒弃笛卡尔式的内在先验实体。但当他一步步后退以维持当即的连续性时，他发现这种现象学方法所造成的困难越来越深重。

在《内时间意识现象学》中，胡塞尔坚持第一持留和第二持留之间存在着绝对的对立，"将感知的第一持留和回忆的再记忆对立起来，其实就是在'感知'和'想象'之间进行绝对的区分，也就是认为感知和想象毫无瓜葛"①。但坚持第一持留和第二持留之间的对立，使胡塞尔忽视了这两种持留之间存在的差异，并进而削弱了这两种持留之间差异的真正意义，我们仍然以乐曲为例："乐曲由乐符组成，只有在与别的声音—乐符构成一种类似于诗句构成诗歌的关系之关系时，声音才变成乐符。但胡塞尔只局限于对某个声音的意识，这无疑是一种模棱两可的词义偏移，存在于纯质料层次的愿望使其合法化。"②胡塞尔对乐曲的分析，忽视了单纯的声音与乐曲的音节之间的区分，他把二者之间的差异给枚平了。这进而就使得胡塞尔忽视了任何第一持留本身就包含着某种第二持留的现象。"第一持留作为记忆活动，本身也是一种'第一遗忘'，是把正在流逝之物简化为过去时刻，它所抓住的仅仅是第二持留所构成的准则允许它去遴选的东西。第二持留早就寄居在第一持留的全过程之中。"③第二持留是第一持留得以形成的前提，也就是说，想象是感知得以形成的前提。在室内听到天空中响起的飞机划破天际的声音，并不是单单听到"轰轰轰"之声就能够辨别出是飞机的。听到这种声音的人必须事先就知道"飞机是什么""天空中会有飞机

---

① 斯蒂格勒：《技术与时间3：电影的时间与存在之痛的问题》，第19页。
② 斯蒂格勒：《技术与时间2：迷失方向》，第233页。
③ 斯蒂格勒：《技术与时间3：电影的时间与存在之痛的问题》，第23页。

飞过"之类的事实场景，然后他才能在真的有飞机飞过天空时、在室内没有看到飞机时，通过想象就能够感知"轰轰轰"的声音是飞机在天空飞过。因此，在斯蒂格勒看来，第二持留才决定着第一持留。

胡塞尔"把感知像在场那样加以隔离和纯化，虽然感知是对扩展的当即的感知，即对所有（总是以某种形式想象出来的）第二记忆的感知；这也就更有理由把依赖已经在此的所有可能性都排除出去"①。第二持留依赖于刚刚过去且已经在此的第一持留，第三持留则依赖于过去很久且已经在此的第二持留和第一持留。可是，"欲把想象与感知、第二记忆与初级记忆区别开来，同时又不把在场与不在场相对立，就必须放弃感知的优先地位"②。因为，就连胡塞尔本人也无法得出"第一持留是绝对地不包含任何已经在此的想象和图像意识的纯粹的当下直观"这样的结论。放弃感知的优先地位就意味着，放弃第一持留对第二持留的决定作用，而必须将二者颠倒过来，即后者决定着前者。然而，这仍然没有回到问题的根本。

当下的感知中必然有使这种感知得以形成的框架结构，这种框架结构事实上就是由已经在此的第二持留过滤筛选出来的，第二持留决定了什么样的第一持留会产生。在同一个教室里听同一位老师讲课的学生，尽管他们看到的是同一位老师，听到的是一模一样的内容，但他们在这个课堂上实时产生的感知（第一持留）绝对是不一样的。因为这些学生是不同的人，他们的过去不一样，他们已经在此的心理结构、意识流程不一样。也就是说，在他们听到老师的

---

① 斯蒂格勒：《技术与时间 2：迷失方向》，第230页。
② 同上，第230页。

讲课内容时，他们使用了不同的第二持留来对讲课内容进行过滤筛选，因而就产生了不同的第一持留。"过去的经验以第二持留的形式存在，持留的沉淀制造着意识。"[1]第二持留是第一持留产生的环境（milieu），就像热带雨林是巨蟒产生的环境、深海是巨型蠕虫产生的环境一样，离开了自身的环境，动物无法生存，第一持留也无法生存。然而，无论是热带雨林与巨蟒，还是深海与巨型蠕虫，它们都有决定其能够产生的前环境（pre-milieu），即地球环境。对于第二持留与第一持留也一样，它们也有决定自身之能产生的前环境。这个前环境在斯蒂格勒看来，就是第三持留，是斯蒂格勒以"什么"称之的技术与技术物体，也即胡塞尔所说的图像意识、海德格尔所说的世内存在者。

四　第三持留及持留的有限性

图像（image）概念与康德所说的图式（schema）是不同的。在康德的哲学中，图式是内感觉和外感觉之先验直观的纯粹形式，图式的先验性决定了它可以不依赖于外在经验而存在于内部意识之中。但是，对于斯蒂格勒的技术哲学而言，不可能存在脱离外在的内在，也不可能存在脱离内在的外在，因此，图式之存在首先意味着它必然依赖于经验的载体。康德会认为数字是一种先验的图式，但对于"9"这个数字来说，即便是世界上不同国家的所有人都使用阿拉伯数字来表示"9"，在对"9"进行数学运算时，他们对"9"的发音一定是其母语对"9"的发音，汉语是"jiǔ"，日语是"きゅう"，英

---

[1]　B. Stiegler, *Symbolic Misery, 1: The Hyper-Industrial Epoch*, p.65.

语则是"nine"。这些不同发音又对应于在其母语中"9"的不同图像。数字"9"具有这些不同偶然性或者说经验性图像的特征，也是其他数字具有的特征。这也就是说，康德之作为先验图式的数字的存在必然需要依赖经验性的图像。"很明显，……图式是以图像为前提的。然而，反过来，图像的可能性又是以图式的可能性为前提的……如果图式能够从图像中区分出来的话，这样的事实仍然存在：没有心理的或者非心理的图像，任何图式都无法显现。"[1]

这些作为图式被构想出来的数字，其最初产生时的图像一定不会是现在的图像，"9"已经是被抽象过的图像，"9"最初的图像可能是"·········"，也可能是绳子上的九个结。但这些最初的图像都没有比用"9"这个图像更简洁、更便于记忆。"那些最早的作为抽象实体的数字首先是一些非常具体的记忆载体：意识流在持留上是有限的……这些外界载体和记忆的代具同时也是想象活动所指向的崇拜物，是想象活动的各种幻觉的投映银幕。"[2]因此，不可能有像康德所说的脱离外在经验图像的内在先验图式。数学家们所推演出的数学公式，必须以数字图像和符号图像的形式记录在纸张或电子文献中，即以第三持留的形式保存在意识之外，否则这些数学公式就会很快地消散在数学家的脑海中。"康德之所以能够并且必须写出，一切现象均处于'自我'之中，也就是说这些现象'是我的同一个自我的一些确定状态，它们必须体现出这些确定状态在同一个也是唯一一个统觉中的完全的统一性'，那只是因为'自我'本身并不仅仅处于康德本人的内心，而且原本就处于他本人之

---

① B. Stiegler, *Technics and Time, 3: Cinematic Time and the Question of Malaise*, p.55.

② 斯蒂格勒：《技术与时间3：电影的时间与存在之痛的问题》，第70—71页。

外。"[1]康德只有将其自我意识中的某种确定状态以文字的形式书写在纸张之中，即以被命名为《纯粹理性批判》《实践理性批判》和《判断力批判》的书籍的形式将自己的意识状态记录下来，他的意识状态才不会松散，才不会随着康德自己的内部意识流的消散而消失。只有这样，我们这些后人才能读到康德的哲学思想，并重新体验康德的哲学思考，即将康德在思考时的第一持留和第二持留重新激活。我们能够这样做，以及康德的第一持留和第二持留能够得以保存的前提，都是康德以书写技术这种持留设备将其意识流中的某种确定状态以外在于其意识流的第三持留的形式记录、保存下来。

因为，决定第二持留和第一持留之形成的是第三持留。如果说，第二持留是第一持留的遴选机制，那么，第三持留就是第二持留因而也就是第一持留的遴选机制。"我从我的第二持留中遴选出第一持留，然而，这些遴选本身又服从于来源于某种过去的遴选过程。我从来没有经历过这种过去，但是，它作为第三持留构成了一个世界而被我继承。我生活在这个世界中，我必须接纳这个世界。在这个世界中，铭刻在第三持留系统中的行为表现为无条件的和绝对的和谐关系，并形成了后种系生成的真实性。"[2]第三持留就是后种系生成的载体。因为爱比米修斯的过失，人类必须依赖于外在于自身躯体的技术而生存，技术构成了人类的本质和存在方式。第三持留或者第三记忆指的就是这些外在于躯体的技术。作为后种系生成的物种，人类的第三持留承载着其种系所有的遗传密码，就像动物的基因承载着动物物种的遗传密码一样。不同的国家和地区的第三持留虽然会有所不同，但在斯蒂格勒看来，这种不同就像是同一种语言中出

---

① 斯蒂格勒：《技术与时间3：电影的时间与存在之痛的问题》，第64页。
② B. Stiegler, *Technics and Time, 3: Cinematic Time and the Question of Malaise*, p.60.

现的方言的不同，它是一种习语性（idiomaticity）。习语性不足以改变不同方言同属一种语言的事实，不同的第三持留体系也不足以改变人类是后种系生成物种的事实。

对于人类来说，第三持留总是已经在此，没有这种已经在此的第三持留，人类根本无法在世界上生存。这种已经在此是对人类之无本质的替补，它虽然是一种延迟，但却因此也是一种超前。超前的第三持留是一种前摄（protention），因为它是无本质的人类的后生成记忆的持留（retention）。它虽已经在此，但对于新进入一个世界的人来说，这种已经在此总是超前于他而存在，因而就是对无本质的人类的前摄。[①]"第三持留总是已经领先于第一持留和第二持留的构成。一个新生婴儿进入一个世界之时，第三持留就已经先于它并等着它了，准确地说，第三持留构成它的世界之为世界。"[②]婴儿就在这个已经在此而超前于它的世界中成长、生活、学习，如果没有这个世界，婴儿就无法成为一个真正的人。因此，在斯蒂格勒看来，在胡塞尔的内时间意识现象学中，一个纯粹当下直观的感知里面不可能没有想象和图像意识的存在。然而，"现象学的态度是把意识看作客观世界的构成要素，而不是将意识看作由客观世界构成之物。作为物质世界里的一种现实，第三记忆不是客观世界的构成要素，它不可避免地偏离了意识，而意识与它也毫无瓜葛"[③]。胡塞尔一

---

① 我们在此需要注意，前摄（protention）与持留（retention）具有相同的词根"*tent*"，其拉丁文形式为"*tenere*"，意为"hold, keep"（使保持，维持）。在后面的章节中，我们会提到斯蒂格勒技术哲学中出现的另一个以"*tent*"为词根的术语，即"**attention**"。我们将在后面论述这三个术语之间的关系。（似乎"**attention**"用来表示第一持留会更好，斯蒂格勒的意思可能是这样的。不过，笔者未见到斯蒂格勒直接用"**attention**"来表示第一持留的文献。可参见《技术与时间2》第225页对持留的解释。）

② B. Stiegler, *For a New Critique of Political Economy*, translated by D. Ross, Cambridge: Polity Press, 2010, p.9.

③ 斯蒂格勒：《技术与时间3：电影的时间与存在之痛的问题》，第25页。

直试图从"谁"的内部意识中找到支持外部的"什么"之存在的自明性的基础，因而，他总是竭力将"什么"从对内部意识的构成性意义中剔除出去。

胡塞尔之所以不断返回意识内部去寻找自明性的基础，是因为他认为意识是统一的、连续的。胡塞尔这样的"现象学家用现象和构成现象的意识流来取代客体与主体——意识流也就构成了这种意识的统一性，即统一各种体验的能力。……现象学家完全没有必要通过将自我构成实体化来把握意识的统一性"①。因此，胡塞尔才能够疏远第二持留，并将第三持留从对意识的构成作用中清除。然而，即便意识的流程能够将各种不同的体验统一起来，意识流程却也仍然需要某种东西或结构将自身统一起来，就像一条河流能够将水流统一起来，但河流本身需要河床将其束缚起来。胡塞尔在此犯了他在分析乐曲时所犯的一样的错误，胡塞尔把单纯的声音等同于乐曲中的音节，他也把某种单纯的刺激信号等同于意识流中的体验。"胡塞尔声称在乐曲中分析听到的现象，但由于受到声音统一性的影响，他仅仅关注由持留构成的改变这一侧面，即持留的积累，也是持留的逐渐消失，而没有注意到听乐曲时对持留和持留之持留的重新阅读总是随着新的声音出现而产生的原初印象反过来对当即的影响。"②

这种体验之当下被感知，在胡塞尔看来，就是体验之明证性。然而，之所以体验是明证性的，是因为它首先是一种明证性的体验，明证性并不是体验本身给予的，而是意识流程的统一性给予的。意识流本身具有统一性并不是因为它能够统一各种不同的体验，而是因为它已经被图像意识即第三持留给统一起来了。第三持留就是意

---

① 斯蒂格勒：《技术与时间2：迷失方向》，第220页。
② 同上，第235页。

127

识流程之能够流动的河床，没有这一河床，意识中的体验就不能被称为体验，而只是各种不同的刺激信号。胡塞尔虽然没有将"我思"实体化，但在思考意识流的统一性的时候，他仍然是以"我思"作为第一持留之明证性能够成立的基础。当然，这个"我思"对于胡塞尔而言是秘不可宣的。"内在感知或者相当于内在感知的明证性，首先总是我的明证性……尽管这个我'不可言传'，但内感知中的所有体验总是我的体验。"①表面上看来，胡塞尔将"我思"清除了，但他实际上是将"我思"推向了幕后，使之成了意识流之能够统一起来的幕后推手。

我们已经清楚，在胡塞尔的内时间意识现象学中，第一持留之能够作为纯粹当下直观的感知的根本原因在于，第三持留对意识流程中的各种体验进行了统一。但这并不是说，第三持留是直接作用于第一持留的。第三持留虽然能够将各种体验统一进意识之流程，却并不意味着，意识流中的各种体验彼此之间是前后相续的。胡塞尔认为，意识之流程既是统一的，也是连续的，其统一性和连续性都是因为第一持留的协调。但是，在斯蒂格勒看来，意识之能够统一在根本上是因为外在于意识的第三持留，如果没有第三持留的支撑，意识就不可能是连续的。但是，第三持留并不直接作用于第一持留，而是通过第二持留进而作用于第一持留。电影是一种典型的第三持留，当我们第二次观看同一部电影时，肯定会产生和第一次观看时不一样的当下感知（第一持留）。使两次感知不一样的原因并不是电影（第三持留）改变了，而是我们对这同一部电影的再回忆和想象（第二持留）改变了。第一次观看与第二次观看同一部电影

---

① B. Stiegler, *Technics and Time, 2: Disorientation*, p.196.

的间隔之间，我们会产生新的体验，并且第一次观看这部电影的经验也会进入我们的意识流程之中，并影响我们的第二持留，进而使我们第二次观看这部电影时产生不同的当下感知。第二持留的改变相应地也导致了第一持留的改变。"第二持留已经存在于原初印象中，它传递原初印象并从中传递其不确定性的切实性。非体验的持留寓于第二持留中，对于第二持留来说，非体验持留是本质的，且正是它的世界，而不是别的。使第二持留成为可能的是本质上由非体验回忆构成的，作为图像意识保留的已经在此"[1]，即第三持留。

就此而言，意识流本身不可能是一个前后相续的连续的整体，在意识流之整体中，只有作为第一持留的当下直观感知是连续的。因为在当下的直观中，感知不可能将所有意识中的体验都维持在当下。"第一持留是选择性的：你不能把所有意识中的东西都维持住。"[2]我和别人谈话的时候，我一定知道该说什么或不该说什么，这种当下的感知是连续的。但是，我只有对我的意识流中实时出现的那些不连续的、混乱的体验进行过滤筛选，才能够组成连续的当下感知。第一持留本身是被过滤筛选出来的，这些筛选是经过第二持留而存在于当下的感知中，也即当下的记忆/持留中的。第一持留之所以被称为第一持留是因为它具有当下感知的连续性，它之所以具有连续性是因为它是被过滤筛选过的。而它之所以被过滤筛选，是因为要构成连续的当下感知。这也就意味着，第一持留之连续性是因为它的有限性，即持留的有限性。

① 斯蒂格勒：《技术与时间2：迷失方向》，第248页。
② B. Stiegler, *Symbolic Misery, 1: The Hyper-Industrial Epoch*, p.52.

持留的有限性意味着持留本身正是一种遗忘[1]，同时，这种遗忘也指大脑本身记忆的有限性。人类的进化不受封闭的遗传记忆的影响，大脑又无法将其遇到的所有的体验都记忆下来，外在于大脑记忆的第三记忆就必须担负起记录保存对人类之进化有利的记忆的任务。斯蒂格勒所说的"持留的有限性"主要是指意识中第一持留的有限性[2]，有限就必然意味着要遗忘一些东西。这种有限性需要外在于意识的持留设备（retentional apparatus）对其进行替补，也即对什么样的体验能够构成第一持留进行遴选。"记忆原本就是遴选和遗忘"[3]：记忆是遗忘指的是，那些被记忆的东西总是会被遗忘的东西；记忆是遴选则是指，那些被记忆的东西总是已经被遴选过的东西。而不会被遗忘的东西，就是不会被遴选的东西；反之亦然。第二持留的过滤筛选机制就是遴选，"这种遴选首先影响了第一持留本身"[4]。而第二持留之遴选准则的形成必然依赖于第三持留。我们可以以拍摄一部电影为例子来说明三种持留之间的关系。第一持留就好像镜头，它拍摄它所能够抓取的画面；然后，这些画面通过剧本这个框架被导演剪辑成电影，剧本就是第二持留，由剧本决定哪些被镜头（第一持留）捕捉到的画面是可以被剪辑保留的[5]；最后，被剪辑过的镜头画面就成了一部完整的电影，电影就是第三持留。单个

---

[1] 在神话学意义上，这种遗忘是由爱比米修斯的过失所招致的。

[2] 斯蒂格勒有时会说第一持留和第二持留都具有有限性，即感知和想象都具有有限性。如斯蒂格勒说，"大脑的记忆是有限的，即持留的有限性。有限存在者是会死的存在者，其记忆也是有限的"（*Symbolic Misery, 2: The Catastrophe of the Sensible*, p.134）。有限存在者指的是人，人的大脑记忆是有限的，就是说第一记忆和第二记忆都是有限的。

[3] 斯蒂格勒：《技术与时间3：电影的时间与存在之痛的问题》，第34页。

[4] 同上，第34页。

[5] 当然，那些由镜头（第一持留）捕捉到的十分珍贵的画面，即便它们是原剧本（第二持留）中所不需要的素材，它们也有可能迫使导演修改剧本，即修改第二持留的遴选准则："第一持留也能够修改第二持留的组织标准，其前提在于，第三持留允许二者根据重复的可能性被激活。"（*Symbolic Misery, 2: The Catastrophe of the Sensible*, p.144）

的镜头画面（第一持留）可能是连续的，但要想形成一部完整的电影（第三持留），不同的镜头画面就必须通过剧本（第二持留）的遴选剪辑。电影（第三持留）是统一而连续的，而电影中的镜头（第一持留）肯定不是在真实的时间流程中彼此连续的。有些镜头（第一持留）可能是后拍的，但却放在电影（第三持留）的前面；有些是先拍的，却放在电影的后面。这种遴选、编排、剪辑的机制是大脑整个意识体系的运行机制，一次完整的演讲、一次与别人的谈话都像是在播放一部基本剪辑好并临时修改的电影。"那么我们现在可以认为：从某种意义上说，意识总是一种蒙太奇，是在第一记忆、第二记忆和第三记忆之间进行剪辑的结果。"①

所谓蒙太奇（montage）就是"库里肖夫效应"（Kuleshov Effect）。一位演员的同一个无表情的面部特写，分别被剪辑穿插进一盆汤、一口棺材和一个小女孩的镜头里面。然后，观众就从这位演员的面部分别读出了饥饿、悲伤和愉悦的表情，尽管这位演员的面部特写自始至终都是无表情的。人们总是会将之前看到的东西与之后看到的东西联系起来，以形成当下的感知。"库里肖夫效应"及其所代表的电影现象本身说明，第一持留（感知）与第二持留（想象）之间不仅是不可能对立的，而且也是不可能彼此独立的。第一持留之形成必须依赖第二持留和第三持留；第二持留剪辑出第一持留，进而形成第三持留；第三持留则是重新激活第一持留和第二持留的前提条件，"第三持留能够被保持和被再激活，能够压抑（沉淀），也能够释放，它既是推力，也是拉力"②。这样，三种持留互相配合，彼此虽有区分，但能够协调成一个统一体。对于意识整体而

① 斯蒂格勒：《技术与时间3：电影的时间与存在之痛的问题》，第34页。
② B. Stiegler, *Symbolic Misery, 2: The Catastrophe of the Sensible*, p.103.

言，"或许正是一个后期制作的中心，一个进行剪辑、场面调度，并实现第一持留、第二持留以及第三持留的'流'的控制室"[1]。因此，在斯蒂格勒看来，意识的运行机制与电影的制作和播放类似。

第一持留之所以受胡塞尔重视，是因为现象学所强调的自明性只有在作为"大当即"的第一持留在场时才会显现，而作为再回忆的第二持留则对引起自明性有重要作用。但无论如何，胡塞尔忽视了最重要的一点，第一持留和第二持留的存在都离不开已经在此的第三持留作载体。这也就是说，如果没有第三持留，也就不会有第一持留和第二持留。如果没有第三持留的支撑，意识流不可能构成连续的统一体，甚至意识流也不可能形成。第三持留包括所有的技术和技术物体，它们是外在于内部意识的。但是，由于第三持留总是已经先于意识而存在，决定着第一持留和第二持留以什么样的形式呈现，因此第三持留又是内在于意识的。斯蒂格勒将第三持留与第三记忆等同：在侧重于技术的外在性时，使用第三持留这一概念；在侧重于图像意识的内在性时，使用第三记忆这一概念。此正说明了这种第三持留/记忆既内在又外在、既外在又内在的特征。外在化的第三持留说明了持留的有限性，但也正是因为第三持留是外在化的，它进而又决定了持留的有限性。持留的有限性就是"谁"的持留的有限性，"'谁'的记忆是有限的，本质上是不健全的，根本上是健忘的（爱比米修斯的形象首先就是健忘）"[2]，这是"谁"的先天的必有缺陷。不过，这种缺陷能够通过作为"什么"的第三持留来弥补，这样，"什么"就构成了"谁"的本质，"谁"也就构成了"什么"的本质。"谁"和"什么"之间虽然有着差异，但这种差异

---

① 斯蒂格勒：《技术与时间3：电影的时间与存在之痛的问题》，第35页。
② 斯蒂格勒：《技术与时间2：迷失方向》，第8页。

并不是对立的差异,而是相关差异(différance)①。这种差异的相关性实际上就否定了柏拉图主义中的彼岸与此岸、中心与派生、所指与能指、自然与人工、人类与技术等各种各样的差异中的对立性，也就不用尝试去寻找那种能够调和对立差异的最高存在者、逻各斯中心、第一所指等最终的依托。

　　然而，虽然"谁"与"什么"之间已经不会出现因对立的差异而产生的困境，但二者之间仍然会出现因相关差异而造成的困境。这种困境是相关差异所携带的必然属性：因为二者之间的相关性，对于"谁"来说，"什么"能够对其先天必有的缺陷进行弥补，是"谁"的一味解药；但由于二者之间的差异性，"什么"对"谁"的弥补也同样是对"谁"的限制，"什么"限制了"谁"的可能性，因此是"谁"的一味毒药。之所以有第三持留，正是因为人类躯体的持留的有限性。外在于躯体的第三持留弥补了躯体的缺陷，但也正是这样，人类躯体也必须受限于第三持留的每一步发展。在斯蒂格勒的技术哲学中，技术对于人类而言，既是人类的一味解药，也是人类的一味毒药。从神话学意义上来看，作为解药与毒药的技术，仍然来源于爱比米修斯和普罗米修斯神话的延续，来源于宙斯对这一对兄弟的惩罚。

五　爱比米修斯的妻子

　　爱比米修斯的妻子是潘多拉。关于潘多拉的神话故事，我们其

---

① "相关差异"就是"延异"，它们都对应着德里达所使用的同一个概念"différance"，是这个概念的两种不同译法。笔者将根据上下文语境，视具体情况，使用"différance"的不同译法。

实可以在讲完普罗米修斯的神话故事之后接着就开始讲。因为这对兄弟和潘多拉本来就是一个命运的共同体，在《神谱》里面，这三位神的故事就是前后相续的。但是，对于斯蒂格勒的技术哲学而言，我们必须先将爱比米修斯原则和普罗米修斯原则中所携带的哲学意义释放之后，才能开始阐释潘多拉神话所代表的哲学原则。前两个原则不只是斯蒂格勒关于技术的原则，实则是斯蒂格勒对西方形而上学传统进行批判以及重新解释的原则。形而上学这种逻各斯中心主义一直以来都试图通过派生物来说明中心，并竭力切断派生与中心的联系，以维护中心的纯粹性。然而，在斯蒂格勒看来，所谓的中心是缺陷造成的，它起源于偶然，这就是爱比米修斯原则所代表的意义；既然中心是缺陷，就需要对这一缺陷进行弥补，这种弥补可以被理解为由作为缺陷和偶然的中心派生出来的，但这种派生已经不是可有可无的，它是中心的替补，而构成了中心的实质，这是普罗米修斯原则代表的意义。所谓的中心根本离不开派生，即所指根本离不开能指，中心（所指）离开了派生（能指）将不成其为中心（所指），反之亦然。这种中心的派生，就是斯蒂格勒所说的技术，也即第三持留。第三持留这一概念的重要意义在于，通过将其与构成意识的第一持留和第二持留放在同一个记忆序列中，进而疏通了西方形而上学中先验与经验之间的对立差异，而使先验与经验之间的差异成为相关差异。这样，斯蒂格勒技术哲学的这两个原则拆解了逻各斯中心主义，或者说重新解释了西方形而上学传统。因此，我们可以说，斯蒂格勒的整体哲学就是技术哲学。

我们前面已经说过，勒鲁瓦-古兰是在极其广泛的范围内使用"记忆"这个概念的，对于不断引用其外在化思想的斯蒂格勒来说，也是如此。在斯蒂格勒的技术概念中，只要是能够被称为记忆的东西，也可以被称为技术。由于记忆必然意味着遗忘和遴选，因此，记忆本身一定具有代具性和替补性，否则，记忆是不会存在的。不只是感知和想象具有代具性和替补性，意识中那些单纯的体验本身也具有代具性和替补性。因为生命本身就是物质趋势中所发生的某种偶然的替补过程，生命甚至也可以被称为一种技术。但是，斯蒂格勒的技术哲学只涉及外在于生命躯体的替补，如果过于扩大技术概念的范围，就会使这种技术理论体系的批判能力和解释能力变得十分虚弱。也正是出于这样的原因，斯蒂格勒才将技术的范围限定于人类化的进程中，即是说，人类化的进程是与纯粹生命的断裂，人类的诞生就是技术的诞生。

技术是对人类无本质的替补，这是普罗米修斯对爱比米修斯的过失之弥补的另一种表达方式。这也是正确的做法对错误的过失的纠正，但做法之正确的前提是过失的错误。然而，爱比米修斯给人类招致的无本质的缺陷却也不仅仅是一种缺陷，在某种意义上，这种缺陷也可以被解释为人类之自由的无限性。如果这样来解释人类的缺陷的话，那么技术对这种缺陷的弥补就是对人类之自由的限制。因此，技术替补对于人类而言，既是对人类之缺陷的弥补，也是对人类之自由的限制。技术的这种双重性，对于斯蒂格勒而言，正是技术作为药所具有的必有属性。而从神话学意义上来说，技术的这种双重性来源于宙斯对普罗米修斯对其欺骗的惩罚。爱比米修斯和普罗米修斯的神话故事，只有在我们将其所代表的哲学原则所携带的意义完全释放之后，才可以继续被我们讲下去。现在，已经是时候了。

由于爱比米修斯的后知后觉，人类在起源处就不具有借以维持其生存的本能。这时，先知先觉的普罗米修斯就从奥林波斯的诸神那里盗来火，以作为人类能够生存的技能。这种以火为代表的外在于人类躯体的技术，其实质是人类的生存本能，只是这种本能并不像其他动物的生存本能一样是通过先天遗传获得的。然而，普罗米修斯对人类起源性之缺陷的弥补，却也招致了人类死亡意识的觉醒。人类对诸神的献祭，肯定了人类相对于不朽的诸神是会死亡的这一事实，并且接受了这一事实。死亡是人类相对于诸神的缺陷，为了弥补这一缺陷，人类只有不断地将死亡推迟。这种推迟死亡的冲动就构成了人类依赖于技术进化的动力，此动力同时也是技术进化的动力。

可是，作为一种会死的物种，死亡是人类必有的属性。普罗米修斯并没有招致人类的死亡，而只是招致了人类死亡意识的觉醒。所以，死亡并不是宙斯为普罗米修斯偏袒人类而欺骗自己给人类施加的惩罚。宙斯对人类的真正惩罚是给人类送去欲望，欲望的最初象征是潘多拉和她的盒子里面的 "elpis"。表面上看来，宙斯为人类送去的欲望可以使其对生活保持积极向上的态度，平衡了人类对死亡的恐惧意识。但人类一旦接受了欲望，就会永远生活在虚假的欲望中，并备受欲望的折磨。

由于普罗米修斯是瞒着宙斯从奥林波斯山偷盗火种并作为礼物送给人类的，所以，"宙斯看到人类中有了远处可见的火光，精神受到刺激，内心感到愤怒。他立即给人类制造了一个祸害，作为获得火种的代价"[①]。这也是一份礼物，制作这份礼物诸神都出了力："赫斐斯托斯赶快把土和水掺和起来，在里面加入人类的语言和力气，创造了一位温柔可爱的少女，模样像永生女神……雅典娜教她做针线活和编织各种不同的织物……阿佛洛狄特在她的头上倾洒优雅的风韵以及恼人

---

① 赫西俄德：《工作与时日·神谱》，第43页。

的欲望和倦人的操心……神使阿尔古斯、斩杀者赫尔墨斯给她一颗不知羞耻的心和欺诈的天性……宙斯称这位少女为'潘多拉'。"①这个名字就意味着她拥有着一切（pan-）美好的、能够引起人类欲望的东西（-dora）。她就"是被盗之火的对立面，是它的反面：她将烧灼人类，她虽没有火焰，但却使人们因疲劳、忧虑和为难而憔悴不已"②。

"诸神之父既已布置好这个绝对无法逃避的陷阱，便派荣耀的阿尔古斯、斩杀者［赫尔墨斯］——诸神的快速信使把她作为一份礼物送到爱比米修斯那里。"③潘多拉带着她的盒子来到了爱比米修斯身边。尽管普罗米修斯不断告诫爱比米修斯不要接受来自奥林波斯山的任何赠礼，即便送过来也要立即把它退回去。因为接受赠礼，人类恐怕就会因此而受到灾祸。但是，一方面由于爱比米修斯天生的粗心大意和后知后觉，另一方面这个女人又过于美丽，"不朽的神灵和会死的凡人见到她时都不由得惊奇，凡人更不能抵挡这个尤物的诱惑"④，爱比米修斯便没有听从普罗米修斯的忠告，而是把潘多拉娶回家做自己的妻子。潘多拉是人类中第一位女人的象征，"她是娇气女性的起源,［是可怕的一类妇女的起源］"⑤。在女人没有来到人类中间的时候，人类的繁衍生息是在大地上进行的，这时的人类就像庄稼一样从土地里生长出来。但是，自从女人来到人间之后，人类要想繁衍就必须通过女人的肚子，男人首先需要将自己的种子藏到女人的肚子中，就像当初他们种庄稼时将谷物埋藏到土地里一样。⑥然

---

① 赫西俄德：《工作与时日·神谱》，第3页。
② 韦尔南：《神话与政治之间》，第311页。
③ 赫西俄德：《工作与时日·神谱》，第4页。
④ 同上，第44页。
⑤ 同上，第44页。
⑥ 韦尔南：《神话与政治之间》，第312页。

后，男人就得开始照顾这个孕育自己种子的女人，并在此过程中不断忍受女人向他发泄的娇气、怨气和怒气。然而，"如果有谁想独身和逃避女人引起的悲苦，有谁不愿结婚，到了可怕的晚年就不会有人供养他；尽管他活着的时候不缺少生活资料，然而等他死了，亲戚们就会来分割他的遗产"①。爱比米修斯将潘多拉娶回了家，尽管每当看到美丽的潘多拉，爱比米修斯内心便会升起无限的喜悦，但他远没有像他的哥哥普罗米修斯那样意识到，在潘多拉美丽的外表下隐藏着宙斯险恶的用心。

有一天，或许是因为爱比米修斯惹怒了潘多拉，或许是宙斯命令潘多拉报复人类的时间到了，这位美丽而任性的女人便根据宙斯的指令打开了她的盒子，让盒子里面的灾难、疾病、战争等各种各样的苦难纷纷飞向人间，而唯独把"elpis"关在了盒子里面。"elpis"一般被译为"hope"，据说是拯救人间各种苦难的希望。不过，在斯蒂格勒看来，"elpis"的含义比"hope"复杂得多，它不单是指希望，它同时也是希望的对立面：失望和恐惧。②

"'elpis'由于其没有特指恐惧或信心，所以是中性的；它既可指善也可指恶……'elpis'包含了一个根本上不确定性的维度。它既可以是对善的期待，也可以是对恶的预期；但从来都是不确定的。它没有先见之明（*pronoia*）的意味。因为它属于揣测之类，总暗含着轻信。"③也正是由于这样的原因，它只能一直待在盒子里才能成为希望，

---

① 赫西俄德：《工作与时日·神谱》，第44页。

② B. Stiegler, *Disbelief and Discredit, 1: The Decadence of Industrial Democracies*, translated by D. Ross, S. Arnold, Cambridge: Polity Press, 2011, p.45.

③ Jean-Pierre Vernant, "At Man's Table: Hesiod's Foundation Myth of Sacrifice", in Marcel Detienne, Jean-Pierre Vernant eds., *The Cuisine of Sacrifice among The Greeks*, translated by Paula Wissing, Chicago: University of Chicago Press, 1989, p.81.

如果被释放了出来，它就会成为失望和苦难。"'elpis'如潘多拉一样被永久地放置在人类之中，由于它的盲目，成了对先知先觉的麻痹。'elpis'并不是死亡的治愈手段，因为死亡是……无法消除的。然而，固定在人类内心最深处的'elpis'却能够以其对死亡之发生方式和降临时刻的无知，来平衡他们的死亡意识。"[1]这就是宙斯用心的险恶之处，潘多拉是一种恶，但宙斯却让这种恶披上美丽的外衣，以使人类被这种美丽的恶反复不断地折磨，这种折磨比死亡本身所带给人类的痛苦更为严重。因为，虽然"人类知道自己是会死的，但却不知道什么时死、怎样死，这就是'elpis'的作用：它是一种预见，但却是盲目的预见，它是一种必要的幻觉，既是善又是恶"[2]。然而，死亡并不是宙斯对人类的惩罚，让人类在欲望的幻觉中自以为能够摆脱死亡并进而拜服在欲望的掌控之下才是宙斯对人类的惩罚。于是，被关在潘多拉盒子里面的"elpis"，因为它还被关在里面，所以同时既是希望，又是恐惧。"elpis"和这位美丽的女人潘多拉一样，在使人类喜悦的同时，将更大的痛苦带给人类，它们是宙斯对人类进行惩罚的阴险手段。因此，宙斯对人类之惩罚的实质在于，让人类拥有欲望。

一方面，欲望的美好能够给人以积极奋发的力量。作为欲望的"elpis"停留在潘多拉的盒子里，没有被释放出来，这成了人类对治愈已被放至人间的各种苦难的信心所在，成了人类积极的期望。另一方面，欲望又像致幻的毒品一样，能使人类陷入无尽的折磨之中。无论人类因欲望变得多么积极乐观、对未来充满希望，但超前的死亡永远在未来。欲望虽然能够缓解人类对死亡的恐惧，但它终究会在其美好的外表下把人类引向死亡，或迟或早。于是，在斯蒂格勒

---

[1] Jean-Pierre Vernant, "At Man's Table: Hesiod's Foundation Myth of Sacrifice", p.82.
[2] Ibid., p.85.

的技术哲学里，"elpis"就是欲望本身，就是潘多拉①：她是"美丽的恶，她唤起了人类内心中的火"②，"她既是是非之物，也带来了各种是非；她就是斯蒂格勒所说的药。她引起了其自身并不能够满足的欲望，她也引起了对倒霉的人类全方位、无休止的折磨"③。如果说，普罗米修斯偷盗来的火作为人类的第一个技术，既是造福人类的力量，也是吞噬人类的力量。那么，对于斯蒂格勒而言，技术对人类既具有药性也具有毒性的这种双重性就意味着，它是人类的第一味药。而"elpis"和潘多拉所代表的欲望本身，既能缓解人类对死亡的恐惧——具有药性，同时也使人类备受其折磨——具有毒性，因此，它就是人类的第二味药。④"对于斯蒂格勒来说，爱比米修斯神话和普罗米修斯神话的继续揭示出了：欲望是我们的技术之外在化的内在的对应物。"⑤

普罗米修斯偷盗来的技术是对人类天生没有生存本能的替补。普罗米修斯并没有发明火，当他去赫斐斯托斯和雅典娜的居所偷盗天火之前，火就已经存在了。这就意味着，技术必须以持留的形式已经在此，否则人类将无法在出生之后生存，虽然已经存在的持留并不一定适用于所有人。而宙斯命令诸神制作的人类的第一个女人在人类诞生之前并不存在，潘多拉是宙斯与诸神为了惩罚普罗米修斯偷盗天火、偏袒人类而发明出的惩罚手段，是对人类获得火种的惩罚。这就是说，欲望是对人类获得技术的惩罚。但欲望并不是宙

---

① B. Stiegler, *Disbelief and Discredit, 3: The Lost Spirit of Capitalism*, translated by D. Ross, Cambridge: Polity Press, 2014, p.62.

② C. Howells, G. Moore, "Philosophy — The Repression of Technics", pp.4–5.

③ C. Howells, "'Le Défaut d'origine': The Prosthetic Constitution of Love and Desire", in C. Howells, G. Moore eds., *Stiegler and Technics*, p.139.

④ Ibid., p.144.

⑤ C. Howells, G. Moore, "Philosophy — The Repression of Technics", p.5.

斯对人类获得生存本领的惩罚。既然宙斯已经创造了人类，即便因爱比米修斯的过失人类没有获得天生的生存本能，即便普罗米修斯并未去偷盗天火，宙斯也不会对无生存本能的人类放任不管。但是，普罗米修斯在宙斯弥补人类的过失之前就偷盗了天火，并两次欺骗宙斯。如果宙斯任由普罗米修斯偏袒人类，那么，人类早晚有一天会成为泰坦诸神反抗自己统治的力量。所以，宙斯就必须对普罗米修斯进行惩罚，并对人类进行惩罚。宙斯不会让人类变得不朽、与神再次平起平坐，但宙斯可以赐予人类包藏其阴险用心的欲望，进而控制人类，即通过欲望控制人类。欲望之所以能够控制人类是因为欲望是诱人的，但欲望是死亡的伪装，它没有实质内容。欲望之所以具有美丽的外表，是为了掩饰死亡的可怕。死亡是人类的超前属性，伪装死亡的欲望也必定超前于人类。欲望是神赐予人类的虚假承诺，因为人类渴望不朽，所以，欲望就是不朽的替补。人类一方面需要依赖外在的技术而生存，另一方面又需要依赖于内在的欲望而生存。因此，欲望就成了人类外在之技术的内在对应物。

对于斯蒂格勒而言，"普罗米修斯的火既是欲望的象征，也是技术的象征"[1]：技术是外在的火，欲望是内在的火。这两种火都既可以使人类感到温暖，也可以灼伤人类；既可以为人类点亮前进的方向，也可以燃起熊熊烈焰将光明化为灰烬。技术的火外在于人类，而欲望的火则内在于人类。然而，根据爱比米修斯原则，"内在与外在是同一的，内在就是外在"[2]。外在化的运动发明了内在，内在化的运动则又发展着外在。普罗米修斯送给人类的礼物与宙斯送给人类

① B. Stiegler, *What Makes Life Worth Living: On Pharmacology*, translated by D. Ross, Cambridge: Polity Press, 2013, p.24.
② B. Stiegler, *Technics and Time, 1: The Fault of Epimetheus*, p.142.

的礼物几乎同时来到人间，技术与欲望同为一体，对立而统一。于是，技术就成了欲望的表现，欲望则成了技术的实质，技术与欲望既是外在的又是内在的。因此，技术就是欲望，技术物体就是欲望客体。①

技术（欲望）既是一味解药（remedy），同时也是一味毒药（poison），其药性与毒性同为一体。对于斯蒂格勒而言，这并不是一种比喻。如果吃进人体的药物是为了治疗躯体器官之疾病的话，那么，人类使用的技术就是为了治疗躯体外器官的疾病。因为人类的生命不仅限于纯粹的生物机体和器官的新陈代谢过程，而且也包括躯体外的技术组织和器官的更新迭代过程。躯体器官与躯体外器官共同构成了人类的生命，技术所起的作用与吃进人类躯体内的药物的作用是一样的。然而，将技术看作药与将技术看作双刃剑有着根本的区别。双刃剑意味着，只要使用得当，技术就不会伤人；但药则意味着，只要使用了技术，就既是在吃解药，也是在服毒药，技术之毒性无论如何不可避免。②这种双重性既是普罗米修斯偷盗来的技术之火的双重性，也是爱比米修斯的妻子所激发的欲望之火的双重性。

使爱比米修斯受到潘多拉的迷惑，使人类具有欲望并受欲望的折磨，这是宙斯对爱比米修斯和人类的惩罚。然而，真正欺骗宙斯的是普罗米修斯，宙斯也必然会对他进行惩罚。作为一位神，普罗米修斯是不朽的，宙斯不可能将死亡强加于普罗米修斯。于是，宙斯便让普罗米修斯经历反复生长的痛苦折磨。"宙斯用挣脱不了的绳索和无情的锁链捆绑住足智多谋的普罗米修斯，用一支长矛剖开他

---

① B. Stiegler, *Disbelief and Discredit, 3: The Lost Spirit of Capitalism*, p.39.
② 斯蒂格勒技术哲学的这种药学理念很符合中医"是药三分毒，是毒三分药"的理念。

的胸膛，派一只长翅膀的大鹰停在他身上，不停啄食他那不死的肝脏。虽然长翅膀的大鹰整个白天啄食他的肝脏，但夜晚肝脏又恢复到原来那么大。"[1] 只要肝脏反复生长，普罗米修斯所遭受的痛苦也必将会反复生长。在希腊神话中，肝脏是掌控情绪反应和感受的器官。但是，在斯蒂格勒看来，"普罗米修斯的肝脏不仅是一种生理器官，也是一种占卜的辅助和献祭于神的祭品"[2]。普罗米修斯反复被吞噬的肝脏就象征着人类因欲望的折磨而产生的反复无常的情绪变化，这种折磨与宙斯对爱比米修斯和人类的惩罚是一体的。"普罗米修斯的肝脏被鹰不断吞食，像器官的永无休止的完美化一样重新生长出来，他的肝脏将技术与欲望联系起来，也与死亡联系起来，与死亡的超前联系起来。"[3] 反复生长是欲望的主要特征，就像人类在吃到用火烤熟的牲口的肉之后，肚子里反复生长的饥饿感一样，虽然欲望可以被暂时地缓解，但欲望一定会像饥饿感以及普罗米修斯的肝脏一样，重新生长出来。

人类之内在的欲望反复生长的特征，也是人类之外在的技术所具有的特征。这种特征实际表示着技术进化的动力来源。因此，在这里，我们有必要对斯蒂格勒技术哲学中关于技术进化之动力来源的观点稍做修正。我们在前面曾经说过，斯蒂格勒认为，技术进化以及人类进化的动力是人类死亡的超前性。但是，死亡对于人类而言，毕竟是一种恐惧的力量。虽然死亡能够激发人类的求生冲动，但以死亡为驱力的求生冲动也极易使人类萎靡退缩、毫无生机。因为当人类意识到超前于自身的是一片阴沉黑暗的深渊时，很多人都

---

① 赫西俄德：《工作的时日·神谱》，第4页。
② B. Stiegler, *Symbolic Misery, 2: The Catastrophe of the Sensible*, p.132.
③ B. Stiegler, *What Makes Life Worth Living: On Pharmacology*, p.25.

会不愿意前行的。所以，必须要对死亡这种力量进行伪装[①]，至少要让人类感觉到即使未来一定是黑暗的，但至少目前有光明的存在。也只有这样，人类才会有前进的动力。因此，为了对人类进行惩罚，宙斯的险恶用心是将死亡伪装成值得欲求的欲望，进而控制人类。于是，当人类看到集合诸神之神力、隐藏着宙斯之祸心的美丽而可爱的潘多拉时，仍然感觉到了生之喜悦，感觉到了前进的动力，获得了生存下去的意义。因此，虽然死亡的超前性确实构成了人类与技术之共同进化的动力，但这种超前性并不是直接起作用的，而是通过伪装成欲望间接地起作用的。这样的话，关于斯蒂格勒技术哲学中人类与技术进化动力之来源的观点可以表述为：作为超前的死亡之伪装的欲望，构成了人类与技术共同进化的动力来源。

六　德里达的药

爱比米修斯神话、普罗米修斯神话和潘多拉神话这三则神话中的三位主人公由爱比米修斯最初的一个过失而命运般地联系在了一起。在古希腊神话中，此三则神话本身就有其前后相续的因果联系，如今被斯蒂格勒重新阐释来表示其技术哲学的整体意义。这三则神话的内在逻辑给了斯蒂格勒哲学上的灵感，使其从中演绎出自己的技术哲学所需要的逻辑起点和基本原则。这三则神话相应代表的基本原则也正建构起了斯蒂格勒整个技术哲学的神话结构，是斯蒂格勒技术哲学的骨骼框架。从此框架出发，斯蒂格勒形成的

---

① 在人类的历史中，人类似乎一直通过各种方法对死亡进行伪装，或者将死亡伪装成通往不朽的必由之路，或者将死亡伪装成实现某种价值的唯一手段，等等。人类伪装着死亡，说明人类的有限性。而技术既是此伪装的手段，也是伪装本身。

关于艺术、教育、政治、经济等一系列的观点，则为我们理解现代社会的各种境况提供了一种全新的视角。这种视角就是"药学"（pharmacology）的视角。药学是斯蒂格勒在分析技术现象时经常使用的一个概念，在其技术哲学中，技术就是药，其既拥有能解决困境的药性又拥有能导致困境的毒性。斯蒂格勒的这种药学实则就是一种技术学。以药学的眼光来看待技术，就是要改变传统的技术中立的观点。"使斯蒂格勒区别于其他大多数哲学家的事实在于：斯蒂格勒认为，人类的存在本质上是由技术构成并被技术限定的。这也就是说，如果没有外在的支持，人类只依靠其自身是不能够生存的。在其最近的著作中，斯蒂格勒不断地强调，所有技术……都是他所谓的一种药。这个希腊语词在其既能治病又能致病的意义上，既是解药又是毒药。由于作为动物的人类在根本上是开放而不确定的，因而人类需要代具作为其本质。于是，对于人类来说，技术既能补充人类的本质，'治愈'其不确定性；同时又能阻碍人类的自由，侵蚀其开放生存的可能，'毒害'其不确定性。"①

　　斯蒂格勒将技术等同于药，并不意味着从这一前提出发就直接能够形成一种作为技术学的药学。药学立场的形成，是斯蒂格勒由对技术现象的理解而来所建构（construct）的一种方法论。这种建构是在德里达对"柏拉图的药"解构（deconstruct）的基础上形成的。德里达在《柏拉图的药房》（"Plato's Pharmacy"）一文中，将贯穿《斐德罗篇》全篇的几个具有相同词根的词语进行拆析，进而指出《斐德罗篇》就是柏拉图本人精心布置的药房，里面摆放着各种批判文字与书写的药。《斐德罗篇》的中心是对文字和书写的批

① P. Lemmens, "Bernard Stiegler on Agricultural Innovation", in S. N. Romaniuk, M. Marlin eds., *Development and the Politics of Human Rights*, Florida: CRC Press, 2015, pp.113-114.

判，而并不像人们表面上所看到的那样，是在批判智者和修辞术。

在《斐德罗篇》的开始，苏格拉底就讲述了一个关于泉妖的传说。雅典公主俄瑞迪娅（Orithyia）同她的女伴法玛西娅（Pharmaceia）外出玩耍时，法玛西娅被风神波阿瑞斯（Boreas）刮起的一阵狂风吹下悬崖摔死了。她死后化成了一眼泉水，而她就是泉妖。这眼泉里面的泉水清澈无比，但却隐含着毒性；耐不住饥渴而喝了泉水的人，就会因中毒而死去。可是在德里达看来，这眼妖泉的泉水并不仅仅具有毒性，它也可能具有药性，只是暂时可能没有被人发现而已。"Pharmacia 也是一个普通名词，其意为药（Pharmakon）：解药和/或毒药。'致毒'并不是'pharmacia'的唯一通常意思。"[1]通过将法玛西娅的传说与药这一概念从词形上联系起来，德里达试图把握住贯穿《斐德罗篇》之始终的文字作为药的系谱，并且"已经埋伏下了关于在场与不在场（吕西亚斯演说时，苏格拉底不在场）、内与外（相对于雅典城而言）、听与看（一篇演说）、言（logos）与文（grammata）、记忆与作为其提示的文字、活知识与死知识等的一系列核心问题"[2]。

在苏格拉底讲完关于泉妖的传说之后，《斐德罗篇》的很大一部分篇幅[3]都是苏格拉底在与斐德罗讨论修辞术和灵魂的问题。斐德罗拿了一篇吕西亚斯关于爱欲的文章让苏格拉底来评判，尽管苏格拉底称赞这篇文章辞藻华丽、修辞精致，但其只将这篇文章当成一篇用修辞术装饰的文章。在苏格拉底看来，吕西亚斯只是在"就同一

---

① J. Derrida, "Plato's Pharmacy", in *Dissemination*, translated by B. Johnson, Chicago: University of Chicago Press, 1981, p.70.
② 刘皓明：《文字作为药：柏拉图与德里达》，载《博览群书》2007年第4期，第43—44页。
③ 柏拉图：《斐德罗篇》，第140—195页。

件事翻来覆去地说。也许他对如何详细叙述一个主题并不十分能干，也许他对这样的题目根本没有什么兴趣。实际上，它给我留下了这样的印象，作者为了显示他的才能，同一件事可以说两遍，用词不同但都同样成功"①。苏格拉底要表达的意思是，在看吕西亚斯的文章时，作者并不在场，因此读者可以对文字（grammata）进行作者缺席的解读，这种解读很有可能会违背作者的言语（logos）。而且，与声音相比，文字更容易被修饰，留存的时间会更久。因此，当人们被一篇用华丽辞藻堆砌出来的文章所吸引时，就很容易忽视了文章的逻各斯（logos）。与看一篇吕西亚斯的文章相比，苏格拉底更愿意去听吕西亚斯的言语。苏格拉底在此很明显地表现出对在场和言说的肯定，以及对不在场和文字的贬斥。

因其贬低了吕西亚斯的文章，斐德罗便要求苏格拉底现场口述一篇文章，以判断他是否在嫉妒吕西亚斯，还是真的比吕西亚斯高明。于是，苏格拉底现场口述了一篇同样是关于爱欲的文章。苏格拉底及时收住自己口述的文章，因为他认为自己是在"借颂神之名赢得人间之名声"②，已经冒犯了神灵，因而是有罪的。斐德罗问苏格拉底为什么是有罪的，苏格拉底便为斐德罗讲述了他关于灵魂不朽的理论。这其实构成了苏格拉底为斐德罗口述的另一篇文章。斐德罗认为，苏格拉底的这篇论灵魂不朽的文章，要比他论述爱欲的文章好得多，而且完全可以将吕西亚斯比下去，使吕西亚斯感到惭愧而以后不再写文章。③然而，苏格拉底则认为，吕西亚斯并不会因此而停止写作。因为书写这件事并不可耻，书写下的文字（grammata）

① 柏拉图：《斐德罗篇》，第145页。
② 同上，第155页。
③ 同上，第172页。

与言语（logos）不一致，即以文字来文饰言语才真正可耻。于是，《斐德罗篇》至此开始直接对修辞术这种技术进行贬斥。

如果使用修辞术的人对其所要修饰的东西的本性并不了解，那么，他就有可能使自己的听众陷入迷惑之中；如果他对自己所要修饰的东西的本性了解，他也可能故意迷惑自己的听众。"拥有（修辞术）这种技艺的人可以随意就同一件事对同一批人，时而说它是公正的，时而说它是不公正的。"[①]因此，在苏格拉底看来，"所有伟大的技艺都需要有一种补充，这就是对事物本性的研究"[②]。而事物的本性就是逻各斯，如果没有逻各斯的在场，包括修辞术在内的任何一种技术都是一种坏的替补。而文字也是这样。苏格拉底这时为斐德罗讲述了一个埃及的关于文字起源的神话故事，柏拉图至此才将《斐德罗篇》中隐藏的主线显示出来。苏格拉底是被斐德罗携带的吕西亚斯的一篇文章所引诱而走出雅典城的，他们二人谈论的焦点并不在于苏格拉底与吕西亚斯关于爱欲的观点是否相同，而在于言语（logos）如何合适地被文字（grammata）所书写。这是修辞术的问题。然而，修辞术问题归根到底仍然是文字的问题。文字，在苏格拉底看来就是一味药（pharmakon）。

苏格拉底所讲述的关于文字之起源的埃及神话故事是这样的：

> 据说埃及的瑙克拉提（Naukrats）地方住着一位这个国家的古神，他的徽帜鸟叫作白鹭（Ibis），他自己的名字是塞乌斯（Theuth）。他首先发明了数字和算术，还有几何与天文，跳棋和骰子也是他的首创，尤其重要的是他发明了文字

---

① 柏拉图：《斐德罗篇》，第178页。
② 同上，第190页。

（grammata）。当时统治整个国家的国王是萨姆斯（Thamus），住在上埃及的一个大城市，希腊人称之为埃及的底比斯，而把萨姆斯称作阿蒙（Ammon）。塞乌斯来到萨姆斯这里，把各种技艺传给他，要他再传给所有埃及人。萨姆斯问这些技艺有什么用，当塞乌斯一样样做解释时，那国王就依据自己的好恶做出评判。据说，萨姆斯对每一种技艺都有褒有贬……不过说到文字的时候，塞乌斯说："大王，这种学问可以使埃及人更加智慧（sophōsteroi），记忆力更强（mnēmonikōteroi）。我找到了一种能够获得智慧和记忆的药（pharmakon）。"但是那位国王回答说："多才多艺的塞乌斯，能发明技艺的是一个人，能权衡使用这种技艺有什么利弊的是另一个人。现在你是文字的父亲，由于溺爱儿子的缘故，你把它的功用完全弄反了！如果有人学了这种技艺，就会在他们的灵魂中播下遗忘，因为他们这样一来就会依赖写下来的东西，不再去努力记忆。他们不再用心回忆，而是借助外在的符号来回想。所以，你发明的并不是记忆（mnēmē）的药，而是提示记忆（hypomnēsis）的药。你给学生们提供的东西不是真正的智慧，因为这样一来，他们借助于文字的帮助，可以无师自通地知道许多事情，但在大部分情况下，他们实际上一无所知。他们的心是装满了，但装的不是智慧，而是智慧的赝品。这些人会给他们的同胞带来麻烦。"①

萨姆斯并没有接受塞乌斯送给他的所有的技术，而是根据自己的好恶做出判断，因为萨姆斯自己就是神王，他这种神王的身份并

---

① 柏拉图：《斐德罗篇》，第197—198页。引文有改动。

不是借助于外在的技术获得的，而是天生的。"文字的价值，或药的价值，当然已经向神王讲清楚。但是，只有神王才能将文字的价值赋予文字，是神王在其接受的过程中将他所设置的价值添加于他所建构的东西之上。神王因此是价值之起源的另一个名字。除非神王支持文字，否则文字就不会有价值，文字将不会成为自身。"① 这就是典型的柏拉图主义：神王具有对包括文字在内的任何一种技术的最终解释权，他不需要去书写，他只需要去言说，这就足够了。

然而，文字作为一种药，对德里达来说并不意味着它只有毒性，只会导致更多的遗忘。德里达对这则埃及神话的阐释正是要拆解萨姆斯的神王身份的最终所指意义。"萨姆斯代表了阿蒙，他是众神之王，是众王之王，是众神之神。"② 而根据埃及神话的神谱，阿蒙是众神之王——太阳神雷（Re）的另一个名字，"雷"这个名字则意味着"面具"。而塞乌斯则是雷的儿子。③ 于是，塞乌斯这个儿子发明了文字，要献给自己的父亲萨姆斯，但是父亲根本不需要文字，因为父亲只要言说就够了，"言说的神王像一位父亲一样行事。药献给了父亲，但他又拒绝、贬低、抛弃、蔑视了药。这位父亲总是对文字保持着怀疑和警惕之心"④。这位父亲担心文字一旦离开了言语的监管就会颠覆言语的权威，儿子一旦离开父亲的监管就会颠覆父亲的权威。所以，萨姆斯这位父亲对塞乌斯这个儿子的礼物充满着戒备，也对塞乌斯充满着戒备。"即便这种药不是一件罪恶的东西，它难道不是一件有毒的礼物吗？"⑤

---

① J. Derrida, "Plato's Pharmacy", p.76.

② Ibid., p.76.

③ 刘皓明：《文字作为药：柏拉图与德里达》，第44页。

④ J. Derrida, "Plato's Pharmacy", p.76.

⑤ Ibid., p.77.

对于柏拉图主义而言，即便父亲并不是逻各斯，父亲也是逻各斯的起源。只有在父亲在场或者父亲的言说/逻各斯在场的前提下，儿子/文字才能够获得保护，获得权威的来源。如果父亲不在场，这个儿子就会失去后方的支持，成为无依无靠的孤儿；如果言语（logos）不在场，文字（grammata）也就失去了意义。[①]并且由于文字保存的时间更持久，它会流传到懂它的人手里，也会流传到不懂它的人手里。这样一来，那些只认识文字而读不懂文字背后的逻各斯的人，就会误解逻各斯，就会使人的心智变得迷惑。苏格拉底虽然并不完全拒绝文字，但他贬低文字的态度显而易见。虽然使用文字已经不能够被完全禁绝，但苏格拉底仍然为使用文字限定了条件，"只有那些为了阐明正义、荣耀、善良，为了教诲而写下来的言说，才能做到清晰完美，具有庄重、完整、严肃等特征，才会对听众的灵魂起到矫正作用。这样的文章才能被称为作者自己亲生的儿子"[②]。然而，德里达认为，即便是如此服从父亲之命令的儿子，也不能够保证他永远不会反叛自己的父亲。儿子一旦出生，他就有背叛父亲的倾向；能指一旦被派生出来，它就不断地远离作为中心的所指；文字一旦被书写下来，它就不断地推迟言说的在场。

父亲的不在场并不意味着儿子只能无依无靠，他其实也给了儿子自由，给了儿子绵延思考的自由。而且即便是父亲在场，也并不一定真能控制局面。书写《斐德罗篇》的柏拉图并没有出现在这篇对话中，这篇对话中出现的只有苏格拉底与斐德罗。在此篇中，虽然苏格拉底在言说，但其言说并不意味着就是苏格拉底真实的言说，因为我们只是通过柏拉图的文字书写才知道苏格拉底的言说。

① J. Derrida, "Plato's Pharmacy", p.77.
② 柏拉图：《斐德罗篇》，第202页。引文有改动。

对于《斐德罗篇》以及其他柏拉图书写下的苏格拉底的对话录而言，在场的苏格拉底很可能早已变成了柏拉图的化身。作为儿子的文字早已背叛作为父亲的言语，这位父亲可能早就被儿子弑杀了。我们是通过儿子/文字/柏拉图才了解父亲/言说/苏格拉底之伟大的，但这只是前者所制造的假象。儿子早已经不需要父亲的保护，儿子早已经背叛了父亲，柏拉图早已经背叛了苏格拉底，只是他仍在虚假地维护苏格拉底的言说（logos）。因此，在德里达看来，这种弑父的状况之所以出现，是因为父亲并不是逻各斯的起源，相反，是逻各斯导致了父亲的产生。"人们会说，逻各斯的起源或原因是相对于我们知道一个活生生的儿子的原因，即相对于他的父亲而言的。人们可以从一个逻各斯的陌生领域去理解或想象逻各斯的诞生与发展，如生命的传承或生殖关系。但是，父亲并不是生产者或生育者……事实上，如果不是通过逻各斯的例子，父/子的关系以何种方式才能够与因/果或生产者/产出者的关系区别开来呢？只有言语（speech）的权力才可以成为父亲，父亲总是话语/活生生的存在者的父亲。换句话说，正是逻各斯才使我们能够去理解和研究类似于父权的东西。"[1]人们将逻各斯与父亲的关系弄反了，人们是从父权的角度去思考逻各斯的，将父与子的关系看成逻各斯与文字的关系，因此不断地主张要像父亲统治儿子一样来管理文字，不允许文字反抗逻各斯，不允许文字僭越逻各斯。对于德里达而言，"必须将所有的隐喻的方向进行颠倒：我们不应该再去问，逻各斯是否有一个父亲，而应该去理解，没有逻各斯之本质可能性，父亲作为逻各斯之父是不可行的"[2]。所以，文字作为一种药，它的作用并不仅仅如作为

---

[1] J. Derrida, "Plato's Pharmacy", p.80.

[2] Ibid., p.81.

父亲的萨姆斯所说的，只是提示记忆的药，并且会挑战自己的父权和王权。萨姆斯意识到了药的毒性，但却没有意识到药的药性，文字虽然能够导致遗忘，但文字也可以传播智慧，巩固自己的父权和王权。

　　文字之被贬斥，并不是因为文字是一种外在于灵魂记忆的药。"药是违反自然生命的……因为柏拉图相信，自然生命和疾病都需要自然地发展。……扰乱了疾病的自然进程的药，因而就是生命体的敌人，无论生命体是健康的还是患病的。"[①]可是，记忆（mnēmē）本身就真的不需要任何外在支撑了吗？在德里达看来，任何内在都必须有外在的支撑，任何外在也都必须有内在的支撑。内在离不开外在，外在也离不开内在；内在即外在，外在即内在。这正是前面我们所说的延异的逻辑。[②]萨姆斯的权力并不是完全独立的，他需要塞乌斯以及他所带来的各种技术对其权力的支持。萨姆斯当然可以对各种技术依其自身好恶进行褒贬，但他绝不可能将所有的技术都清除出去后仍然能站在权力的顶峰。逻各斯如果没有文字的支持，在其言说过程中同样会走样。就逻各斯自身而言，它即便不需要文字，它也必须需要声音。"外在已经存在于记忆行为中了。这种邪恶（提示记忆的东西）溜进了记忆之中，溜进了记忆活动的普遍组织中而成为记忆。记忆本质上是有限的。……无界限的记忆在任何情况下都不是记忆，而只是无限的自我在场。记忆因而总是需要符号（signs）将其从不在场中召唤出来……记忆因此已经被它的第一个替补即提示记忆的东西污染了。"[③]"污染"的说法是德里达的一种比喻，

① J. Derrida, "Plato's Pharmacy", p.100.
② 见本书第二章第二节"延异与替补"。
③ J. Derrida, "Plato's Pharmacy", p.109.

它说明了，记忆之存在必然离不开提示记忆的东西（hypomnēsis）。事实上，记忆本身已经是自身的替补，更不要说文字这种提示记忆的东西了。

但替补是一种危险，这种危险是任何一种作为药的替补都具有的危险。"替补并不是一个存在者。然而，它也不是一个非存在者。它的这种滑动暴露了它不是在场／不在场的一个简单的备选项。危险就在这里。"①这是萨姆斯对文字警惕的原因，也是雅典城对苏格拉底保持警惕的原因。苏格拉底经常批评智者是在以类似于巫术的诡辩的修辞术来蛊惑青年人的灵魂，但他本人也被人称为蛊惑师、巫师或毒师（pharmakeus），这个词的意思就是善于使用药的人。在《美诺篇》中，苏格拉底就被美诺称为使用巫术的人，"我想你不仅在外表上，而且在其他方面确实就像一条海里的、扁平的虹鱼。无论什么人一碰上它，就会中毒麻痹，就好像你现在对我做的事一样。……我想建议你别离开雅典去外国。如果你在其他国家作为一个外国人也这样行事，那么你很可能会被当作一名男巫遭到逮捕"②。苏格拉底认为，智者的修辞术是外在的、可能导致灵魂生病的药；但苏格拉底本人的辩证法（dialogos）却也被人认为是会导致希腊城邦生病的药。因为在当时的希腊观念里，药都是外在的，都会干扰机体和组织的自然节律。苏格拉底最终以亵渎希腊神灵的罪名被当成一名巫师而被捕。然而，这只不过是雅典为其在伯罗奔尼撒战争中的失败找借口，因此，苏格拉底成了一个替罪羊（pharmakos）。类似这种寻找替罪羊的仪式在希腊城邦由来已久，每当城邦出现大饥荒或灾难时，总会从城邦中选出一些长相丑陋的人，将他们看作

---

① J. Derrida, "Plato's Pharmacy", p.109.
② 柏拉图：《美诺篇》，第505页。

城邦发生灾难的原因。然后举行仪式，将他们处死，以示从城邦内部将有害的因素清除出去。[①] "替罪羊的仪式在内在与外在的边界线之间结束，它不停地追寻又再折返。……替罪羊代表了进入城邦的罪恶，也代表了驱逐出城邦的罪恶。这种仪式是有益的，因为替罪羊化身为罪恶的力量，治愈了罪恶。"[②] 但不幸的是，苏格拉底成了这种替罪羊，成了罪恶的替补。苏格拉底本人已经被城邦认为是危险的，他本人就是毒师（poisoner），就是危害城邦的药，所以必须将这种危险驱逐出去。苏格拉底被判处服用毒药自尽，这是城邦认为将自身就是毒药的苏格拉底清除出去的最好办法。不过，苏格拉底服下的毒药（poison），在他自身看来正是拯救自己灵魂的解药（antidote）。苏格拉底在临死前要求克力同（Crito）向阿斯克勒庇俄斯（Asclepius）献上一只公鸡，说明毒药已经作为解药治好了苏格拉底的疾病，即摆脱了肉身的束缚，使其灵魂得到了拯救。

德里达通过将"pharmaceia""pharmakeus""pharmakos"这几个具有相同词根的词与"pharmakon"联系起来，进而将贯穿《斐德罗篇》全篇的若隐若现的线索串联起来，向我们展示了文字这种药的属性。对于德里达来说，《斐德罗篇》是柏拉图所精心布置的药房，摆放着治疗各种疾病的药品。但柏拉图的药房与我们在城市的大街上见到的药房不一样：城市的药房里面的药，只要将各种药品分别贴上不同的标签，就可以将不同的药品区分出来，它们的药性和毒性也会一目了然。但柏拉图药房里面的药则不是这样，即便将这些药贴上标签，也根本不可能将其内与外、不朽与死亡、善与

---

① J. Derrida, "Plato's Pharmacy", pp.130–132.

② Ibid., p.133.

恶、真与假等药性与毒性区分开来。"药的毒性就是其药性，因为药本身没有同一性。而且，这种同一性就是替补性。"① 而替补性则意味着，替补只是对替补的替补，替补之前没有本质，替补之后只有替补。药之所以同时具有药性和毒性，并且药性与毒性不可分开，正是因为药本身就是替补，就像香水一样本身并无实质，它在毒与药之间滑动，在内与外之间滑动。② 所以，不能离开毒性思考药性，也不能离开药性去思考毒性，就像不能离开文字去思考言说，不能离开塞乌斯去思考萨姆斯，也不能离开柏拉图去思考苏格拉底一样。《斐德罗篇》中在场的苏格拉底是柏拉图的药，不在场的柏拉图则是苏格拉底的药，二者互相具有毒性和药性。药的毒性与药性是根本无法分辨清楚的，只有在服用之后才知道药的药性和毒性分别是什么，但这时，药性和毒性都已经开始起作用了。对于德里达而言，药的毒性和药性是相互感染、相互渗透的，就像柏拉图的思想与苏格拉底的思想彼此之间相互渗透一样。这种相互感染、相互渗透的过程就是替补的延异过程。

在《柏拉图的药房》这篇文章中，正如在别的文章中一样，德里达一直在解构和拆解在逻各斯中心主义支撑下所形成的在场与不在场、所指与能指、中心与派生等各种对立差异的思想形态。但是，德里达并没有尝试去建构一种非逻各斯中心主义的思想形态。他指出了西方形而上学对文字书写的压抑，但从来没有指出这种压抑该如何正确地释放。德里达本人经常使用的对文字进行隐喻、串联、指引的游戏手法，实则正表明其对文字该如何正确使用缺少清晰而健全的方法论。德里达认识到了文字的毒性，并解释了正是这种毒性致使文字一直以来都被压抑；德里达同时也认识到了文字的药

① J. Derrida, "Plato's Pharmacy", p.169.
② Ibid., p.142.

性，但他却悬置了文字的药性，因为他不知道文字这种药该如何使用。德里达对文字这种一直以来都被压抑的替补是一种游戏的态度。他对文字的这种态度，也是他对其他各种药的态度。德里达的"药"的概念范围极为广泛，它既包括理念、真理和律法，也包括科学、辩证法和哲学，甚至也包括德里达自己的延异思想。[①]但是，在斯蒂格勒看来，"德里达从来没有设想药学的可能性，即思考药的治病与致病的两面性的理论的可能性"[②]。这种理论事实上是关于如何使用药的方法论，斯蒂格勒称之为"药学"。

七　斯蒂格勒的药学

德里达一直在拆解西方形而上学的传统，而将药看作一种替补。这里的意思是，德里达只是要从柏拉图所书写的《斐德罗篇》这一形而上学的经典文献中以小见大地解构逻各斯中心主义。可是，德里达不停地解构，他的目的究竟是什么呢？对于这个问题，斯蒂格勒回答说："无论解构主义怎样坚持存在着所谓形而上学的不可逃避性，难道它真的不想逃避'形而上学'的引诱吗？至少是在某些层面上，解构主义者也希望接过并接着从事……启蒙运动的工程……因为个体和集体只有这么做，才能不掉进超验主体性的陷阱中。"[③]这样，德里达的目的就清楚了，他不停地解构正是为了防止自己的思考重新进入形而上学的陷阱，就像他所批判的海德格尔一样。然而，

---

① J. Derrida, "Plato's Pharmacy", p.125.
② B. Stiegler, *What Makes Life Worth Living: On Pharmacology*, p.4.
③ D. Ross, "Pharmacology and Critique after Deconstruction", in C. Howells, G. Moore eds., *Stiegler and Technics*, p.257.

解构只是在拆解，而没有去建设新的思想形态。这对于斯蒂格勒意味着，解构成了解构主义必有之缺陷。任何一种思想如果只是在批评，而没有勇气去接受批评，那么，这种思想一定是不健全的。但是，斯蒂格勒并不是要抛弃解构，而是要对解构进行重新武装，使解构少去关注那些非此非彼、即此即彼的不可能性，而多去建构分析问题的可能性。从德里达将之作为替补的药的线索出发，建构出分析技术现象的药学的视角，这就是斯蒂格勒对解构的继承和发展。

德里达和海德格尔一样都在关注支撑形而上学之起立的根据，海德格尔认为是存在（Being），而德里达则认为是生成（Becoming），而生成就是延异。相应地，延异过程就是替补的生成过程。德里达将文字、技术、基因、律法、生命等存在物都放到延异的过程中去思考，将它们均一化为替补，并有意忽略它们之间的差别，因为要解构已经存在的痼疾，就要将其从根本处彻底根除。这种做法其实和海德格尔解读西方形而上学史的做法几乎一模一样，海德格尔也是有意忽略不同哲学家的思想之间的差别，比如他把巴门尼德和赫拉克利特都解释成思考无蔽之为无蔽的思想家。[①]在德里达眼中，万物需要重生；在海德格尔眼中，万物同样需要重生。这些转折时期的思想家都更愿意大刀阔斧地拆解，但这种做法并不适合谨小慎微的建设。无论是巴门尼德和赫拉克利特在其各自的思想起源处是多么的一致，他们之间的差异总是已经显而易见；也无论文字、技术、基因等存在物作为延异的替补多么没有差别，但它们之应用却属于不同的领域。动物的胚胎在其初始阶段几乎没什么差别，但也正是这种无差别胚胎在其逐渐发育的过程中，生长出千差

---

① 可参见海德格尔《演讲与论文集》中的《逻各斯》与《命运》两篇文章。

万别、姿态各异的动物。

　　德里达忽视了所有替补过程中的差异，但德里达对《斐德罗篇》中药的分析，并不意味着他要把所有的替补都看成一种药，而只是由于德里达要对药这种典型的替补进行分析。德里达也并没有将所有的替补都看成技术，而是认为至少文字这种书写技术是一种替补。然而，斯蒂格勒就要扭转德里达这种只顾解构的倾向。

　　如果说，德里达的替补思想可以适用于所有的生成过程，那么，斯蒂格勒的技术哲学就将其使用范围限制在人类这个范畴中。因而，对于斯蒂格勒而言，与人类相关的所有替补过程就是技术的生成过程；技术史就是人类史。生命的生成，对于德里达而言，是可以思考的，可以被理解为基因随机突变的替补过程。但生命的生成过程，是不能够用斯蒂格勒的技术哲学去思考的；如果一定要去思考，就需要事先将替补等同于技术，将替补性等同于技术性，将所有的替补都看成是技术地生成的，而不只是将技术看成一种替补。斯蒂格勒的技术哲学只适合用来思考人类生命的生成过程。在此生成过程中，技术是对天生无本质的人类的替补，人类化就是技术化。人类的本质外在于人类的生命而存在，它是人类的第三种记忆，是第一记忆和第二记忆之存在的前提。这种第三记忆就是作为第三持留的技术。如果说，在希腊形而上学的观念里，在柏拉图的观念里，药是一种由外而内的干扰机体自然节律的毒素，那么，德里达认为，这种药不仅仅是一种毒药，它也是一种解药，因为外在的已经存在于内在之中，内在的已经存在于外在之中。德里达对药的这种定义正好适合斯蒂格勒对技术的定义。技术就是外在于人类躯体而对躯体的替补，它构成了人类的本质；技术是一种毒药，但技术不仅仅是一种毒药。这种毒药同时也是一种解药。于是，斯蒂格勒直接将技术规定为药。也就是说，在斯蒂格勒这里，药并不是和技术并列的一种替补，药在这里就是技术，是人类生命之延异过程的替补。

斯蒂格勒限定了他所论述的替补过程的具体范围，但这并不意味着他缩小了德里达替补思想的适用范围。斯蒂格勒是在用德里达的替补思想建构一种新的思想形态，这种思想形态只适用于人类化进程。这种新的思想形态就是斯蒂格勒的技术哲学，其方法论就是"药学"（pharmaco-logy）。我们可以从微观和宏观两个层面来分析药学这一方法论在斯蒂格勒的技术哲学中的适用性。

德里达的药是没有本质的，"药像液体一样到处渗透；它被吸收、被饮用到内部……在液体中，对立的属性很容易混合在一起。……并且，像水、纯净的液体是最容易、最危险地被药所渗透并腐化的。在其中，药与液体混合并很快结成一体"[1]。因为药本身是一种替补，替补之前无所谓药性与毒性，替补之后才有药性和毒性。对于任何一种替补来说，它总是作为一种偶然性（occasionality）和临时性（temporality）而出现的：替补是空间对时间的妥协，因而是偶然性的；替补也是时间对空间的妥协，因而也是临时性的。替补既是空间的时间化，也是时间的空间化。因此，在面对某种空缺时，这种偶然性和临时性的替补与其说是作为一种解药而起作用，不如说是作为毒药而起作用的。所以，药作为一种替补首先是作为毒药而起作用。[2] 这就是萨姆斯首先对塞乌斯献给他的书写技术的毒性表示担心的原因，也是苏格拉底喝下的药首先是一种毒药然后才是净化灵魂的解药的原因。如果所有的技术对于人而言都是一味药，那么，从南方古猿开始服用下第一味药的时候开始，技术这种药就

---

① J. Derrida, "Plato's Pharmacy", p.152.

② B. Stiegler, *Technics and Time, 2: Disorientation*, p.2.

导致生命进程出现了断裂，即生命的人类化出现了。对于整个生命进程而言，技术这种药就是毒药，它撕裂了纯粹生命；但对于人类化进程中出现的人类而言，技术就是一味解药，它将南方古猿的躯体器官（如脚和手）从固定的生理机能中解放出来，而获得了新的功能。

由于爱比米修斯的过失，导致人类在起源处具有先天的缺陷，此缺陷必须依赖于外在于自身的技术进行弥补。这种缺陷对于初生的人类来说，就是一种彻彻底底的疾病。治疗这种疾病所需要的技术，对于人类而言是一味解药。但这种解药就像毒品（drug），使人类逐渐对其上瘾（addiction），人类已经摆脱不了对技术这种毒品的依赖。人类依靠吸食毒品来解除对毒品的依赖，但依赖只会越陷越深。每当新的技术物体在人类社会出现的时候，就是新的毒品在人类社会出现的时候。但是正如在德里达那里一样，作为药的技术的毒性也是相对于其药性而言的，对于斯蒂格勒的技术哲学而言也是如此。因为，药本身是无实质的，它在内与外、对与错、善与恶之间滑动，它相对于药性而显现为毒性，相对于毒性而显现为药性。新的技术物体虽然会显现为毒药，但当新的技术物体适应了人类躯体或人类社会的内在环境时，它就会对此环境产生解毒的作用，而显现为解药。它是同一种药，但在不同的时机，其显现的属性是不一样的。然而，无论如何，"对抗技术之药的毒副作用的唯一途径，就是依赖于同一种药的解毒作用"[1]。这种吸毒→解毒→吸毒的循环往复的过程，实则是人类进化的过程。技术作为药的毒性与药性之两面性，相应地也就导致了以技术作为其本质的人类的两面性。在此

---

[1]　P. Lemmens, "Bernard Stiegler on Agricultural Innovation", p.117.

意义上，斯蒂格勒说："人类作为无起源的存在者，实质上就是药学的存在者（pharmacological being）。"^①在人类吃了用火烤熟的肉之后肚子里反复生长着饥饿感的时候，这一循环往复的过程就已经开始了，人类已离不开火，就是说人类已离不开技术。人类"这种药学的存在者将永远不会摆脱构成他的每一味药对他的威胁，这就是作为技术和欲望的火所具有的象征意义"^②。

人类作为药学的存在者，必须承受药学的后发性（après-coup）。这种后发性就是指药之药性的后发性：技术之作为药总是先显现出毒性，然后才显现出药性。"药学的后发性结构，就是……双重的中断悬置（doubly epokhal redoubling）^③。这也是我以普罗米修斯原则和爱比米修斯原则的方式理论化的东西。"^④这种"中断性"（epochality）是指："将任一新时代之所需要的条件开放出来，同时，将目前时代中仍然有效的各种程序悬置起来。"^⑤斯蒂格勒认为，尽管德里达已经充分地认识到了文字这种药不仅具有毒性而且也具有药性，但他只将自己的解构步伐止于此，而不去考虑：文字这种药在其诞生之后，究竟是在什么样的药学环境中才将其药性真正发挥出来。在斯蒂格勒看来，当柏拉图以文字将其老师苏格拉底的言说书写下来的时候，文字对于柏拉图而言已经是一种解药了。如果不是通过苏格拉底所批评的文字将苏格拉底贬低文字的态度书写下来，

① P. Lemmens, "Bernard Stiegler on Agricultural Innovation", p.114.
② B. Stiegler, *What Makes Life Worth Living: On Pharmacology*, p.55.
③ "redoubling"按其表面词义是"再加倍"的意思。但将"doubly epokhal redoubling"译为"双重的中断再加倍"会让人不知所云。笔者结合斯蒂格勒整体的哲学思想，考虑斯蒂格勒在其著作中反复提到的药学条件的"两次悬置"（twice suspensions），认为将"redoubling"一词译为"悬置"更能传达出斯蒂格勒技术哲学的真正意思。
④ B. Stiegler, *What Makes Life Worth Living: On Pharmacology*, p.34.
⑤ B. Stiegler, *Technics and Time, 2: Disorientation*, p.7.

我们这些后人是根本不知道苏格拉底是贬低文字的。因此，"尽管德里达认为，文字这种药，其作为提示记忆的东西（hypomnesis）是记忆（anamnesis）的条件，是药之批评及其中断悬置的条件；但德里达自己从来没有去寻找第二运动的可能性，即，作为后发性的第二次悬置（secondary suspension）的可能性"[①]。德里达只停留在对药的毒性的分析阶段，这一阶段属于药学条件的第一次中断悬置（first suspension）。第一次中断悬置之所以出现，是"因为技术系统中新药的出现，此系统被修改了，并因而悬置了'已经在此的存在者对其存在的理解'"[②]。

如果我们依据海德格尔在《存在与时间》中的思路将人类理解为此在的话，那么，斯蒂格勒所说的已经在此的存在者就与此在有着本质的联系。正如海德格尔一样，斯蒂格勒也认为，因为此在已经在此，所以它总是沉沦于世内存在者，总是处于操心（Sorge）之中。已经在此就是此在之在世存在的药学条件，这种药学条件总是将此在引入生存问题之中。"在这种药学状况中，此在在起源性的缺陷中被构成：已经在此之所以被追问和已经被追问，只是因为此在是代具性的。正是由于此在的代具性，作为其原初的缺陷才在其起源处被投射进问题之中。起源之缺陷就意味着，并非已经在此（not-yet-being-there），而是在别处、外在于自身，即远离自身，以便总是可以到来。"[③]海德格尔对此在的生存论分析始终希望将此在拉回到其沉沦前的本真状态，这种状态相对于其非本真状态是完满的，是没有缺陷的，此在不需要外在于其自身的替补。但对于斯蒂格勒来

---

① B. Stiegler, *What Makes Life Worth Living: On Pharmacology*, p.49.
② Ibid., p.114.
③ Ibid., p.108.

说，此在之起源根本不是完满的，此在的起源就是一个缺陷。此在必然需要外在的替补，以作为自身的本质和存在方式。替补是技术，也就是药；替补既可以弥补此在的缺陷，也能够导致此在新的缺陷。作为替补的技术的毒性和药性，构成了此在之在世生存的药学条件。

而且，这种药学条件始终意味着，一种新药的出现总是先显现出毒性。但这种毒性并不是药自身所携带的毒性，而是在此在/人服用之后所产生的毒性，它是人与技术在磨合时所产生的冲突。只有在经过此磨合期后，人才能够适应这种新药，即新技术；新技术也才能够适应人，其作为药的药性才会显现出来。这样，"人类会生成与其药的自律的（autonomous）关系：通过接纳（adapt）药，通过相对地（永远不可能是绝对地）自律化（autonomizing）自身与药的毒性，而建立与药实质上的联系"①。药是人类之能够自律的他律的（heteronomous）条件，因此，作为药学存在者的人又被斯蒂格勒称为"他律的生命有机体"（heteronomous living being）。②只要作为人类之他律条件的技术能在与人类互动的关系中使人类能够自律地生存，就已经说明：技术这味药已经经过第一次悬置，其毒性已经转化为药性，进入了第二次悬置运动的时期，也即药的后发性时期。"因为作为后种系生成的药，总是在为持留系统引进新的选择标准（selection criteria）的基础上构成第三持留，因此，第二次悬置运动就通过这种新的持留系统使这种提示记忆的东西（即新技术）形变（trans-formation）进入记忆中。"③对于苏格拉底只将文字视为

---

① B. Stiegler, *What Makes Life Worth Living: On Pharmacology*, p.114.
② Ibid., pp.113-114.
③ Ibid., p.115.

毒药而言，斯蒂格勒所说的第二次悬置运动，就是将文字对于灵魂的毒性化解，从而将文字视为构成灵魂之前世记忆的今世的持留条件，即将文字视为灵魂之存在的条件，或者将文字视为灵魂本身。就像是将柏拉图对苏格拉底的书写视为苏格拉底本身一样，离开了柏拉图对苏格拉底的书写，我们实在不知道苏格拉底及其思想是什么样子的。

德里达所关注的广义替补（general supplement）①可以用来思考生成（becoming），但却无法用来思考生长（growing）；可以用来拆解药的毒性，但却无法用来说明药的药性，即，它无法说明一种毒药当其作为一种解药时该如何使用。人类及人类社会面对着各种需要解决的问题，尤其是现代社会面对着新技术之更新迭代日益加速所导致的各种困境，这些问题和困境需要新的思想形态来加以分析和解决。但是，显而易见，德里达的广义替补不仅缺乏思考人类与技术之关系的维度，而且也缺乏思考人类社会与技术体系之关系的维度。人类与技术之关系是斯蒂格勒的药学所关注的微观层面，在上面我们已经分析过。人类社会与技术体系之关系则是药学所关注的宏观层面。

所谓人类社会有不同的表达方式，可以是国家、文化共同体，也可以是民族、种族。人类社会构成了某种技术体系之产生的内在环境（interior milieu），它是"社会化的记忆、共同的过去，即所谓'文化'。这种记忆不是遗传的，它外在于个体生命肌体，由非

---

① "广义替补"这一概念并不是德里达本人的概念。笔者为了能够使德里达与斯蒂格勒之间的思想联系直观地展现出来，而将德里达的替补思想称为"广义替补"，将斯蒂格勒的技术哲学称为"狭义替补"。关于德里达的广义替补的进一步论述，可见本书第四章第六节"广义替补与狭义替补：文码化概念"。

动物性的团体化物质机制所承载。但是它的运行和进化又几乎近似于生物的环境"①。相对于人类社会的内在环境，也存在其外在环境（exterior milieu），即地理、气候和动植物等物质环境。但是外在环境对人类社会的影响只有放在地质时间单位中才能够真正表现出来；以人类社会的时间单位来观察外在环境的影响是没有实质作用的。②

从这种内在环境中生长出了某种"作为意向之代表和衍射之调节因素的子环境，这就是技术环境（technical milieu）"③。不同的内在环境所具有的技术环境也不一样，这就是不同国家之间技术水平发展不均衡的原因。但是，当全球因通信条件、交通条件的进步使得不同国家之间的联系日益密切之时，它们之间的技术环境也逐渐被纳入同一个技术体系之中，技术水平仍会不均衡，但技术环境已逐渐变得均质。技术环境会产生某种技术体系，这是在人类诞生之时就已经开始发生的事件，并且每一种技术体系都必然包含着自身的技术趋势。我们在此所讨论的技术趋势，仍然是勒鲁瓦-古兰所使用的那个概念。我们目前必须再次对技术趋势进行讨论，因为它是我们谈论斯蒂格勒的药学之宏观层面所必须涉及的问题。

技术趋势产生于作为内在环境的人类社会之种族群体（ethnic group）中，"技术趋势以技术物体的形式投射出去。技术趋势之整

---

① 斯蒂格勒：《技术与时间1：爱比米修斯的过失》，第65页。
② 但是，随着人类的技术活动逐渐地成为一种地质营力（geological agent），人类这一物种在地质时间单位内所产生的影响也逐渐明显。反过来，外在环境对人类活动的影响也会逐渐明显。这就是斯蒂格勒所说的人类进入人类世（anthropocene）即熵世（entropocene）所出现的显著现象。关于人类世与熵世的问题，我们会在后面进行论述。
③ 斯蒂格勒：《技术与时间1：爱比米修斯的过失》，第69页。

体就构成了一层膜（membrane）或者说是一层薄膜（film），通过这层膜，族群得以把握其外在环境，即通过其技术物体而吸收同化外在环境"①。从药学的微观层面上讲，技术对于人类首先是一味毒药，当技术形成一种宏观趋势时，其首先显现出来的仍然是相对于人类种族群体而言的毒性。因此，对于内在环境而言，技术趋势总意味着一种威胁。但内在环境能够将技术趋势的威胁即其毒性给吸收掉。因为，"内在环境是一种药学的环境，能忍受技术趋势的毒性和药性"②。内在环境之所以存在着能够化解技术趋势之毒性的药性，一个重要原因是技术趋势表达的不完整性。其原因，一方面是由于产生技术趋势的内在环境总是落后于它所产生的技术趋势；另一方面则是由于技术事件本身是具体的，它无法涵盖所有的技术趋势，技术事件往往并不能够将技术趋势表达完全。"技术事件总是技术趋势之特征和种族特征彼此妥协的结果。因而，内在环境有两个目录：一个是表面的，即技术事件；另一个是隐藏的，即技术趋势。技术事件以掩饰、延迟（deferring）和差异化（differentiating）的方式表达着技术趋势。"③于是，这种表达的不完整性就使得作为内在环境之子环境的技术环境孕育着与主流的技术趋势相对抗的对立趋势（counter-tendencies）。对立趋势虽然力量可能非常微弱，但它们不止一种。当主流的技术趋势对内在环境产生威胁时，这种威胁对于内在环境整体而言是一种毒性；但是对于内在环境中的某种对立趋势而言，威胁就可能是一种药性，对立趋势可以将这种威胁的力量吸收为自己的力量。"对立趋势能够使技术趋势发生'衍射'、偏斜，

---

① B. Stiegler, *For a New Critique of Political Economy*, p.109.
② Ibid., p.110.
③ Ibid., pp.110–111.

甚至扭转其方向，为的是确保构成内在环境的其他社会系统不被技术趋势所摧毁。"[1]如果技术趋势将其他的社会系统摧毁，技术体系本身也面临着崩溃的危机。因为技术趋势是作为内在环境的人类社会的一种表现形式，它将自身之存在的基础摧毁，技术体系也将无法存在。

在药学的宏观层面上，技术体系所表现出的趋势也仍然会造成人类社会或者某种具体的种族群体的双重中断悬置：第一次中断悬置表现出技术趋势的毒性，比如，在18世纪下半叶的工业革命中，劳动者对工厂中的机器的破坏就是此种毒性的表现；第二次中断悬置中，技术趋势的毒性会转变为药性，因为内在环境的滞后因素已经被当成毒素清除掉了，这时技术趋势的发展就表现为总体上的建设作用，即其药性。

技术体系与人类社会之间的关系被斯蒂格勒称为"互个性化"的关系。我们会在下一章仔细谈论个性化与互个性化的问题。本章无法对这些问题展开论述，因为缺少相应的铺垫。我们在此谈论的是药学在斯蒂格勒技术哲学中的方法论意义，即：微观上，在技术与人类的关系层面，技术首先显现为毒药，然后才显现为解药；宏观上，在技术体系与人类社会的关系层面，技术趋势也是首先显现为毒药，然后才显现为解药。这种药学的方法论意义为我们分析每一种技术对人类的影响指明方向，使我们不至于像人类中心主义者一样，既不能够很好地认识技术，又对技术这种力量忧心忡忡；也使我们不至于像技术中心主义者一样，洋洋得意，认为人类能够完全控制技术。斯蒂格勒的药学使我们在分析技术现象时既有了立足

---

① B. Stiegler, *For a New Critique of Political Economy*, p.111.

点，又有了方向性。但是，本节并不能够将斯蒂格勒之药学的全部意义阐发完毕。因为，这种药学毕竟只是一种方法论，它只有放在一种更广阔的视野内才能发挥其全部作用。

第四章　技术个性化与广义器官学

　　每一种技术都是一味药，这是斯蒂格勒对技术的基本看法。从此基本看法出发形成了斯蒂格勒的作为技术学的药学的视角。但是，这种作为技术学的药学毕竟只是理解技术现象的一种视角，只有将它放置于技术与人类之关系的广阔视野内来鸟瞰整个人类社会的文明状况，才能发挥其潜在的的方法论意义。当然，这样做的前提是形成一种关于人类与技术之关系整体的视野。在斯蒂格勒的技术哲学中，这种视野被称为"广义器官学"（general organology）。

　　我们在前面的论述中，已经或多或少地暗示出斯蒂格勒认为技术相对于人类躯体是什么的一个结论：技术是人类的躯体外器官（exosomatic organs）。这一结论由来的根源，从神话学上讲，在于爱比米修斯的过失所造成的人类先天缺乏本能的缺陷性起源；而从实证性的考古学和古人类学的意义上讲，则在于勒鲁瓦-古兰的外在化思想：人类的进化是使躯体记忆逐渐外在于躯体而进化的。"躯体记忆"这个概念，完全可以以躯体的"器官功能"概念来替换。因为躯体记忆主要是指躯体的一系列动作流程，而这种动作流程必然是从躯体器官生发而出的，所以，完全可以将躯体记忆等同于躯体器官功能。人类的这种进化模式就是斯蒂格勒所说的"后种系生成"

的进化模式，其意味着，人类之进化是与纯粹生命之进化的断裂。人类进化不再受限于封闭的基因记忆，而是依赖于外在于躯体的后种系生成记忆，也即技术和技术物体。技术与技术物体成了人类的躯体外器官，与人类之躯体器官（somatic organs）联合在一起共同构筑了人类的生命，这种生命是广义上的生命（life in general）。

　　但是，如果斯蒂格勒在自己的技术哲学中按照勒鲁瓦-古兰的外在化思想的逻辑进行推演，把外在化思想推演到尽头，他必然会得出一个勒鲁瓦-古兰已经推演出的观点：当人类发明出来的技术物体一步一步地接管人类的躯体器官功能时，这一外在化过程必然会导致技术架空人类、反噬人类的后果。一旦"人类成功地外在化大脑的所有运动，从人类直立姿势开始的大脑运动皮层区域的解放过程就会完成。除此之外，可以被想象的外在化过程，就剩下知性思维的外在化了。这一过程中所出现的机器不仅可以进行判断（这一阶段已经出现），而且能够被注入情感：偏袒、热情或者失望。一旦人类将自我繁殖的能力添加于机器身上，将不会有任何留给人类去做的事情……在未来一千年的时间中，人类会用尽其自我外化的所有可能性，进而会感到自旧石器时代就已拥有的古老的骨骼肌器官成了自身进化的障碍"①。人类机体官能的外在化过程最终则会导致技术架空人类的后果，人类的身体不仅成了自身进化的障碍，也同时会成为技术进化的障碍。这就是勒鲁瓦-古兰的外在化思想逻辑推演到尽头所出现的局面，这种思想的逻辑反过来使斯蒂格勒的技术哲学在处理现实技术问题时变得无效：既然技术终将架空人类，那么，现在针对技术问题的任何解决方案都将会是徒劳无功的。斯蒂格勒

---

① A. Leroi-Gourhan, *Gesture and Speech*, pp.248–249.

并不愿看到这种局面的出现，他必须在自己的技术哲学中建立新的支撑，或者吸纳新的思想，以预防外在化思想的逻辑所可能导致的困境。

对外在化思想吸纳的后果，斯蒂格勒可能在《技术与时间》第一卷中对大工业时代的技术体系进行论述时就已经意识到："在大工业时代，人并不是一系列分散的技术物体（机器）的意向性根源。更确切地说，人仅仅执行技术物体自身具备的'意向'。"[①]所谓的大工业时代，其主要的标志是以摆脱生物动力驱动为前提的机器的出现。机器的最初动力是蒸汽动力，然后是电气动力，现在是太阳能等新能源动力和核动力。"机器的诞生带来了技术和文化间的差距，因为人不再是'工具的持有者'。"[②]机器取代了人类之前在劳动中的位置，人类现在成了服务机器的工作人员。人类的这种新角色虽然不是机器的奴隶，但自大工业时代以来，人类在与技术之关系中角色的变化足以使斯蒂格勒思考外在化思想逻辑所可能导致的结局。因此，"为了调解文化和技术间的关系，必须澄清'机器持有工具'的含义，即这个命题相对于机器本身和人的位置的含义。我们的时代需要关于这种新型关系的思想，它自身明晰地体现出技术的积极性"。[③]对于斯蒂格勒的技术哲学而言，这种思想就是西蒙栋的个性化（individuation）[④]思想。"西蒙栋认为，现代技术的特性就是

---

① 斯蒂格勒：《技术与时间1：爱比米修斯的过失》，第76页。
② 同上，第78页。
③ 同上，第78页。
④ "individuation"一词通常的译法是"个体化"，但这样的翻译可能会将西蒙栋的哲学思想重新拉入形而上学的行列中。"个体化"的意思是"成为一个个体"，个体似乎是个体化的目的或终点。但在西蒙栋的哲学语境中，个体从来不是独立存在的，个体从来不是一个现实，它不会达到某种独立自主的平衡状态，它只是生成（becoming）过程中的某个相位（phase）。因此，与其将"individuation"译为"个体化"，不如将其译为"个性化"，后者更能表现出生成过程的动态和活性。

以机器为形式的技术个体的出现：在此以前，人持有工具，人本身是技术个体；而如今，机器成了工具的持有者——人已不再是技术个体；人或者是为机器服务，或者是组合机器：人和技术物体的关系发生了根本性的变化。"[①]因此，西蒙栋呼吁建立一种新的理论来解释人类与技术之关系所发生的变化。这种新理论就是西蒙栋所说的"机械学"（mechanology），而斯蒂格勒则更愿意称之为"技术学"（technology）。

斯蒂格勒吸纳西蒙栋的个性化思想，以牵制勒鲁瓦-古兰的外在化思想的逻辑。但斯蒂格勒并不仅仅复述了西蒙栋的个性化思想，他也在发展这一思想。因为西蒙栋并不认为技术物体能够个性化，他一贯强调只有生命有机体能够个性化，"他只谈论技术个体，而从不谈论技术个性化"[②]。因而，为了使个性化对外在化的技术物体的进化在逻辑上产生制衡，斯蒂格勒在自己的技术哲学中承认了技术物体如生命有机体一样也是能够个性化的。这样，个性化思想和外在化思想就构成了斯蒂格勒技术哲学的内在张力。每当斯蒂格勒产生以外在化思想为前提得出技术架空人类的结论之冲动时，个性化思想就会将这种冲动抵消。

西蒙栋的个性化思想直接导致了斯蒂格勒的广义器官学的诞生，因为个性化思想为斯蒂格勒思考人类个体、人类集体与技术个体、技术体系之间的关系开辟了广阔的视野。技术个体（technical individual）具有个性化的能力，它就可以与作为心理个体（psychic individual）的个人处于互个性化（trans-individuation）的转导关系

---

① 斯蒂格勒：《技术与时间1：爱比米修斯的过失》，第25页。
② B. Stiegler, B. Roberts, J. Gilbert et al., "Bernard Stiegler: 'A Rational Theory of Miracles: On Pharmacology and Transindividuation'", p.166.

（transductive relationships）之中。心理个体具有个性化的能力，而由不同的心理个体所形成的集体个体（collective individual）也具有个性化的能力。因此，处于互个性化之转导关系中的能够个性化的个体一共有三类，即心理个体、技术个体和集体个体。这三种个体必须被放在广义器官学的视野内来理解。对应于三种个体，拥有广义生命的人类的器官也相应地可以分为三类：躯体器官、技术器官和社会组织（social organization）①。人类躯体器官功能的外在化使躯体的部分官能消失了，但在这一过程中，躯体器官又获得了新的功能。而由于技术承载了人类的部分器官功能，在斯蒂格勒看来，技术也就成了技术器官。承载骨骼功能和肌肉官能的武器，以及承载神经官能和意识官能的文献和数码设备，会在运作的过程中形成彼此内部协调一致的制度、风俗、律法等组织系统。技术器官与社会组织都是后种系生成的载体，共同构成了人类的躯体外器官。从技术的角度对躯体器官、技术器官和社会组织这三重器官系统之间功能化、去功能化和再功能化的稳定与冲突的研究，就是一种广义器官学。②

在广义器官系统中，这三重器官的功能都一直处于形变（transformation）过程中。这也就是斯蒂格勒所谓的器官的去功能

---

① "organization" 一词，就其字面意思而言，可以直接翻译为"器官化"。笔者考虑到 "organization" 一词通常被翻译为"组织"，且"组织"与"器官"都属于生物学的术语，将 "social organization" 译为"社会组织"仍然能够明显表明其与"躯体器官"和"技术器官"之间生物学术语上的联系，因此，仍旧采用通常译法。B. Stiegler, *For a New Critique of Political Economy*, p.34.

② 广义器官学概念并不是斯蒂格勒本人提出的。这一概念的提出者是法国哲学家和内科医生乔治·康吉莱姆（Georges Canguilhem，1904—1995年）。这一概念的出处见康吉莱姆的《生命的知识》（*Knowledge of Life*）一书（New York: Fordham University Press, 2008）中的第四篇论文 "Machine and Organism"。不过，康吉莱姆只是建议发展一种广义器官学理论，他本人并没有发展这种理论。广义器官学之成为一种有效的从技术角度来解释社会中各种问题的理论，其主要贡献应归于斯蒂格勒。

化（de-functionalization）和再功能化（re-functionalization）。器官功能形变的原因，在根本上仍然是由于人类的后种系生成的进化模式。从这种进化模式的神话学意义中可以得出的结论是：人类缺少先天的本能。所谓本能，对于动物而言可以分为两种：一种为生存本能，如大型猫科动物的捕猎本领；另一种则为繁衍本能，如几乎每一种动物都具有的固定发情期，以便其可以有效地繁衍下一代。而这两种本能，人类都是缺乏的。为了弥补这种缺乏，外在的技术就成了对人类之生存本能的替补，而内在的欲望则是对人类之繁衍本能的替补。生存与繁衍这两种本能是相辅相成的，没有了生存也就无所谓繁衍，而没有了繁衍也就无所谓生存：生存就是繁衍，繁衍就是生存。那么，技术与欲望是对人类之所谓的生存与繁衍本能的替补，这样一来，人类的躯体器官就不会有固定的功能。人类化进程的开端正是从南方古猿的脚与手的功能形变开始的，人类化进程的发展也必将是躯体的各种器官功能不断发生形变的过程。躯体器官的功能形变也必将是躯体外器官（技术器官和社会组织）的功能发生形变的过程，其表现为：各种新型的技术和技术物体被发明出来，以及社会的道德风俗、律法制度等固定状态发生变化。因为这三重器官系统是处于转导关系之中的。

在广义器官系统发生功能形变的过程中，欲望的形态也会发生变化。在弗洛伊德的精神分析理论中，文明的起源是对欲望的压抑。但是在斯蒂格勒看来，相对于动物的本能，欲望是人类特有的。欲望之出现本身就是躯体器官去功能化的结果，欲望本身就携带有技术的替补性，即代具性。"弗洛伊德认为，人类身体的生理器官将会……永不停息地在力比多经济的系谱中发生形变……但是他却忽视了生理器官与代具的关系。这种关系是……人类身体之直立的根本后果。"[1]尽管弗洛伊德已经认识到，性欲并不限于固定的器官，但他仍然将性欲视为一种形态固定的欲望，因而认为，任何对欲望之固定通路的修改都是对欲望的压抑。但是，"身体的器官学系统只有与代具的器官学系统和社会器官学系统一起才能够存在，而弗洛伊德忽视了这三重器官学"[2]。因此，他只认识到文明[3]对欲望的压抑，却没有认识到文明对欲望的重新疏导。在本章中，我们将通过对弗洛伊德欲望思想的批判来建立斯蒂格勒技术哲学中的欲望系谱学和力比多经济学。这同时也是为后面论述斯蒂格勒对消费主义这种力比多经济学的批判做铺垫。

不过，所有这一切论述首先都要求我们对技术物体做出分类。只有知道了技术物体的分类，我们才能知道技术个体的准确定义，进而才能理解技术物体的个性化，以及其与心理个体和集体个体之个性化的关系。这样将广义器官学的视野建立之后，我们才能在此视野中分析器官及其功能的形变、欲望与力比多，以及广义器官学的文码化历史。

一 技术物体的存在方式

斯蒂格勒对技术物体的分类依据的是西蒙栋在《论技术物体的存在方式》（*On the Mode of Existence of Technical Objects*）一书中所做出的划分。西蒙栋并不是一位形而上学家，他的主要思想即个性化思想正是在对抗本质论的形而上学。然而，西蒙栋广为人知

---

[1] B. Stiegler, *Symbolic Misery, 2: The Catastrophe of the Sensible*, p.140.
[2] Ibid., p.141.
[3] 文明的实质就是第三持留。

的思想却是他的技术思想。其主要原因在于，当西蒙栋于1958年以《基于形式与信息概念的个性化》(*Individuation in the Light of the Notions of Form and Information*)获得其博士学位后，他并没有着手出版这本学位论文，而是另外写了《论技术物体的存在方式》一书作为其学位论文的副论文，对个性化思想做了更为简明的阐述。[1]这本书在当时迅速产生了广泛的影响。而其学位论文则被分为两个部分，分别于1964和1989年出版。[2]

　　在西蒙栋看来，技术物体的进化与动物个体的进化是不一样的。动物的胚胎中已经蕴含着其成熟个体所具有的所有特征，即便是不同动物的胚胎（比如人类与鱼类的胚胎）在初始阶段没有什么差别，但人类的胚胎最后一定会发育为直立行走的人，而绝不会发育成在水中用鳃呼吸的鱼。使动物的胚胎发育成熟，只需要在其发育过程中及时补充胚胎所需的营养物质。动物的发育并不是先独立生长出各种器官，然后这些器官再聚合成一个生命体；动物生来就已经是具体化（concretization）的，它不需要后天再在其生命机体中添加任何器官功能。所谓具体化过程，"就是把各种不同的功能浓缩进一个单一有效的结构中"[3]。而技术物体的进化恰恰与动物个体的进化相

---

① 许煜：《西蒙东的技术思想——第一节：技术物的进化》，http://caa-ins.org/archives/1596，发表日期：2017-04-18，引用日期：2017-10-23。

② 西蒙栋的博士学位论文被分为两部分，分别以 "The Individual and Its Physico-biological Genesis"（1964）和 "Psychic and Collective Individuation"（1989）为题出版。这两本书的出版前后相隔25年之久，直到2005年，西蒙栋学位论文的完整版才得以出版。西蒙栋生前并没有像最近二十多年这么有名，国内学术界尚无对西蒙栋的深入研究。西蒙栋最近之所以获得如此大的声誉，主要原因在于吉尔·德勒兹（1925—1995年）对其思想的解读，尤其是近年来斯蒂格勒对其思想著作的深度引用。从2015年开始，斯蒂格勒教授几乎每年都会来国内讲学，他每一次都要涉及西蒙栋的技术哲学，这也使得西蒙栋在国内逐渐为人所知。西蒙栋为我们留下了丰厚的技术哲学遗产，他所使用的如"个性化""互个性化""具体化"等技术哲学的概念已经成为我们分析现代技术现象有力的概念武器。

③ A. Vaccari, B. Barnet, "Prolegomena to a Future Robot History: Stiegler, Epiphylogenesis and Technical Evolution", p.6.

反。从南方古猿时代的燧石开始，技术物体之诞生就是以人类躯体外的某种零散的器官的形式出现的，但这种所谓的器官只有在被人类所使用时才可以被称为器官；如果某种技术物体被人类所抛弃，它就成为仍然是和石头一样的惰性物质。即便是一种刚刚被发明出来的技术物体，比如马达，它也不是一种像动物个体一样已经具体化的东西，它需要技术趋势将其与别的作为人类躯体外器官的技术物体整合在一起，即它需要像动物个体一样被具体化。即，动物个体是已经具体化（concretized）的，而技术物体则是趋向于具体化（concretizing）的：前者的具体化是完成时，后者的具体化是将来时。正是在此意义上，西蒙栋将技术物体分为三类。

这三类技术物体是在人类进化的过程中逐步出现的，在人类化的初始阶段出现的技术物体被西蒙栋命名为"技术元素"（technical elements），它也就是我们所统称的"工具"。南方古猿时代的燧石就是一种技术元素，它是人类骨骼器官功能外在化的表现，它成了对人类的骨骼功能进行替补的躯体外器官。之后出现的锤子、弓箭、犁耙、刀剑等同样是技术元素。它们与燧石的不同在于，后者与人类躯体的连接对躯体的磨损度更小，它们与躯体之间的联系更像骨骼与肌肉通过关节相联系那样紧密和自然。技术元素在人类化的任何阶段都会产生，其原因在于，它一方面要适应躯体器官功能的变化；另一方面更主要的是，它要适应技术环境的变化。技术环境的变化会改变技术与人类的连接模式，这些像零件一样的技术元素也必须根据这种模式适时发生变化。

第二类技术物体被西蒙栋命名为"技术个体"（technical individuals）。这种技术物体可以分为两类：人类与机器。在西蒙栋看来，技术个体能够将各种不同的技术元素聚合起来，即将各种工具聚合起来，并成为工具的承载者（tool carrier）和使用者（tool user）。以这种思路来看，人类就是一种天然的工具承载者和使用者，因为人类始终是工具的发明者，并无时无刻不在使用着工具。但是随着机器的出现，人类这种技术个体的地位便逐渐被同样作为技术个体的机器所取代。"西蒙栋认为，在机器出现之前，人类是工具的承载者，并作为技术个体存在。但在现代工业时代，机器成了工具的承载者，人类不再是技术个体；人类或者成为机器的奴隶，即工人，或者成为机器的装配工，即工程师或管控者。"[1]人类之作为技术个体的地位被机器所取代，正是开始于18世纪下半叶的第一次工业革命时代。工业革命与其之前人类社会中出现的技术革命事件（如农业技术革命和书写技术革命等）的根本不同之处在于技术个体的变化。"在工业革命之前，不是机器代替了人，而是人顶了机器的空缺。然而作为一种工具的持有者，机器的出现也就意味着一种新的技术个体的出现。它不仅剥夺了人的技术个体的资格，而且也剥夺了它的使用权。"[2]

这种状况正是马克思在《1844年经济学哲学手稿》中所说的"人的异化"现象。人作为劳动者在进入工厂之前，可以通过自身所掌握的各种生产技能来进行日常的劳动，他们掌握着使用工具的技能（skills）。但工业化生产使劳动者远离自己的日常生活状态，成了流水线上的一种自动化工具，因此被异化了。然而，西蒙栋并不认为，工业化大生产中机器的使用是对人的异化。因为与使用机器相比，人使用锤子这些技术元素来处理自身的日常生活，这些技术元素成了劳动者身体姿势和手势的一部分；但当他们进入工厂之后，

---

[1] B. Stiegler, *Symbolic Misery, 1: The Hyper-Industrial Epoch*, p.48.
[2] 斯蒂格勒：《技术与时间1：爱比米修斯的过失》，第77页。

他们面对的是机器这样的技术个体，他们之前所形成的自动化的姿势与手势的流程必然与机器不相适应。但是，这种不适应并不是机器使人的本质出现了异化，而只是机器这种技术个体取代了人这种技术个体，"机器之所以能够替代人，是因为人类作为工具的承载者曾经占据了机器的位置"①。人类只是在被机器取代自身技术个体之地位时显现出不适应。这种不适应是斯蒂格勒的药学所说的，当一种新的技术物体作为药出现时，它首先表现出的是毒性，是药对原有技术环境的第一次悬置。随着机器作为技术个体普遍地被人类社会的日常形态所接纳，机器的毒性最终必然会转变为药性，第一次悬置必然会转变为第二次悬置。事实上，我们目前正处在一个机器无所不在的时代，我们离开了机器反倒会变得不适应。

机器是人类化进程中出现的另一种作为技术元素承载者的技术个体。机器虽然与人类一样都是技术个体，但是，我们绝不可以将机器等同于人类，或者认为机器的未来发展方向是要取代人类成为地球的主宰。机器不会取代人类，因为人类是机器之生存环境中的必要和先决条件。正如技术是人类的本质和存在方式一样，作为技术的机器，只是人类化之某一阶段所表现出的人类之本质形式和存在方式。那么，该如何理解机器？我们可以依循前面对技术的分析所获得的一些结论。

技术是人类之躯体器官功能外在化的产物，那么，机器也是这种功能外在化的产物。但这种产物是建立在技术元素这种外在化的、承载躯体器官功能的技术物体的基础之上的。技术元素所承载的是骨骼和肌肉等躯体器官的记忆，即它们在活动过程中连续的流程。

---

① G. Simondon, *On the Mode of Existence of Technical Objects*, p.16.

技术元素是这些连续之流程的固定化表现。当技术元素被人类这种技术个体聚合起来之后，人类必须采用固定的姿势来使用这些技术元素，比如，使用锤子时捶打的姿势，使用刀具时切割的姿势。当机器取代人类之技术个体的地位时，机器就同样是"通过固定并具体化人类的姿势而起作用"[①]。因此，机器是对人类躯体之姿势固定化的技术物体。就此而言，以畜力为动力的马车就不属于机器。因为，马车在运动过程中有动物机体的运动姿势，并且这种马车一旦离开畜力，就根本无法运动，它自身不具备自身所需要的动力。因此，马车并不是单纯的有机化的无机物，而是有机物与有机化的无机物的组合物。真正的机器诞生于18世纪，即摆脱了畜力动力而能够自身生产动力的蒸汽机，蒸汽机的组成物质完全是惰性物体，但蒸汽机本身是有机化的无机物体。

从蒸汽机开始，机器的动力不断发生着变化，从蒸汽到电气，再到核动力。而且，从蒸汽机车到电动机车，从辊筒打字机到电子打字机，从移动电话到智能手机，不仅一台机器所承载的工具功能越来越多，而且机器的种类也越来越多。机器似乎正在向某种更加独立于人类意志的方向发展，然而，机器无论如何不可能摆脱人类的意志。虽然对于机器来说，其最终进化目的是要实现其自动化（autonomation），但这并非是说所有的机器都是要向自动化方向发展。类似于涡轮机和马达这样的机器，它们无法脱离自身所在的地理环境：涡轮机可能离不开气流，马达可能离不开水流。而且，自动化在根本上意味着，所有的机器都需要受到其技术环境的限制。只要机器处在技术环境中，就意味着机器始终是处在与人类之关系

[①] D. Scott, *Gilbert Simondon's Psychic and Collective Individuation, A Critical Introduction and Guide*, Edinburgh: Edinburgh University Press, 2014, p.1.

中的。因为，技术环境是内在环境的一个子系统，而内在环境则是人类的后种系生成之社会化的记忆。

机器之进化的动力本来来源于人类与构成技术的物质之间的耦合，这种动力虽然不由人类所决定，但是它依赖于人类之死亡的超前性。而这种动力在技术物体上的表现就是技术物体的具体化趋势，从技术元素到将各种技术元素聚合起来的技术个体是这种具体化趋势的表现形式之一。"具体化的动力就是在自我适应中的形态生成运动，是一系列器官的多重功能决定性实现的聚合，这些器官一旦彼此分割，就难以考察。在物体生成的有机化过程中，这些器官的运行越来越整体化。"[①]但技术物体具体化的程度并不是以自动化程度之高低来判断的。自动化是判断机器之完美程度的标准，而不是判断技术物体之具体化程度的标准。机器的自动化功能完全是人类添加在机器之上的，因而，自动化的机器是人类发明的产物，它体现出的是人类的意志。但是，技术物体的具体化并不是人类意志的体现，或者我们谨慎一点说，具体化在很大程度上不是人类意志的体现。"在具体化趋势中，产生工业技术物体的是有机化的物质，也即技术物体本身和它构成的制约体系。这个体系通过极限效应和不同力量的组合，每一次都发放出新的可能性。"[②]人类的发明家在这个过程中只起到催化作用。发明家可以在实验室里面设计出自动化程度很高的机器，但这种实验室里的产物并不一定是具体化趋势的体现。自动化的机器是否符合具体化趋势，只有将其从实验室环境中拿出来，放到外界的技术环境中，才能真正检测出来。"这就是为什么现存的技术物体从来不是彻底具体化的，它们从来不是被人类有意识地从

[①]　斯蒂格勒：《技术与时间1：爱比米修斯的过失》，第81页。
[②]　同上，第85页。

具体化'逻辑'中构造和实现出来的。这种'逻辑'严格说来，是经验的和试验性的，并且从一种准存在意义（技术物体的存在方式）上来说，这种具体化的逻辑只有在其实现之后，只有在技术物体自身的经验中，才能够被揭示出来；或者可以说，是在过程中，而不是在概念中，才能够被揭示出来。"[1]

人类的发明意图有时候不仅不能够揭示具体化趋势，反倒有可能掩盖这种趋势。在人类社会中，政府常常出于维护社会稳定的目的，而不断推迟使用某种新技术。因为这种新技术一旦大规模投入使用，就会导致与之相应的旧技术的工作人员被清除出工作岗位。在19世纪的中后叶，随着西方机器缫丝技术传入中国江南地区，当地的许多传统手工缫丝作坊面临倒闭的危险。当地的官员和一些民族企业家出于民生和社会稳定的考虑，不断打压机器缫丝技术在当地的使用和传播。各种技术元素聚合在一起而形成机器，进而机器这种技术个体取代人类作为技术个体的位置，这是具体化的必然趋势。虽然当地官员和民族企业家能够暂时避免那些手工业者免于破产，但这种人为的意志违背了技术之具体化趋势。手工缫丝根本无法与机器缫丝相抗衡，这些手工业者最终还是破产了。"轻微的改善在掩盖技术发展的间断性的同时，抹煞了技术物体的动力的深层意义。"[2]机器取代人工的状况在最近几年表现得越来越突出，不仅一些在旧的流水线上作业的工人逐渐地被机器所取代，而且现在一些新的工作岗位自其诞生之始就完全在机器的运作下开展生产——它们在诞生之前就已经具备了完全取代人工的条件。

"技术物体的存在意义不仅在于'它的机能在外界机置中产生

---

[1]　B. Stiegler, *Technics and Time, 1: The Fault of Epimetheus*, pp.75–76.
[2]　斯蒂格勒：《技术与时间1：爱比米修斯的过失》，第87页。

的结果'，而且也在于它所载有的、使它获得'后代'的'未饱和'现象的'生殖性'。……具体化的过程就是定义物体的复合现象逐渐'饱和'的过程。"① 因此，将各种技术元素聚合起来而形成的技术个体并不是技术之具体化趋势的终端，机器只能说是具体化趋势中所出现的某种组织，它尚未形成系统。具体化仍然会在机器这里向前发展，形成新的技术物体。这种新的技术物体就是被西蒙栋称为"技术整体"（technical ensembles）的东西，也即他所说的第三种技术物体。几种拥有不同功能的机器可以组合在一起构成一种技术整体，如最近几年频繁出现的全自动化的无人车间就是这种技术整体。但是，能够构成这种技术整体的并不仅仅是机器，技术整体也需要技术元素。全自动化的无人车间里面一定会需要某些独立的工具，以保持不同机器之间的连接。因为，"在西蒙栋所说的'技术整体'中，一个技术物体只有在与其他技术物体处在一起时才能存在"②。

一台在高速公路上奔驰的汽车、一架在空中飞行的商用飞机以及一艘航行在浩瀚大海中的邮轮，都是一种技术整体。技术整体能够建立一种使自身保持独立运行的独特环境，在其中，技术物体能够暂时摆脱内在环境（社会化记忆）和外在环境（地理环境、气候环境）对它的束缚。技术整体可以相对独立地从外部世界中引入负熵（negentropy），有效地清除其自身环境中产生的熵（entropy）。这种环境就好像技术整体所建立的独立于内在环境和外在环境的第三种环境，"在这个环境中，技术物体'变得越来越近似于自然物体。起初，这种物体需要一个外在的调节因素：实验室、车间或工厂；渐渐地［……］它摆脱了对这种人为环境的依赖'。正如生物不

---

① 斯蒂格勒：《技术与时间 1：爱比米修斯的过失》，第 87 页。
② B. Stiegler, *Symbolic Misery, 1: The Hyper-Industrial Epoch*, p.51.

仅限于它们的物理化学成分一样，技术物体也超出构造其存在的科学原则的总和"①。第三种环境虽然是独立的，但它不是封闭的；第三种环境既是自然的环境，也是技术的环境。这第三种环境被西蒙栋命名为"联合环境"（associated milieu）。"技术物体以联合环境为条件，在其中运行。联合环境不是人工制造的环境，至少不全是如此。联合环境是由技术物体包围的自然元素所形成的具体系统……联合环境是人造技术元素和自然元素之关系的协调者。"②在铁路上的高速列车通过电力牵引而在铁轨上运行，它是在技术环境中运行的，因为铁路网络是一种技术环境，并且在此环境中，电能被转换为列车运行所需要的机械能；同时，列车也是在自然环境中运行的，因为列车的性能和铁轨的铺设必须使其符合列车运行轨迹的地理环境和气候环境，列车可能要穿越高原和丘陵，也可能要穿越隧道和海洋，而且这些地区的气象条件可能是多变的。"换言之，这里的'自然'环境本身被整合，……物体并不简单地将技术环境和地理环境堆砌，它和人类活动一样，创造自己特有的环境——联合环境超出地理和技术两种环境的总和。"③

自从大工业时代的机器这种新的技术个体诞生以来，由机器所构成的各种技术整体就不断地涌现。这就意味着，各种不同的联合环境的逐渐出现，进而形成越来越强大的力量，足以改变人类在大工业时代之前的两千多年中所形成的文化环境。文化环境是人类在旧的技术动力下经年累月所营造的环境，这种旧的技术动力包括人力、畜力等动物机体驱力。在这个时代中，人类还是作为技术个体

---

① 斯蒂格勒：《技术与时间1：爱比米修斯的过失》，第87—88页。
② G. Simondon, *On the Mode of Existence of Technical Objects*, p.49.
③ 斯蒂格勒：《技术与时间1：爱比米修斯的过失》，第90页。

的工具承载者。但是，"机器的诞生带来了技术和文化间的差距，因为人不再是'工具的持有者'。……技术在我们这个时代已成为一种调节因素，而调节的功能正是文化之本"①。文化环境实际上是人类社会旧技术动力下所形成的人类环境与自然环境之间的联合环境，但随着文化环境被新技术动力和新类型的技术物体所营造的联合环境取代，文化的调节功能也就逐渐地丧失了。"在当代技术和文化之间之所以存在着差距，是因为文化没有能够吸收技术物体带来的新的动力，这就造成了'技术体系'和'其他体系'之间的不协调。'现有的文化是古老的文化，它的动力模式来自古代的手工业和农业技术状态。'"②"文化体系"落后于"技术体系"，这个从内在环境中生长出来的子环境正在试图渗透进内化环境的各个角落，稀释内在环境的作用，并逐渐取代内在环境。

技术环境"成为以世界化技术为本的外在环境……这种技术化的外在环境首先体现为媒体外界：电讯、电视、无线电传播、电脑联网，等等。这些媒体缩短了空间的距离和时间的期限。技术化的外在环境也体现为全球性的工业生产体系"③。文化的功能似乎已经被技术所取代，但这并不意味着文化与技术之间存在着根本的冲突。在斯蒂格勒技术哲学的逻辑中，文化属于第三持留，它是后种系生成的载体，因而也就是技术的产物。并不是说，在技术面前文化必然要消失；而是说，文化必须将新的技术物体吸纳进自己的环境中，以便形成适合这些技术物体之存在的新的联合环境。新的技术物体和联合环境在我们所生活的这个时代不断地产生，它们首先是作为

---

① 斯蒂格勒：《技术与时间 1：爱比米修斯的过失》，第 78 页。
② 同上，第 76 页。
③ 同上，第 71 页。

新药和新的药学环境而出现的，必然先释放出毒性。它们的毒性首先使得我们的传统文化显得越来越陈旧落后，不过，我们仍然得需要依靠这些药营造出健康的药学环境。

由于我们人类依赖技术而生存，是技术的存在者，因此，我们当前时代的状况在根本上依然是由技术之具体化趋势形成的。这种具体化趋势最后会变成什么样，西蒙栋并没有给出明确的答案，或者他也无法设想这种答案是什么。西蒙栋区分了三种技术物体，在其中，技术元素的具体化形成了技术个体，技术个体以及技术元素的具体化又形成了技术整体。技术整体的具体化会不会形成新的技术物体呢？这种新的技术物体会不会将内在环境和外在环境全部吸纳，进而形成无所不包的统一的地球环境呢？如果这一情形到来了，会不会就是技术具体化的极限，也即人类化的极限呢？我们可以从具体化趋势出发来设想这种极限，并且设想人类应对这种极限的对策。但是，正如在人类社会中所出现的其他状况一样，极限真正到来时反倒无法预测。具体化实则意味着一体化（unification），"这个一体化运动并不是一种人为地根据各功能的构思制造物体的活动，它服从通常不可预测的协调必然性"①。但是，这种一体化运动永远不可能将人类从其进程中剔除出去。因为，人类与技术物体处于互个性化关系中。

二 技术物体的个性化

西蒙栋的个性化思想是在现象学与结构主义冲突的背景下衍生

---

① 斯蒂格勒：《技术与时间1：爱比米修斯的过失》，第84—85页。

出的一种思想。这种思想要处理的正是个体或者说存在者的发生（genesis）问题。因为西蒙栋认为现象学和结构主义都没有处理好这一问题。

"现象学以开启认识论空间为其目标，以使我们可以获得通往'超验主体'的途径"①，通过把日常世界放入括号之中的现象学悬置，迫使理论理解回到现象的现实。于是，现象发生的问题成了现象学的中心问题：事物怎样在世界中作为经验的意识获得其在场。"对于胡塞尔来说，这一问题将会使其发展出一种发生现象学以去描述'无处不在的发生'。"②然而，在胡塞尔看来，发生现象学只是通往超验现象学的预备步伐。因为，"现象学的发生问题只有在超验的层次上才是可以思考的"③。可是，对超验世界的体验必须依赖于作为主体的个体，即便不去讨论超验世界存在与否，通过个体的存在去说明无处不在的发生，实则就是"把个体作为其假设的发生分析的出发点，而承认个体在认识论上的特权"④。但现象学却无法解释个体的发生，或者说有意地无视个体的发生。

而在西蒙栋看来，结构主义同样无法把发生问题解释清楚。"结构主义产生于20世纪40年代末期和50年代初期，是对存在主义的回应。存在主义作为主体性和主体的哲学，是德国现象学在法国的扩展。"⑤存在主义的源头在海德格尔，这种思想为了对抗上帝死后的虚无，而树立起了一个强大的此在。存在主义强调人的主动性和

---

① D. Scott, *Gilbert Simondon's Psychic and Collective Individuation, A Critical Introduction and Guide*, p.8.
② Ibid., p.8.
③ Ibid., p.8.
④ Ibid., p.11.
⑤ Ibid., p.9.

自由性，它呼吁人们对抗体制和制度，无视组织与结构，以获得他们想要的所谓的"自由"。而结构主义恰恰与存在主义相反。然而，无论是存在主义还是结构主义，都易于走向其自身内在逻辑的极端。"结构主义认为自己是唯一的科学，所有的科学本质上都是结构的。"①它的出发点并不在于个体，而在于系统的结构，它强调结构对个体的行为的决定作用，认为个体的意义正是结构给予的。结构主义认为无论系统的功能如何变化，其结构整体都是相对稳定的。结构主义"相信人类的生活现象只有通过它们之间的相互关系才可以理解。这些关系构成了一种结构，在局部变化的表面现象背后，是抽象文化的恒定规律"②。对于一个陌生民族的风俗、伦理、神话的研究，可以参考对于一个已熟知的民族的风俗、伦理、神话的研究成果。因为就其都是民族而言，它们可能有着相同的结构。可是，"结构主义无力去思考结构的可变换性、新结构的发明等问题，也就是说，结构主义无力解释结构之发生的问题"③。

西蒙栋认为，要解释发生的问题必须从个体的发生过程入手。"我们应该通过个性化去理解个体，而不是从个体开始去理解个性化。"④个性化是个体之存在的前提，个体本身就意味着个性化的个体。在西蒙栋看来，个体处在永恒的个性化过程中，个性化过程就是个体的发生过程。个体虽然可以被生成，但个体从来不是与其环境切断联系而孤立存在的。"它依赖其环境而存在，每一个个体都

① D. Scott, *Gilbert Simondon's Psychic and Collective Individuation, A Critical Introduction and Guide*, p.10.
② S. Blackburn, *Oxford Dictionary of Philosophy, 2nd Edition*, Oxford: Oxford University Press, 2008, p.365.
③ D. Scott, *Gilbert Simondon's Psychic and Collective Individuation, A Critical Introduction and Guide*, p.10.
④ Ibid., p.5.

只是一个主要的个性化过程的次级表现。"[①] 个体就像在生命的洪流中不断地生成的一个又一个的气泡或旋涡，随着生命洪流的涌动偶然出现又旋即破灭，个体就处在生命这种个性化的"亚稳定状态"（metastability）中。对于这种亚稳定状态而言，个体既是其个性化的结果，又构成了新的个体生成的"前个性化环境"（pre-individuated milieu）。[②] 但是，西蒙栋并不认为所有的物体都处在个性化的环境之中，也不认为所有的物体都可以被称为个体，比如结晶的珊瑚和动物的尸体。动物的死亡迅速导致其生命体的解体，动物生命体作为有机环境在此时已完全封闭，其与外部环境失去了信息交换的能力：它只能向外部散发热量，而不能够从外界吸收能量。死亡的机体成为熵不断增大的封闭系统，失去了个性化的能力，被排除在个性化过程之外。同时，动物尸体处于稳定的状态下，因而也不再是个体。亚稳定状态之所以是前个性化环境，是因为在这种环境中不断地进行着个体与个体之间的信息交换，信息的交换有助于负熵的产生，避免系统达到绝对稳定平衡。在此意义上，个性化就是通过信息交换而生产负熵的过程。因此，西蒙栋把个体之间的信息交换称为"互个性化"。由于个体处在永恒的个性化过程中，个体既构成了个性化过程，它本身又处在与别的个体互个性化的亚稳定状态中，因而，个性化过程也就是互个性化过程。那么，西蒙栋是否认为，技术物体与人类个体之间处于互个性化的关系中呢？

西蒙栋谈论了两类对人类的生存具有构成性意义的个体，即

① D. Scott, *Gilbert Simondon's Psychic and Collective Individuation, A Critical Introduction and Guide*, p.7.
② Ibid., pp.35–39.

"心理个体"（psychic individual）和"集体个体"（collective individual）。① 心理个体构成了独立的人格，这种人格"只能够通过集体个体的个性，并与之一起，构成心理—集体的互个性化过程，才能被个性化"②。而集体个体既是心理个体的承载者，也依赖于与心理个体的互个性化而实现自身的个性化。集体个体是因群体的共同记忆而通过想象生成的共同体，它通过心理个体之间共同认同的节日、仪式、纪念物等第三持留设备而维系。这种持留设备一旦被破坏，集体个体就面临着分解的危险。由此，人们对节日、仪式、纪念物等文化的保护，就是对集体个体和集体认同的保护。对于西蒙栋来说，集体个体和心理个体一样都是能够个性化的，其个性化的成果是不同人类社会群体的不同文化传统、精神面貌、风俗习惯和制度律法，等等。因此，集体个体是在与心理个体的信息交换的互个性化过程中存在的。集体个体和心理个体这两种个体的个性化过程共同构成了人类的生存。然而，在斯蒂格勒看来，只有这两种形式的个体完全不足以解释人类的生存，这两种个体之存在还必须依赖于第三种个体之存在，就像第三种个体依赖前两种个体一样。这第三种个体就是西蒙栋所说的"技术个体"。

西蒙栋对技术物体的论述，以及他之所以被称为一位技术哲学家，主要是由于他的《论技术物体的存在方式》一书，这本书是西蒙栋个性化思想的具体表现。而西蒙栋之所以选择技术物体为其个性化思想做阐述，原因在于，西蒙栋认为，自18世纪的工业革命以来，机器等技术物体越来越成为人类心理个性化和集体个体化的重

① 集体在其完整不可分割（in-dividual）的意义上也是个体（individual）。西蒙栋所谈论的个体是相对于个性化而言的，而不是相对于赋予个体以形式（form）的材料而言的。

② P. Lemmens, "Bernard Stiegler on Agricultural Innovation", p.112.

要影响因素。而人们一般的观点则是认为，"文化成了一种旨在避免人类遭受技术侵袭的防卫体系。这种结论是建立在这一假设之上的：技术物体没有包含人类的现实（human reality）。不过，我们将会表明，文化未能考虑到，在技术的现实中有着人类的现实。如果文化认识到这一点，那么，它必须与技术达成一致，让技术作为构成其自身的知识和价值的一部分"①。然而，目前的人类文化或者说人们持有的文化观，对技术物体仍有两种敌视的态度：一种是把技术物体看作物质的集合，是以人类的目的为目的的工具，其仅仅具有使用价值，这是一种工具主义的技术观；另一种则是把技术物体看作隐藏着对人类的敌对意识、正在逐步进化的机器。这种技术观实则只看到了作为技术物体的机器，而没有看到另外两种技术物体，或者说，它只是以机器为模板来理解所有的技术物体。这两种对技术的敌视态度在根本上都是一种人类中心主义的技术观，它们都把技术物体排除在对人类的生存具有构成意义的心理个性化和集体个性化过程之外。这种对待技术的态度构成了当今世界最强有力的异化现象。"今天的世界中，最强有力的异化并不是由机器引起的，而是由对机器的错误理解引起的，是由未能理解机器的本性与本质而引起的，由机器从意义世界中的缺席、由文化完整的概念和价值表上对机器的忽视而引起的。"②所以，西蒙栋主张重新解释技术物体的存在方式。"技术的发展似乎是世界之稳定的保障。机器作为技术元素③被融合进技术整体之中，从而成了增加信息量、提升负熵和对抗能

---

① G. Simondon, *On the Mode of Existence of Technical Objects*, p.11.
② Ibid., p.11.
③ 相对于技术整体而言，机器就是这种整体的元素。在此意义上，西蒙栋说机器是技术整体的技术元素。

量衰退的积极单位。机器是信息和组织化的结果，它类似于生命体，并与生命体协作以对抗无序……机器是对抗宇宙之死亡的某种东西，它就像生命体在做的事情一样，延缓能量的衰退，并成为世界的稳定器。"[①] 西蒙栋承认技术物体如机器是可以自主运行的，甚至是可以完全自动化的，正如现在已经被发明出来的无人驾驶汽车所代表的技术发明倾向一样。然而，西蒙栋并不承认技术物体像心理个体和集体个体一样能够自主个性化。[②]

在西蒙栋看来，自动化并不是个性化，"自动化是一种相当低的机器完美程度的评价标准。因为为了机器的自动化，将会使机器失去很多功能和用途。自动化有经济和社会意义，而没有技术意义"[③]。机器的完全自动化，意味着机器将会作为独立的系统完全封闭起来，而不能与外界进行信息的交换，因而也就不能形成与外界信息交换的个性化过程和互个性化过程。"机器的真正完美性在于机器运行中隐藏的某种程度的不确定性。正是这种不确定性允许机器对外部信息保持敏感。"[④] 可是，要想使机器保持与外界信息交换的敏感性，高度自动化的机器必须承认"人类作为永久的组织者和机器内部关系的真正解释者"[⑤]，就像管弦演奏需要音乐家作为指挥者一样。技术物体，甚至高度自动化的技术整体，尽管它们可以将技术环境和地理环境联合起来形成某种联合环境，但这种环境仍然缺乏自主性。对于创造出自身之独立环境的技术整体而言，只有依靠人类引入负熵，才能够保持其自身系统的独立性。又由于相对独立会导致相对封

---

① G. Simondon, *On the Mode of Existence of Technical Objects*, p.16.
② Ibid., p.63.
③ Ibid., pp.12–13.
④ Ibid., p.13.
⑤ Ibid., p.13.

闭，独立的联合环境在某种意义上就是一种封闭的环境。如果没有人类在这种联合环境出现临界状态时引入负熵，此技术整体就会达到绝对的平衡状态，被重新封闭起来，而在被封闭的联合环境中只会导致熵增。所以，换句话说，人类掌握着这一封闭系统信息交换的开关。就此而言，西蒙栋认为，技术物体并不能够自主地进行个性化。[①]

可是，斯蒂格勒并不同意西蒙栋认为技术物体不能够个性化的观点。他相信技术物体是人类躯体器官功能的外在化表现，而这一外在化过程处于独立的技术趋势之中。这种技术趋势就好像为某种原型所指导，其虽然依赖人类的意志，但又独立于人类的意志。"解释技术现象就要把人类（活性物质）和承载技术形式的惰性物质（非活性物质）之间的关系作为动物学的一个特殊例子来分析。"[②]"技术物体来自于无机化的物质，因为物质是惰性的，但它又被有机化了。"[③]"技术物体这种有机化的惰性物质在其自身的机制中进化：它因此不再仅仅是惰性物质，但它也不是活性物质。它是有机化的无机物质（organized inorganic matter）。"[④]虽然，技术物体无一不是人类发明出来的，但被发明出来的技术物体之存在方式很容易脱离人类最初发明时的意图。塑料作为一种轻质、便捷、结实、耐用的技术材料在20世纪初期被发明出来，并迅速在全世界范围内得到推广和使用；但很快，塑料也成了人类技术发明史上的噩梦，人类已经完全不能摆脱它，同时又不得不承受它所带来的危害和污染，其病

---

① B. Stiegler, B. Roberts, J. Gilbert et al., "Bernard Stiegler: 'A Rational Theory of Miracles: On Pharmacology and Transindividuation'", p.166.
② B. Stiegler, *Technics and Time, 1: The Fault of Epimetheus*, pp.45–46.
③ Ibid., p.46.
④ Ibid., p.49.

毒一样的存在方式，给地球生态环境造成了巨大的破坏。手机最初被发明出来的目的只是为了改变电话不能移动的缺点，但现在手机这种技术物体所具有的目的已不再仅限于人们当初发明它时的目的。手机不再是对固定电话的改良，它不只是一种机器，而且成了一种技术整体。它不仅改变了人们的沟通方式，也改变着社会的风俗习惯和道德形态。技术物体的真正存在方式在其被发明出来时从来不被人知道，人类发明的意图与发明的技术物体之间没有直接关系。[①]人类的发明活动相对于技术的进化只有催化作用，技术物体一经被发明出来就很容易脱离人类的控制，进而改变作为发明家的人类的生活世界、政治格局、经济样态和精神文化。与其说人类在发明技术物体，不如说人类在使自己的发明符合某种只有具体化后才能被检验的技术趋势。因此，在斯蒂格勒看来，由于技术物体能够拥有自身的趋势，并且可以塑造作为其内在环境的人类社会，技术物体是可以个性化的。

我们其实可以很容易地看出来，斯蒂格勒使用了与西蒙栋一样的论据，却得出了与西蒙栋不一样的结论。这种情况之出现主要有两种原因：第一，斯蒂格勒认为他所研究的技术问题就是海德格尔所研究的存在问题。斯蒂格勒对技术的研究并不是刻意围绕"τέχνη"这一古希腊词语，从词源处探讨所谓的技术本来的含义以及技术现在和未来应该是什么样子。从斯蒂格勒的第一本著作《技术与时间》这个名字就很容易看出，他把技术与时间放在一起来考察，正表明他试图通过技术这一视角重新解释西方的哲学传统。因此，作为其思考所有问题的出发点，斯蒂格勒就不断强调技术的地位。而对于

[①] A. Vaccari, B. Barnet, "Prolegomena to a Future Robot History: Stiegler, Epiphylogenesis and Technical Evolution", p.6.

西蒙栋则并非如此。西蒙栋之所以关注技术问题，是为了进一步阐释其个性化思想；而个性化思想是为了对抗当时在欧陆流行的现象学和结构主义。技术问题对于西蒙栋来说并不是其思想中的根本问题。第二，西蒙栋在写作《论技术物体的存在方式》一书时，他所见到的世界的技术状况与斯蒂格勒在20世纪90年代写作《技术与时间》时世界的技术状况是不一样的。对后者而言，技术之强力在20世纪下半叶越来越明显地在世界范围内表现出来；而在西蒙栋写作其技术哲学著作的20世纪中叶，互联网尚未出现，那种因技术而造成的全球一体化的现象并未引起西蒙栋的注意。在《论技术物体的存在方式》中，西蒙栋主要的研究对象是机器以及各种电气化的技术设备，他没有看到后来备受瞩目的细胞基因技术和互联网通信技术的发展。这就是说，参照的具体技术的局限限制了西蒙栋的技术哲学逻辑的推演。所以，即便斯蒂格勒从西蒙栋所建立的技术哲学的逻辑出发，他也没有得出与西蒙栋一样的结论。西蒙栋认为，技术物体不能够自主地个性化；而斯蒂格勒则认为，技术物体能够自主个性化。

但是，尽管技术物体可以个性化，甚至能够脱离人类的控制，也并不意味着技术物体可以独立于人类而存在。正如我们之前所说，使人类躯体器官功能外在化的技术物体可能会导致勒鲁瓦-古兰所说的架空人类、反噬人类的局面。但当斯蒂格勒将西蒙栋的个性化思想与外在化思想的逻辑融合之后，我们发现，由于技术离开了人类就失去了进化的动力来源，而且技术物体离开了人类的个性化是根本不可能存在的，所以，躯体器官功能外在化的极限不可能是技术架空人类，技术物体不可能使人类仅仅成为其发电的电池。"人类发明了技术，技术同时又发明了人类，二者互为主体和客体。"① 人类与技术是后种系生成过程的一体两面，彼此不能分离。外在化的技术物体既被人类个性化，又能够个性化人类，技术与人类处在互个性化的过程中。技术与人类这种互相牵制的关系，正是斯蒂格勒将勒鲁瓦-古兰的外在化思想和西蒙栋的个性化思想相互融合进而在其技术哲学中构成的内在张力结构的表现。

西蒙栋把技术物体看作影响人类生存意义的重要因素，并且不认为技术物体是能够个性化的。因而，对人类生存具有构成性意义的个性化过程只有两类，即心理个性化和集体个性化。但在斯蒂格勒看来，西蒙栋的技术哲学思想中缺乏技术作为人类外在化之本质的维度，因此，尽管西蒙栋强调技术物体作为人类文化之构成因素的重要作用，但他还是低估了技术对于人类生存的意义。人类遵循着与动物之种系生成进化模式不同的后种系生成过程，这一过程不仅是从肌肉骨骼系统到神经意识系统的人类躯体官能外在化于技术物体中的过程，也是人类将其后天获得的经验传统等后生成记忆通过技术写入外在的技术体系中的过程。因而，技术不仅构成了人类的本质，也构成了人类的存在方式。同时，斯蒂格勒通过引入勒鲁瓦-古兰的技术趋势概念，赋予技术物体也能够自主个性化的能力。于是，对人类生存具有构成性意义的个性化过程就有三类：心理个性化、集体个性化和技术个性化。"集体—心理个性化的两极只有在与第三种个性化紧密连接时才能够形成，这第三种个性化就是技术个性化。心理个体通过个性化自身参与了集体个性化，并且心理个体也在不自觉中参与技术个性化。在此状况下，技术个性化——事实上，同时是这三者——就会产生巨大改变，进而

---

① B. Stiegler, *Technics and Time, 1: The Fault of Epimetheus*, p.137.

导致技术体系的整体外观发生形变，并改变集体—心理个性化的条件。"[1]这三种个体处在彼此个性化的互个性化的过程中。因此，人类就是在三重个性化的互个性化张力中构成其生存的。这就是斯蒂格勒通过引入外在化思想和个性化思想而使其技术哲学产生的内在张力。

这一张力结构为斯蒂格勒的技术哲学打开了一种广阔的视野，即广义器官学的视野。由持留的有限性所推演出的药学方法论，也只有放在这种视野中才能发挥其真正的方法论作用。药学的方法论成了在这个视野中鸟瞰所有技术现象的制高点。不过，我们不要忘了使广义器官学视野得以形成的正是西蒙栋的个性化思想。离开了个性化思想，就无法将人类个体和技术物体连接起来，它们之间也不会形成互个性化的关系。[2]

三　广义器官学的基本状态

心理个体是单独的"我"，集体个体则是由这些单独的"我"联合而构成的"我们"。"我"不能离开"我们"而生存和个性化，"我"不是某种稳定的存在状态，而是一种永久的生成过程。"我"始终与"我们"处于互个性化的关系中。"'我们'也处于与'我'

---

[1]　B. Stiegler, *States of Shock: Stupidity and Knowledge in the 21st Century*, translated by D. Ross, Cambridge: Polity Press, 2015, p.259.

[2]　无论是勒鲁瓦-古兰的外在化思想，还是德里达的替补思想，都可以解释如何将人类与技术连接起来，都能够说明技术是人类的本质和存在方式，以及人类是技术进化的动力来源。但是，要解释如何将人类和技术物体连接起来，则必须依赖西蒙栋的个性化思想。因为技术概念和技术物体概念本身是两个不同的范畴，通过技术概念并不一定能够解释什么是技术物体，反之，通过技术物体概念也并不一定能够解释什么是技术。所以，在斯蒂格勒的技术哲学中，说明人类与技术之关系以及人类与技术物体之关系，所使用的思想概念是不一样的。

一样的个性化过程中，即集体个性化。'我'的个性化总是铭刻于'我们'的个性化中，相反，'我们'的个性化只有通过构成其本身之诸多的'我'之间的冲突而进行。……'我'和'我们'被前个性化环境连接在个性化过程中，这种环境的积极效应来自于持留设备。这些设备为技术环境所支持，技术环境构成'我'与'我们'彼此相遇的条件。在此意义上，'我'和'我们'的个性化也就是技术系统的个性化。"[①]心理个体、集体个体和技术个体这三种个体就像一个三角形的三个顶点，而三者的个性化过程就像是这个三角形的三条边。这三种个体处于互个性化的亚稳定状态中，它们有各自的逻辑，但又彼此相依，共同构成了人类所生存的这个世界。这个世界对于西蒙栋来说，是一个三重个体之互个性化的世界；而对于斯蒂格勒来说，这个世界是一个由三重器官系统构成的互个性化的世界。斯蒂格勒将西蒙栋的个性化思想引入了自己的技术哲学中，形成了"广义器官学"。

西蒙栋的三种个体又对应着斯蒂格勒所说的三种器官。技术个体对应着技术器官。心理个体则对应着精神器官（psychic apparatuses），"精神器官以身心的器官（psychosomatic organs）为基础"[②]，而就斯蒂格勒的技术哲学而言，身心器官是在与技术互动的基础上形成的，无论是手与脚还是大脑都处于躯体范围之内。而且，"对躯体的器官学的研究，不仅研究心脏、肝脏、大脑等生理器官，也研究理智器官和象征器官"[③]。因此，精神器官或者身心器官实则都可以等同于躯体器官。但这样说并不意味着集体个体就是不同的躯

---

① B. Stiegler, *Symbolic Misery, 1: The Hyper-Industrial Epoch*, p.51.
② B. Stiegler, *For a New Critique of Political Economy*, p.105.
③ B. Stiegler, *Symbolic Misery, 2: The Catastrophe of the Sensible*, p.132.

体器官聚合在一起而形成的个体。集体个体对应于社会组织，它虽然离不开躯体器官，但又因为技术器官所累积沉淀的第三持留而成为了新的器官形态。[①]这三种器官彼此渗透，彼此构成了对方存在的前提和条件，根本无法将其清晰地区分开来；但是，它们又彼此独立，各自有其运动的核心。就此而言，三种器官之间的互个性化关系，正是彼此相互推迟和相互差异化的相关差异（différance）关系。

如果以躯体为分界的话，三种器官系统又可以被划分为两种器官系统：躯体器官和躯体外器官。躯体外器官主要包括两部分：第一部分即技术器官，包括工具、衣服、手机、汽车等人类生活离不开的技术物体；第二部分则是因上述技术物体对个体精神和集体精神不断冲刷影响而沉淀稳定下来的制度、风俗、律法等社会组织形式。躯体器官是内在于躯体的，但由于它与躯体外器官处于互个性化的关系中，也即处于相关差异的关系中，因此它同时是外在的。对于躯体外器官来说也是如此，它既外在于躯体，同时也对躯体进行着替补。内在的就是外在的，外在的也即内在的——这正是替补的逻辑。"由替补的逻辑（当然也包括文码学）预示着的替补的历史，就预设了一种心灵或精神的广义器官学，它在药学的限制下形成和变形自身，并且由身心的、技术的和社会的器官之转导关系连接。"[②]出于这种原因,斯蒂格勒才将外在的技术物体及其沉淀而成的持留系统都称为器官学意义上的器官和组织。将人类的器官功能扩大到躯体外的持留设备中，也就意味着斯蒂格勒将人类生命的范围扩大了：作为后种系生成的物种，人类拥有着三重器官系统。人类的生命就是由躯体器官、技术器官和社会组织这三重器官系统构成

---

① B. Stiegler, *For a New Critique of Political Economy*, pp.104–105.
② B. Stiegler, *What Makes Life Worth Living: On Pharmacology*, p.69.

的广义生命。"广义生命"的"广义"（general）概念来源于德里达早期的著作。"他频繁使用'en général'（通常、大体、一般）去说明存在着'先于人与动物之间的区分，先于生物与非生物之间的区分'。斯蒂格勒在其早期的著作中引用了这个表述，用来指'广义生命'和'广义生命史'。①这两个概念都表示延异的过程，在此过程中，代具重新痕迹化（retrace）并因而重新发明（reinvent）了被其替补的——与物种相关的、动物学意义上的——躯体。"②

　　这样，代具就被接纳进了躯体的生命范围之内，构成了广义上的人类生命。人类的生命进化过程不再局限于生物躯体周期性衰变的过程，而是将生物躯体器官与技术器官和社会组织联合起来的广义生命的进化过程。③而躯体器官、技术器官和社会组织这三重器官系统共同构成了人类生命的广义器官系统。对这三重器官系统的研究就构成了斯蒂格勒的广义器官学。"人类躯体器官的问题、人类进化发展的问题、人类特殊性的问题以及人类与其技术代具之关系的问题，从《技术与时间》第一卷开始就一直是斯蒂格勒思想的中心问题。在'器官学'成为他的政治和文化反抗的有力武器之前，对器官的探索就一直处于其最初哲学工作的中心，为其整体的思考定向。"④通过对西蒙栋个性化思想的再思考，斯蒂格勒在《技术与时间》第三卷中才提出"广义器官学"这个概念。⑤广义器官学为斯蒂

---

① 这里所说的斯蒂格勒早期的著作指的是《技术与时间1：爱比米修斯的过失》。关于斯蒂格勒使用的"广义生命"和"广义生命史"的表述可见 *Technics and Time, 1*, pp.136-139。

② G. Moore, "On the Origin of Aisthesis by Means of Artificial Selection; or, The Preservation of Favored Traces in the Struggle for Existence", p.196.

③ Ibid., p.196.

④ I. James, "Technics and Cerebrality", p.70.

⑤ 张一兵、斯蒂格勒、杨乔喻：《第三持存与非物质劳动——张一兵与斯蒂格勒学术对话》，载《江海学刊》2017年第6期，第30页。

格勒的技术哲学打开了更为广阔的视野，使其对技术的分析得以纵深到现代社会的主要领域，包括文化、教育、电影、艺术以及政治和经济等领域。

斯蒂格勒近年来出版的一些主要著作，包括《休克状态：21世纪的愚蠢与知识》(*States of Shock: Stupidity and Knowledge in the 21st Century*, 2012) 和《自动化社会1：未来的工作》(*Automatic Society 1: The Future of Work*, 2015) 在内，都是通过依赖于广义器官学的视野和药学的视角对现代社会这些领域之状况的详细分析，也可以说是斯蒂格勒的广义器官学和药学的具体应用。我们会在后面的章节依照斯蒂格勒的思路对现代社会中这些领域所出现的问题进行详细的论述。不过，现在我们仍然需要先回到西蒙栋，来将他的"广义器官学"与斯蒂格勒的"广义器官学"做一下比较。

在斯蒂格勒看来，西蒙栋也建立了一种广义器官学，尽管他没有使用这一概念，但他的"机械学"实则就是一种广义器官学。"西蒙栋建议发展一种机械学作为技术物体之本体论的科学，尤其是涉及他所说的'具体化过程'的技术物体。……技术元素是能够在各种技术个体中找到的基本的成分，它们被西蒙栋整合进活着的有机体的器官中。"[1] 也就是说，技术个体被整合进了人类的躯体器官中。然而，由于西蒙栋并不承认技术个体能够自主地个性化，它虽被躯体器官所整合，但缺乏对躯体器官的构成性意义。因此，就西蒙栋的机械学作为一种广义器官学而言，它是有所欠缺的。但是，技术个体之具体化过程，"正是西蒙栋在广泛的意义上所分析的个性化过程的一个典型例子"[2]。技术物体首先是以一种零散的器官（技术元

---

[1]　B. Stiegler, *Symbolic Misery, 2: The Catastrophe of the Sensible*, p.135.
[2]　Ibid., p.135.

素）在技术环境中分散地生长，而具体化趋势就像连接器官的毛细血管和神经纤维的生长一样，逐渐地将这些零散的器官包裹并连接在一起；然后形成某种器官组织，比如机器（技术个体），这些组织之间通过更粗的血管和更大的神经网络彼此连接，进而就形成了技术整体。具体化既是技术物体一体化的过程，也是其个性化的过程。因此，在西蒙栋的机械学中，技术个体、心理个体和集体个体都必须被铭刻进一个统一的个性化环境中，它们的地位彼此平等，这个环境才能够处于其健康的亚稳定状态中。这种个性化的环境实则就是一种"共个性化"（co-individuation）的环境。"在此环境中，广义器官学必须被理解为活体器官（躯体器官）、人工器官（技术器官）和联结它们的组织（社会组织）的共个性化。"① 只有如此，我们才可以说，西蒙栋的机械学才真正等同于斯蒂格勒的广义器官学。

不过，在广义器官学的视野内，三重器官系统中的各种器官功能并不是固定不变的。因为对于共个性化的亚稳定状态而言，其健康的表现正是器官功能的不稳定性。这种不稳定性在根本上来源于人类先天的缺陷，此缺陷决定了人类的任何器官都无法产生固定的功能；也就是说，无论是躯体器官和还是躯体外器官，它们都无法契合人类先天的缺陷。器官虽然是对人类缺陷的弥补，但这种弥补（compensation）实则是一种替补（supplement）。而替补只是对替补的替补，在替补的缺陷处根本没有原初的和本原的本体存在。所以，即便是替补之后，起源处仍然会有空缺的存在。因为起源本身就是缺陷，就是空缺；只有对这种功能缺陷和空缺不理不睬时，才不会有替补的出现，但这个时候已经无所谓起源，生成的延异已经停止。

---

① B. Stiegler, *Symbolic Misery, 2: The Catastrophe of the Sensible*, p.136.

生命本身就是一种替补的过程，在生命的过程中出现的器官，对任何一种动物（包括人类在内）来说都已经是一种不幸了。[①]然而，动物和人类都必须依赖于这种不幸的替补生存。动物和人类都是生命的替补形式。但对于人类而言，它又比动物这种生命的替补形式多了一种替补，又增加了一种不幸，即技术这种替补的出现。这种不幸导致了人类的诞生，因此，人类在生命之替补的意义上，就是依赖于技术这种替补而实施对生命替补的替补。替补之链一旦开启就无法终止，替补弥补了空缺，同时又开启了空缺。也正因此，作为对人类之先天缺陷进行替补的技术，即便是构成了人类的躯体外器官，它所形成的器官的功能也不会固定不变。而且，人类之广义器官系统功能的不稳定性表现得最为明显的就是作为躯体外器官的技术器官。[②]技术器官的功能最容易发生形变，而且变化得最为明显，它进而导致了社会组织和躯体器官的功能发生形变。技术器官的功能形变反映在整个广义器官系统中，就表现为三重器官系统之间互个性化的亚稳定状态。

亚稳定状态既是技术替补对人类之先天缺陷差异化的表现，也是这种替补使人类的先天缺陷延迟出现的表现。这是广义器官系统的延异过程。然而，由于在对人类之先天缺陷的任一空缺进行替补时必然只能采取一种替补方案，这样一来，其余的替补方案就会被抛弃，但它们被抛弃并不意味着它们的消失。这些未被接纳的替补仍然排列在延异过程中所出现的空缺的周围，它们伺机而动，仍然坚持对空缺进行替补。于是，如果说已被接纳的替补构成了延异过

---

① 德里达：《论文字学》，第376页。
② 人类的脚、手、大脑等躯体器官虽然功能相对稳定，但并不意味着它们的功能不会发生变化。尤其是对于手而言，它似乎自人类化之始就没有固定的器官功能。

程的某种趋势，那么，这些未被接纳的替补就构成了与这种趋势相对立的趋势。在斯蒂格勒看来，"在三重器官系统的器官学层面上，都有其自身的趋势与对立趋势"①。这两种对立趋势的关系类似于勒鲁瓦-古兰所说的技术趋势因其表达不完全所隐藏着的对立趋势与技术趋势本身的关系，然而，无论是广义器官系统中的趋势与对立趋势，还是技术趋势与其对立趋势，趋势的形成在根本上正是由技术替补的药学本质决定的：技术既是毒药，也是解药；技术既能构成破坏性的趋势，也能构成建设性的趋势。

技术器官最容易发生功能形变。然后，技术器官引起社会组织发生形变，最后才是躯体器官发生形变。技术物体的发明和革新会使其与另外两种器官系统之间出现相位差（phase difference），这种相位差既可能引起其他两种器官系统的抵抗，也可能使后者主动地去接纳相位的差异。但无论是抵抗还是接纳，这种相位差的出现就营造了一种有利于个性化的前个性化环境，而这种环境就构成了三重器官系统之间的个性化和彼此互个性化的连接之可能性。"相位差是进行中的个性化的实现，它是以'量子飞跃'的形式而实现个性化的。相位差是从一个相位到另一个相位的不连续的过程：个性化过程的生成，就是通过这些跳跃释放相位差的平衡之断裂的过程。而跳跃就是在稳定与不稳定、共时与历时②之间的亚稳定状态。"③相位差之被释放，既是趋势与其对立的趋势的妥协，也是趋势本身的

---

① B. Stiegler, *Symbolic Misery, 2: The Catastrophe of the Sensible*, p.117.
② 关于"共时（synchrony）与历时（diachrony）""共时化（synchronization）与历时化（diachronization）"等现象，我们会在第五章第三节"时间客体与被管的第二持留"中进行详细的论述。在超工业时代，"共时化与历时化"已经变成了"超共时化与超历时化"，而它们会对个性化过程造成损害。
③ B. Stiegler, *Symbolic Misery, 2: The Catastrophe of the Sensible*, p.156.

一种胜利：它将对立趋势的力量吸纳到自身的范围之内，从而壮大了自身的力量。"在历史的进程中，人类社会编排、联合并有效地利用这些不同的趋势与其对立趋势。通过潜能化（potentizing）发生在三重器官学层面上的趋势与对立趋势，人类社会就能够编织和亚稳定化在这三个层面上构成的动力系统。这样，这种动力系统在其历史过程中就能够超越领先于它们的极限，并进而引起这些限制它们的极限的形变。"①也就是说，人类社会就是在三重器官系统的趋势与对立趋势的相互作用下形成极限、形变极限并超越极限，并这样逐渐前进的。

斯蒂格勒的广义器官学是对西蒙栋的机械学的完善，这种完善的主要表现就是提高技术对心理个体和集体个体的构成性意义，也即承认技术个性化，并将此个性化排列在互个性化过程中的领先地位，承认其对人类社会之进化的领先动力。"因此，广义器官学正是要解释这些不同的动力，它们构成了充满了冲突的个性化的复杂过程。广义器官学是一种实践（praxis），而不仅仅是一种理论模型，它的目的正是要描述（器官系统中）正在发生的冲突，并发现其中可转化为现实的可能性。"②广义器官系统中的器官冲突表现为一种转导关系，所谓的"转导"就是前面我们所说的以相位差为前提、"隐藏在三重器官学层次上的趋势与对立趋势的运动"③。

躯体器官、技术器官和社会组织始终处于转导关系之中。"转导关系是将躯体器官与技术器官和社会组织联系起来，并使这些器官

①　B. Stiegler, *For a New Critique of Political Economy*, p.121.

②　B. Stiegler, *Symbolic Misery, 2: The Catastrophe of the Sensible*, p.137.

③　B. Stiegler, *What Makes Life Worth Living: On Pharmacology*, p.119.

不断地进化和形变的关系。"①而反过来,转导关系之所以存在,正是因为这些器官本身就处在功能不断形变的过程中——器官功能的形变与器官之间构成转导关系互为因果。器官功能的形变,斯蒂格勒称之为器官的去功能化和再功能化。②即使是看起来功能不会发生变化的躯体器官,也总是处于因技术而引起的功能形变之中。

四 器官功能的形变

研究躯体器官、技术器官和社会组织之间去功能化和再功能化的广义器官学首先就意味着,人类的躯体器官是处于去功能化和再功能化的过程中的。动物的器官功能是相对固定的,但并不意味着动物的器官一经诞生就具有固定的功能。蝾螈之类的两栖动物的皮肤在其个体发育的过程中是可以作为呼吸器官的。包括人类在内,任何动物在进化过程中,它的器官的进化并不是朝向某个前置的目的的;也就是说,器官的功能并不先于器官本身而存在,器官的功能是随着器官的出现而出现的。而这就同时意味着,具有某种功能的器官是随着功能的出现而出现的。某种器官及其功能的出现是一种偶然,也是一种巧合:它是对生命之偶然出现的错误巧合般的替补。达尔文亲自测量过马达加斯加大彗星风兰(*Angraecum sesquipedale*)的蜜腺,其长度大约有 11 英寸,"在他 1862 年出版的关于兰花的书中,(达尔文)仅仅根据马达加斯加兰花(大彗星风兰)的存在,就预测了必然存在一种飞蛾,其口器可达 10 ~ 11 英寸。……1903 年,……人们发现了一种前所未知的飞蛾,从

---

① B. Stiegler, *Symbolic Misery, 2: The Catastrophe of the Sensible*, p.119.
② Ibid., pp.118-124.

而证实了达尔文……的预测"①。这种飞蛾就是"达尔文先知蛾"
（*Xanthopan morgani praedicta*），它拥有长长的口器，正好可以伸
进去吸食马达加斯加兰花蜜腺中的花粉。（见图3）但是，这种蛾子
进化出长长的口器并不是为了适应马达加斯加兰花的蜜腺，这种口
器的出现完全是其基因随机突变并与环境相适应的结果。由于蛾子
在繁衍过程中每一次的基因复制都会产生随机的突变，可能在某一
次复制过程中，短喙的基因突变为长喙的基因；而长喙的基因表达
出的长喙更能使这种蛾子吸食到兰花长蜜腺中的花粉，于是，它们
之中拥有长喙的蛾子更能生存下去。久而久之，短喙的基因便在复
制过程中被筛选了出去，作为替补基因的长喙基因反倒成了"达尔
文先知蛾"的本体基因。长喙是对短喙的替补，但长喙的出现并不
是出于"要成为长喙而能够吸食长蜜腺中的花粉"这个前置的目的。
如果"达尔文先知蛾"的长喙并不出现，马达加斯加兰花可能就要
经历使其长蜜腺缩短的演化，以适应那些普遍不具有长口器的飞蛾。
作为鸟类飞行器官的翅膀也是如此，它的出现并不是出于飞行这个
目的。"进化中的器官的早期阶段的功能，与其最终形式所具有的功
能是不连续的，不具有因果关系；并且进化中的器官不具有任何预
定的目的。翅膀最初并不是一种还不完美的、飞行功能最弱的翅膀，
而仅仅是一种温度调节器官。"②外在的环境决定了内在的基因筛选，
内在的基因突变也决定了外在的环境存续。内在与外在互为一体，
彼此影响。这正是一种替补的逻辑。

①　理查德·道金斯：《地球上最伟大的表演：进化的证据》，李虎、徐双悦译，北京：中信出版
　　社，2017年，第42—43页。
②　G. Moore, "On the Origin of Aisthesis by Means of Artificial Selection; or, The Preservation of
　　Favored Traces in the Struggle for Existence", pp.194-195.

图3　达尔文先知蛾与大彗星风兰

基因复制过程中出现的突变实则是一种随机错误，这种错误要么被保留下来，要么被筛选出去。只要一经被保留，它就成了一种替补；而那些没有发生复制错误的基因反倒会被筛选出去。器官的发生就是这种替补的逐渐累积的结果，器官是生命之连续流程中因偶然而出现的分叉，就像大江大河所分叉出的小河流，它们的出现没有任何前置的目的。器官是对生命洪流本身的替补，就像生命洪流在流经一座大山时，无法直接穿越过去而必须绕道一样，器官就是生命洪流在绕道时形成的一个弯。只有如此，生命洪流才能连续不断地前进。器官这种弯作为一种替补策略遵循着生命的经济原则，它尝试着使生命以最节约的能量显示出最大的效力。器官既非为了一个前置的目的而进化，也非在其进化完全之后就不会发生变化。动物的器官和官能通过基因突变和自然选择的累积始终处于形变的过程中，但累积的特征要表现出来可能需要百万年的时间。这种时间概念对于我们来说似乎过于漫长，因为现代智人的历史只有一万多年。[①]但是通过考古学和古生物学的化石证据，人类发现了动物的器官和官能是在形变的。器官功能的形变是生命过程中普遍存在的现象，这种现象在动物身上虽然难以观察，但在人类身上却

---

① 参见附录B和附录C。

表现得相对明显。因为人类的诞生首先就意味着其躯体器官功能发生了形变。

在斯蒂格勒的技术哲学中，人类起源的后种系生成本身就意味着躯体器官的去功能化与再功能化。我们在前面已经论述过，斯蒂格勒借用勒鲁瓦-古兰的实证性的观点认为，人类起源于脚，而不是大脑。"脚作为人类的脚、行走的脚和运动的脚，就在于它承载了躯体的重量，它使手获得解放，履行手的使命，使手获得操作的可能性。"[①]但是在自然竞争的条件下，两足直立行走的人类与那些凶禽猛兽相比，其防御和捕食的器官功能实在是太弱了。脚的扁平化使人类在凶禽猛兽的追逐下既无法飞速地逃跑，也无法快速地爬上树。但是，脚的扁平化却使人类获得了新的器官和器官功能：手之前的运动功能被去功能化了，而再功能化为"抓取"。拥有抓取能力的手能够运用技术制造并使用武器来对抗凶禽猛兽的进攻，并且其能够制造的技术物体远远不止于武器。

人类的起源和进化过程是因外在化的技术发生而引起的器官功能不断形变的过程。在这一过程中，大脑只是伴随着石器的进化而进化，它并不对人类化进程起决定性的作用。人们通常认为大脑对人类之进化起决定性作用的关键证据在于，虽然人类的大脑重量并不是在所有陆生哺乳动物中最重的，但人类大脑相对于身体的比重却是所有陆生哺乳动物中最大的。大象是现存的最大的陆生哺乳动物，象脑的平均重量约为8 kg，是人脑平均重量的大约5倍。可是象脑占其身体重量的平均比重只有0.2%，而人脑占其身体重量的平均比重约为2.33%。不过，人脑占身体比重的大小并不能够说明大脑

[①]　B. Stiegler, *Technics and Time, 1: The Fault of Epimetheus*, p.113.

这个器官在人类进化中的决定性作用。因为对于地球上现存的最小的陆生哺乳类动物鼩鼱（*Sorex araneus Linnaeus*）[1]而言，它的脑占身体重量的比重约为3.33%，但谁也不会认为鼩鼱比人类聪明，是比人类更加高级的物种。[2]脑比重并不能说明，大脑对人类进化起决定性的作用。但是，人类化这个单冲程的进程一旦开启，大脑对此进程的极为重要的作用便会逐渐地显现出来。人类化意味着人类之躯体器官的去功能化和再功能化，大脑在这个过程中逐渐获得重要的官能也是这个躯体器官功能形变的重要结果。

人类的大脑具有极强的可塑性（plasticity）。这种可塑性的一个重要表现是，人类大脑皮层没有固定的功能分区。[3]在灵长类动物中，与人类最为接近的属系动物是黑猩猩（*Pan troglodytes*），它的大脑皮层大部分区域分工明确，而人类的大部分大脑皮层则属于联合皮层（association cortices），没有固定的功能分区。[4]如果大脑联合皮层中的前额叶皮层（prefrontal cortex）受损，其后果不单单是使记忆、认知和思考能力下降，也会使病人的性格特征发生明显的改变，变得孤僻自闭。[5]而且，对于大脑的记忆功能来说，能够管理记忆的并不只是前额叶皮层，联合皮层中的顶叶（parietal lobe）、枕叶（occipital lobe）和颞叶（temporal lobe）皮层也可以负责某种

[1] 鼩鼱，食虫目鼩鼱科，靠吃蚯蚓、昆虫等为生，长得极像老鼠，但两者没有任何种属联系。鼩鼱是最早的有胎盘类动物，产生于中生代白垩纪时期，是世界上最小的哺乳类动物。体长仅4~6 cm，尾长4~5 cm，体重2~5 g，其脑重量约为0.167 g。眼细小，视觉差，听觉、嗅觉发达。每天大约要吃掉与其体重相当的昆虫的重量。鼩鼱约有20属200余种，在各大陆均有分布，中国境内有10属24种。绝大部分栖于湿润地带。
[2] 苏珊·格林菲尔德：《人脑之谜》，杨雄里等译，上海：上海科学技术出版社，2012年，第11页。
[3] 我们可以将"大脑具有可塑性"理解为"大脑没有固定功能分区"的原因，也可以将前者理解为后者的结果。也即是说，二者是互为因果的关系。在斯蒂格勒这里，此种状况之出现的根本原因同样植根于爱比米修斯的过失所导致的人类先天的缺陷。
[4] 苏珊·格林菲尔德：《人脑之谜》，第13—15页。
[5] 同上，第17页。

类型的记忆功能。也就是说，"没有任何一个脑区能够对事实和事件的整个记忆过程起全部作用。记忆必定以某种方式通过一个脑区进行处理，而又在别处加以巩固的"①。而且，在某个脑区出现并不严重的损伤，或者原先管控某种固定脑区功能的神经元死亡后，其脑区所涉及的功能并不会消失，因为别的脑区的神经元逐渐会接替受损伤的神经元而表现出原先的脑功能。②认为大脑皮层拥有固定的功能分区的观点是错误的，也就是说，"认为一个脑区就有一种特异的自主功能的观点是一种误导。事实上，不同的脑区以某种方式结合起来携手在不同的功能中起作用"③。不同脑区的关系就像是跷跷板游戏参与者之间的关系一样，它们需要保持彼此的平衡，它们之间的关系比任何单个脑区的作用都更为重要。

　　人类大脑中有近千亿个神经元，这些神经元是大脑神经结构的基本单位。在晚期智人与现代智人交汇的一万年多前，他们的脑容量几乎没有差别，其大脑中所包括的神经元数量也基本上相等。这即是说，晚期智人与现代智人的智力水平没有太大的差别。④可是，"脑内神经元的绝对数量并不如它们间的连接那么重要，这些连接不仅在发育中，而且在成年期都是高度易变的"⑤。正是由于现代智人的大脑神经元的连接方式远远比晚期智人大脑神经元的连接方式复杂，现代智人才能够处理更为复杂的问题，进而才有可能创造出一个文明水平高度发达的人类社会。大脑内神经元的连接并不像一块规整的集成线

---

① 苏珊·格林菲尔德：《人脑之谜》，第106—107页。
② 同上，第20页。
③ 同上，第25页。
④ 姜树华、沈永红、邓锦波：《生物进化过程中人类脑容量的演变》，载《现代人类学》2015年第3期，第37—38页。
⑤ 苏珊·格林菲尔德：《人脑之谜》，第97页。

路板，而更像一个大锅内互相缠绕的面条，不同的神经元之间所形成的突触（synapse）联系就像整个亚马孙雨林中的树叶一样多。与某一个特定的神经元能够建立突触联系的神经元大约有1万到10万个，任何外部的刺激或者大脑本身所产生的活动都能够改变神经元之间原有的联系。[1]"人们过去认为，我们的神经网络，即我们头颅内千万亿的神经元所形成的密集连接在我们成年之后就已经固定了。但是，……情况并非如此。……即使是成年人的大脑也具有很强的可塑性。神经元通常会打破旧的联系，并形成新的联系。……大脑具有不断地重新自我编程的能力，它能够改变自身运行的方式。"[2]在人类个体成熟之后，大脑的神经元和突触系统仍然在与技术环境的接触中发生着变化。而且，"源自（外部）环境的刺激程度将决定神经元之间怎样连接，从而决定个人的记忆"[3]，并构成个体的特殊性。大脑的可塑性，也即大脑功能的形变很大程度上是与外部环境互动的结果。"21世纪前十年的神经科学研究发现，这种可塑性事实上贯穿整个生命时期，即在大脑发展的每一个步骤及其老化的过程中，它总是处于塑造和重塑中。"[4]这也就意味着，大脑在与技术环境和外部环境互动时，它的神经网络及其突触联系能够被重新塑造。我们可以在作为一个成年人的尼采身上找到这种因技术方式的变化而导致大脑功能形变的例子。1882年，尼采因长时间书写书稿，致使其头痛欲裂、视力下降。为了改变这种状况，尼采买了台打字机。因为只要足够熟练，就可以把眼睛闭起来打字。但也正是因为这台打字机，尼采手写

---

[1] 苏珊·格林菲尔德：《人脑之谜》，第65—69页。
[2] N. Carr, "Is Google Making Us Stupid?", *Yearbook of the National Society for the Study of Education*, 2008, 107(2): 91.
[3] 苏珊·格林菲尔德：《人脑之谜》，第96页。
[4] I. James, "Technics and Cerebrality", pp.77-78.

的书稿与打印出的书稿的文风发生了明显的变化。尼采的文风从雄辩议论变为格言警句，从观点鲜明变为语带双关，从修辞华丽变得用词简约。尼采自己承认说，机器已经参与进了他的思想中，改变了他的思考风格，也就是说，机器形变了尼采大脑的某些功能。①

　　大脑的可塑性意味着，大脑既可以建立一个简单的刺激—反应神经结构，也可以建立一个复杂的思考认知的神经结构。但任何神经结构的建立都是大脑与技术互动的结果。比如，大脑阅读能力的产生与发展就依赖于外在的文字书写技术和书籍印刷技术的发展。因为"大脑在人类进化的过程中从来就不是用于阅读的；正如我们所知，没有一个基因或生物构造是专门为阅读而设计的。相反，为了阅读，每个大脑必须学习在原本担负着物体识别等其他功能的旧的区域上，建立起新的神经回路"②。通过文字来获取知识的人与仅仅通过口语获得知识的人，他们所形成的大脑神经回路肯定是不一样的，因而产生的感觉和对世界的认识也不会是一样的。"在人类进化史中的一段很长时间里，大脑中更多的结构和神经回路原本是专门负责视觉和口头语言等更基础的能力的，阅读使大脑在这些结构上建立起新的联结。……每当我们学会一项新的技能，神经元之间便会建立新的联结和通道。"③这也意味着神经元之间的旧的联结和通道会被抛弃，这也可以解释为什么苏格拉底会贬斥书写技术。书写技术导致人们更大程度地遗忘，只要有了书写下来的文献，人们就不需要时刻去牢记在苏格拉底看来本应记忆在大脑中的东西，而一旦

① N. Carr, "Is Google Making Us Stupid?", p.91.
② 玛丽安娜·沃尔夫：《普鲁斯特与乌贼：阅读如何改变我们的思维》，王惟芬、杨仕音译，北京：中国人民大学出版社，2012年，第160页。
③ 同上，第6页。

没有了文献，人们就不能够回忆起这些内容。这种书写技术实际上是在破坏大脑的神经结构。[1]然而，书写技术以及随之而来对阅读能力的要求也是在大脑中建立新的神经结构的过程。由于书写的出现，大脑的确丧失了部分记忆功能，但这些记忆并非真正被遗忘了，而是以外在化的形式留存于技术物中。它会比大脑中的记忆留存更为久远，更能影响后代人。虽然书写使大脑去功能化了，但同时也使大脑再功能化了：书写使大脑丧失了部分的记忆功能，但书写也开发了大脑的思考功能。因为有了书写，思考者就不用担心自己的思绪会在思考之后飘散无迹。大脑被再功能化为一个思考器官。[2]

我们日常的生活体验和阅读书籍之间是一个互动的过程。这些体验会在我们阅读书籍时成为我们理解书籍内容的背景，而反过来，我们对书籍这种技术物的阅读也可以改变我们对日常生活的体验。"大脑的设计让阅读成为可能，而阅读的设计则以多层次的、关键的、持续演变的方式来影响并改变大脑。……学习阅读，将我们这个物种从许多先前人类记忆的限制中释放出来。"[3]书籍和阅读已经成为斯蒂格勒的广义器官学意义上的躯体外器官和官能，它们已经构成了我们作为人类生存的必要条件。然而，这种必要条件并非一种充分条件，大脑的阅读能力正在经历着数字技术的挑战或者说破坏。因为在我们这个日渐数字化的时代，人们获得知识不一定非要通过阅读纸张上的文字。人们也可以通过阅读屏幕上的文字，可以通过声音和图像等方式来获得知识。这种技术环境的变化是对大脑阅读能力的挑战。现代社会对数字技术对大脑阅读能力破坏的担心，和

---

① 当然，在苏格拉底时代，人们不可能认识到大脑具有记忆功能。

② B. Stiegler, *Symbolic Misery, 2: The Catastrophe of the Sensible*, p.136.

③ 玛丽安娜·沃尔夫：《普鲁斯特与乌贼：阅读如何改变我们的思维》，第206页。

苏格拉底当年对文字对记忆之破坏的担心几乎是一样的。

但是，我们必须注意的是，大脑器官并非天生是为了阅读而设计的。大脑所具有的阅读能力，是后天在与外在的技术物体互动的过程中获得的能力。具有阅读能力的大脑"不是'专门负责阅读的大脑'，大脑中并没有生来就负责阅读的区域。阅读脑指的是'阅读中的大脑'，它会在学习阅读的过程中不断发展"[1]。为了学习阅读能力，大脑必须搭建新的神经回路。这些神经回路是外在技术物体对躯体器官之影响的重要证据，它说明了大脑的可塑性。然而，大脑一旦获得阅读能力，个体的智力水平就会发生永久性的变化。"我们如何思考以及思考什么在很大程度上是基于阅读所产生的见解和联想。"[2]这种能力不仅随着我们阅读量的增加而改变，也会随着我们使用不同的文字体系而改变。文字系统首先是一种技术体系，对于任何不同的文字系统而言，它们的形状、发音以及书写时的姿势就已经决定了在运用这种文字系统时会塑造出不同的大脑神经回路，并激活不同的大脑皮层区域。[3]"每种文字系统，不论是古代的还是现代的，都使用许多类似的以及一些独特的结构性联结。在用来阅读埃及象形文字或汉字的大脑中的某些激活的区域，在阅读希腊文或英文这类字母文字的大脑中绝对不会被激活，反之亦然。这些逐渐适应的变异，正是大脑重塑自身以执行新功能的内在潜能的鲜明佐证。"[4]然而，并非人类的所有大脑都能够通过阅读文字而建立适应这种技术体系的大脑功能，这种状况的表现就是阅读障碍症

① 玛丽安娜·沃尔夫：《普鲁斯特与乌贼：阅读如何改变我们的思维》，第7页。
② 同上，第7页。
③ 参考《普鲁斯特与乌贼》第60页插图：在使用英文、中文和日文时，所激活的大脑皮层区域是不同的。
④ 玛丽安娜·沃尔夫：《普鲁斯特与乌贼：阅读如何改变我们的思维》，第207页。

（dyslexia）的出现。它恰好从相反的方面证明了，大脑天生并不具备阅读能力，这种能力只是作为躯体器官的大脑在与文字书写技术体系互动时发生的一种功能形变。

"100年前，几乎没有人知道阅读障碍的存在。"[1]人们在对青少年儿童成长发育的研究中发现存在着阅读障碍症，这种症候大多出现在正处于学习文字和培养阅读能力阶段的青少年儿童身上。阅读障碍症的产生，是由于某种类型的大脑在根本上并不能够适应文字阅读这种技术体系，或者说，这种类型的躯体器官无法与文字书写技术形成互个性化的转导关系，从而使大脑无法适应这种技术器官而显现出阅读困难的症候。"阅读障碍是大脑补偿策略的一个惊人例子：当大脑无法正常运作一项功能时，它会重塑自身另辟蹊径。"[2]阅读障碍症并非意味着拥有这种症状的大脑具有某种缺陷，它只是相对于流畅阅读而言是一种症候。阅读障碍者和阅读流畅者是文字阅读诞生的一对双胞胎。只要存在着能够流畅阅读的人，那么，一定存在着对阅读有障碍的人。[3]爱迪生、肯尼迪、高迪和爱因斯坦据说都有某种程度的阅读障碍，但这并不影响他们的智力正常发育，并成为不同领域的伟人。[4]阅读障碍者是人类物种中可能具有卓越潜能的人，他们的身上携带着某种无法适应文字阅读的基因，他们代表了人类大脑进化的多样性，也代表了人类物种基因的多样性。阅读障碍的真正悲剧并不在于大脑不能够适应文字阅读，而在于人们认为大脑天生是应该适应文字阅读的。这不仅否定了大脑的多样性，

---

[1]　玛丽安娜·沃尔夫：《普鲁斯特与乌贼：阅读如何改变我们的思维》，第183页。
[2]　同上，第186页。
[3]　同上，第217页。
[4]　同上，第187页。

而且也否定了大脑的可塑性及其功能形变的历史性。

　　大脑天生并不是一定要去适应文字阅读的。在希腊文字诞生之前的悲剧时代，人们通过口语来获得和传播知识，同样能够建立辉煌多彩的文明。从口语时代到文字书写时代的变化会改变口语时代获得和传播知识的传统，并会使口语时代的文化内核丧失掉。这也就意味着，适应口语时代的大脑神经结构在面对文字书写时代时必须要被重新塑造，大脑在口语时代形成的功能结构也必须被形变。不同的技术时代之间的变迁，导致大脑的神经结构在整体上被重塑，这就是大脑功能形变的历史性。苏格拉底对口语时代文化内核被文字书写技术破坏掉的担心，和我们现代人对"文字阅读脑"（word-reading brain）被"数字屏幕脑"（digital-screening brain）离散形变的担心是一样的。因为我们正处在和苏格拉底当时相似的由一个技术时代向另一个技术时代过渡的时期。人们获取知识和体验的主要方式已经不限于文字阅读，他们可以通过模拟声音、图像和感觉的数字技术来获取知识和体验；而且，后几种方式要比文字阅读更为方便，因为文字阅读是一种主动的接纳过程，而后两者则是一种被动适应的过程。但这种方便其实是数字技术之毒性的表现，它正在悬置文字阅读作为吸收知识之主要途径的地位。这种悬置是数字技术这种新的药学环境中产生的第一次悬置。这种悬置也意味着，它必然会改变自文字书籍诞生以来所形成的人们获得对世界之认知的主要方式，以及改变人们对世界的认识本身。这种悬置同时也是数字技术对阅读脑的神经结构的重塑，它会将大脑的神经回路塑造成适应声音、图像和感觉等数字技术的数字屏幕脑。数字技术的药学环境目前仍没有显现出其药性，没有开启它的第二次悬置过程。不过，数字技术的时代正在逐渐来临，在这个时代中，书籍的地位将逐渐被承载像文字一样可重复和可被引用的声音和图像的电子影像所取代，人们将主要依赖于数字技术来获得对这个世界的知识和体验。

大脑依赖于技术的持续的功能形变，即其所具有的可塑性及其功能形变的历史性，解构了大脑在人类进化过程中作为中心器官的功能及其决定性的意义。[①]而这也就意味着，"大脑功能的形变并不是由大脑自身控制的。大脑的形变是由作为活的记忆载体的大脑与作为死的记忆载体的技术代具之间的联系决定的"[②]。其具体例子即上面我们所说的，在口语时代向书写技术时代以及文字阅读时代向数字阅读时代转变的过程中，大脑神经结构所发生的形变。这种状况同时也是作为躯体器官的大脑与作为躯体外器官的技术物体和社会组织之转导关系的一种表现：技术条件和持留条件的变化改变着大脑神经元之间联系的结构，而神经元结构的变化又刺激改变着技术条件和持留条件的变化。这是斯蒂格勒的广义器官学的题中之义，在这三重器官系统的互个性化的转导过程中，在三重器官系统的彼此制约中，人类化的进程得以推动。因此，现代人类社会文明的出现不是因为人类具有比其他任何动物都高级的大脑，也不是因为人类的任何其他躯体器官比别的动物的躯体器官高级，而是因为人类的进化不只依赖于大脑等一重的躯体器官系统，还依赖于配合人类的躯体器官系统的技术器官和社会组织等两重躯体外器官系统。就此而言，大脑并非只是内在于人类躯体的器官，其远远大于作为躯体器官的定义范围，它是社会组织和技术器官内在化的相应器官，

---

① I. James, "Technics and Cerebrality", p.80.

② B. Stiegler, *Symbolic Misery, 2: The Catastrophe of the Sensible*, p.141.

也是被内在化组织起来的网状的可塑空间。①大脑在外在环境和技术环境的影响下重塑功能分区，而且这种重塑的活动贯穿个体生命的始终，这既是大脑功能形变的原因，又是大脑功能形变的结果。

对于人类的任何躯体器官而言，也是如此。躯体器官、技术器官和社会组织三重器官系统处于互个性化的转导关系中，但它们之功能形变的速率正如前面所说是不一样的。由于躯体携带封闭的基因记忆，使得躯体器官的形态发生变化的可能性比较小，因此，即使躯体器官在技术的引导下发生功能形变，它一定会有某种类似于技术进化之系谱的固定的轨道，这种轨道既限制了躯体器官形变的方向，也限制了其形变的速率。对于人类整体的躯体器官而言，发生功能形变最明显的是大脑，因为大脑是躯体器官中最为敏感的器官，这也就是本节着重阐释大脑功能形变的原因。功能形变速率稍微快一点的是社会组织。社会组织是整体上固定的精神文化和风俗习惯，它的形成需要持留体系长时间的累积沉淀。不过，它的变化也是一个渐进的过程。但是，一旦变化累积到临界状态，这时，即使持留体系中一个微小的变量越过临界值，也会引起社会组织发生剧烈的变革。在人类历史上的历次社会变革中，我们都可以看出那个引燃社会剧变的火花。这些引燃社会剧变的危险变量虽然并不一定直接来源于技术，但是导致社会剧变之变量累积的原因却肯定来源于技术。因为在三重器官系统中，技术器官功能形变的速率远远快于其他两重器官系统。"技术生成从结构上领先于社会生成（技术是发明，发明是创新）。"②

在人类的三重器官系统中，几乎总是由技术带领着这个器官系

---

① B. Stiegler, *What Makes Life Worth Living: On Pharmacology*, pp.66-69.
② 斯蒂格勒：《技术与时间2：迷失方向》，第2页。

统之整体发生功能的形变。躯体外器官是技术器官以及由技术累积沉淀而成的社会组织，它们整体上是一种持留体系和技术系统，其与躯体器官形成互个性化的力比多流通的回路，这些回路实则标志着欲望的形态。因此，当因为技术的原因而引起器官功能的形变时，这就意味着力比多流通的回路发生了变化，即欲望的形态发生了变化。

五　欲望系谱学与力比多经济

在斯蒂格勒看来，"如果人类的身体—大脑持续地跟随广义器官的进化而发生形变，其原因只能是，其生命能量（力比多）的去功能化和再功能化是与社会组织所选出的技术代具相联系的"[①]。各种器官都处在持续的去功能化与再功能化的过程中，躯体器官功能的形变在根本上是由技术器官的变化引起的。从器官学上来讲，踩在离合器上的脚与奔跑在热带草原上的脚已经不是相同的脚了。同样，使用音乐播放器来听音乐的耳朵，与19世纪中产阶级通过手与眼睛并用来聆听音乐的耳朵，在功能上也不是相同的耳朵了。"因此，这就意味着，这些器官不再以相同的方式来管理力比多了。"[②]这些器官的功能发生了形变，就是说作为生命内驱力的力比多的流通回路发生了变化，同时也意味着人类的欲望形态发生了变化。

我们这里有必要回到潘多拉神话的哲学意义上。潘多拉之来到人间的根本目的，是根据宙斯的命令对人类进行惩罚，在她优雅美丽的外表下包藏着宙斯要惩罚人类的险恶用心。在宙斯看来，既然

---

① Mark B. N. Hansen, "Bernard Stiegler, Philosopher of Desire?", *Boundary 2*, 2017, 44(1): 181.

② B. Stiegler, *Symbolic Misery, 2: The Catastrophe of the Sensible*, p.139.

普罗米修斯盗来外在的火使人类能够生存下去，那么，人类的内心中也必须升起内在的火，人类也必须陷入欲望的永久束缚之中。这样，人们才不会再试图反抗宙斯这位最高天神的统治。人们的生命自始至终都会受到欲望的折磨，这是一种不幸；但是，人类拥有了欲望，就可以暂时遗忘对死亡之恐惧而能够快乐地活下去，于是，拥有欲望也是人类的幸运。人类的欲望是对人类意识到自己会死亡这件事的弥补，也是对人类永远不会像神一样不朽这件事的替补。动物虽然也会死亡，但动物不拥有欲望。只有人类才拥有欲望，欲望是人类特有的。爱比米修斯的过失造成了人类先天的缺陷，即人类没有必要的本能以使之在世界上生存。人类缺乏的本能分为两种：一种是生存本能，对这种本能的弥补就是以普罗米修斯盗来的火为代表的、外在于人类躯体的技术；另一种是繁衍本能，人类不像其他动物一样有固定的发情期，人类两性之间无法传递标志着适合繁衍下一代的明显的信号。对繁衍本能的弥补就是潘多拉能够引起以人类内在的火为标志的欲望。因此，欲望只是人类所特有的。

这两种本能在根本上是一种本能，没有生存也就无所谓繁衍，没有繁衍也就无所谓生存。生存与繁衍互为一体，生存即繁衍，繁衍即生存。它们彼此遵循着替补的逻辑。这样一来，两种本能就可以合二为一。本能与欲望都是对生命内驱力进行疏导的回路，就此而言，两者并没有本质的区别。只是本能这种回路是稳定的回路，大多数动物物种的本能在千百年甚至百万年的时间中都不会发生变化，或者只是发生微小的变化。在此漫长的岁月中，动物物种只是依赖其固定的本能来生存和繁衍。而对于没有这两种本能的人类来说，他们依赖于欲望而生存和繁衍。欲望并不是对生命内驱力进行疏导的固定回路，它总是在变化的过程中。欲望既缺少固定的轨道，也没有明确的方向。所以，自人类化过程开始以来，不仅人类内在的欲望形态在不断地发生变化，人类外在的欲望形态也在不断地发生变化，即技术器官和持留体系所沉淀累积而形成的社会组织的功能形变。

只要是欲望就一定会发生形态的变化。因为作为一种缺乏固定本能的生命体，人类必须用另外的方式对生命内驱力进行疏导。"欲望的出现是躯体器官之去功能化，以及人类对直立姿势的接纳而产生……的结果。"[1] 而人类对直立姿势的接纳，同时就是人类对技术的接纳。因此，对于斯蒂格勒而言，研究三重器官系统之去功能化与再功能化的广义器官学，正是一种研究欲望之回路发生形态变化的欲望系谱学（genealogy of desire）。[2]

生命内驱力在此也就是斯蒂格勒所说的"力比多"（libido）[3]。力比多这一概念之所以广为人知，其主要的原因在于弗洛伊德的精神分析理论从20世纪以来在世界范围内的广泛传播。在其精神分析理论建立的初期，力比多这个概念主要是指性欲、性本能、性冲动："生物学通常用'性本能'表达存在于人类及动物身上的性需要，并将它比喻为营养需求本能，相当于饥饿感。然而，日常用语中找不到在性方面与'饥饿'相对应的词，故科学采用'力比多'与此对应。"[4]

人们一般认为，性欲只有在成熟的人类躯体的生殖器官中才会出现，但弗洛伊德否认了这一看法。他认为，人类的婴儿一出生就

---

① B. Stiegler, *Symbolic Misery, 2: The Catastrophe of the Sensible*, p.140.

② Ibid., p.139.

③ 力比多这个概念在弗洛伊德的思想中主要有两种含义。在弗洛伊德最初使用这个词的时候，主要是指作为生理和心理能量的性驱力。而在弗洛伊德晚期的著作中，力比多则成了与死亡冲动（thanatos）、死亡本能相对立的生命能量，即生的本能、爱欲（eros）。斯蒂格勒就是在后面这个意义上使用力比多概念的。

④ 弗洛伊德：《性学三论》，载车文博主编：《爱情心理学》，北京：九州出版社，2014年，第12页。

携带着性欲，并且这种性欲几乎存在于所有的躯体器官中。"一般人总认为儿童没有性欲，只有当他们的性器官成熟时，性欲才开始出现。这是一个十分严重的误解，不管从理论上还是从实践上都是错误的。……事实上，新生婴儿一出生，也就把性欲带到了这个世界上。……生殖器并不是人体中唯一能够提供快感的部分……在人生的这一阶段，某种程度的性感快乐是通过对各种不同的皮肤区（性感区）的刺激产生的。"[1]并且随着人类躯体器官的逐渐发育，性欲在不同的阶段会在不同器官内储存其主要能量，从口唇期到肛门期，直到躯体成熟所显现出的生殖器期，均表现为性欲的不同形态。然而，在性欲的不同形态时期，躯体的其他器官仍然会对性欲的产生有诱发刺激作用，甚至会改变性欲的主要表现形态。因为，"性兴奋不仅源于所谓的性部位，而且源自身体的所有器官"[2]。弗洛伊德的这种关于性欲的理论被他的反对者们称为"泛性论"（pan-sexualism）。[3]这个时期，他使用的力比多概念正是对此普遍存在的性欲进行解释的、表示某种化学能量的概念。"为理解性生活的心理表现，我们已建立了基本的概念，这与性兴奋具有化学基础的假设是极吻合的。我们已将力比多的概念，界定为一种量化力量，可对性兴奋的过程与变化进行测量。"[4]

然而，如果说力比多是性兴奋的化学能量，那么，这也反过来意味着，性兴奋的产生及其强烈的程度是由力比多这种化学能量引

① 弗洛伊德：《致福斯特的公开信——儿童的性启蒙》，载《性学与爱情心理学》，罗生译，南昌：百花洲文艺出版社，2009年，第9页。
② 弗洛伊德：《性学三论》，第73页。
③ 弗洛伊德对"泛性论"的论述主要集中在《性学三论》《儿童性理论》《"文明的"性道德与现代神经症》《爱情心理学》等文章中。这几篇论文的中译版收录在车文博主编的《弗洛伊德文集》第5卷《爱情心理学》中。
④ 弗洛伊德：《性学三论》，第73页。

起的。但是，如果力比多这种化学能量并不是性欲本身，那么，为什么一定要认为，由力比多所引起的欲望就一定是性欲？由力比多引起的冲动为什么就一定是性冲动呢？我们当然可以认为性欲存在于所有的躯体器官中，但是，我们能够以什么样的标准判断当性欲分布于所有的躯体器官时，仍可将这种欲望称为性欲呢？弗洛伊德其实是在以生殖器期的性欲形态来解释口唇期和肛门期的性欲形态，他将性欲（sexual desire）先等同于快感（pleasant sensation），然后将其他躯体器官所能够制造的快感等同于性欲。弗洛伊德尽管已经认识到，躯体中的各种器官都可能成为性冲动的诱发器官，即是说性欲并不具有固定的形态，但他仍然将这些冲动都定义为性冲动。弗洛伊德实则并不具备判断什么是性欲的准确标准，当他将性欲还原为力比多能量时，就已经模糊了性欲的形态和真正结构。因此，与其将力比多等同于性欲的化学能量，不如认为力比多是构成所有欲望的化学能量。而性欲只是所有欲望形态中的一种欲望形态，它至多是一种主要的欲望形态，而绝不会是唯一的欲望形态。

因此，弗洛伊德在其后期的一篇重要文献《文明及其不满》（1930年）中，将力比多这一概念重新定义为能够支持所有形态的欲望之形成的建设性的能量，它是"与死亡本能截然不同的爱欲力量"[1]。爱欲（eros）是所有生命生的本能，其主要表现是性本能，因为这种本能在根本上是一种延续生命历程的冲动。但在生命有机体中，"除了爱欲之外，还有一个死亡本能"[2]。因为生的本能之所以得以存在，在根本上是为了对抗死亡本能；"这样，生命现象就能从这

---

[1] 弗洛伊德：《文明及其不满》，载《一个幻觉的未来》，杨韶刚译，北京：华夏出版社，1999年，第54页。
[2] 同上，第51页。

两个本能及其相互抵抗活动的相互作用中得到解释"[1]。对于后期的弗洛伊德而言，如果不存在死亡本能，也就不存在生的本能。生命是对无生命的替补，或者说，有机物质是对无机物质的替补；使无机物质以有机化的形式存在，可能就是无机物质的一种经济策略。而无生命以生命的形式存在，也正是无生命的一种经济策略。因此，生的本能是死亡的一种替补，是它的一种经济策略。[2]不过，弗洛伊德从实证性的临床经验出发，仍然不敢肯定这种观点，因此他以不太肯定的语气说："在很大程度上我们只能推测它（死亡本能）作为爱欲（生的本能）的一个背景而存在着，我们也承认，只要爱欲的混合不把死亡本能表现出来，它就总是躲避着我们。"[3]但是，弗洛伊德已经承认了，死亡本能与生的本能是混合在一起的，这两种本能共同存在于每一个生命有机体内。"有机体生命的运动仿佛具有一种在两极间摆动的节奏。一群本能冲向前去，以便能尽快地达到生命的最终目标；然而当这一过程达到某一特定阶段时，另一群本能则急忙返回到某一特定的点上，以便建立起一个新的开端，从而延长整个生命的历程。"[4]生命的最终目标是死亡[5]，死亡本来就是相对于生命而存在的，死亡是生命之得以存在的大背景。但是，"有机体只愿以自己的方式去死亡。这样一来，这些生命的捍卫者原来也就是死亡的忠贞不渝的追随者"[6]。这些生命的捍卫者是力比多，构成力

---

[1] 弗洛伊德：《文明及其不满》，载《一个幻觉的未来》，杨韶刚译，北京：华夏出版社，1999年，第51页。

[2] 当然，这些推论之得以成立的前提仍然在于我们在前面所提到的柏格森的观点：（无生命）物质是一种趋势。

[3] 弗洛伊德：《文明及其不满》，第54页。

[4] 弗洛伊德：《超越唯乐原则》，载《弗洛伊德后期著作选》，林尘、张唤民、陈伟奇译，上海：上海译文出版社，2005年，第44页。

[5] 同上，第42页。

[6] 同上，第42页。

比多的能量同时也是构成死亡本能之存在的能量。这种能量是生命内驱力（drive），它是死亡本能本身，即塔纳托斯（thanatos），它相对于生命有机体来说是一种破坏性的能量。但也正是这种能量构成了生命本身，因为如果生命内驱力以一种极快速度消耗的话，这就成了一种浪费。因此，生命内驱力中出现了一种替补的经济策略，即在自身中产生差异化（differentiating），以延迟（deferring）驱力的消耗，驱力将自身的破坏性扭转了方向，从而成了生命的建设性能量，即力比多。这样一来，生命的目的虽然仍旧是死亡，但有机体可以以自身的意愿去死亡。因为拥有生的本能的生命体，可以使用力比多去建设自身的通向死亡的欲望类型。

不过，弗洛伊德似乎并没有对本能和欲望进行过详细的区分，他将欲望解释成了本能。在弗洛伊德看来，"本能是有机体生命中固有的一种恢复事物早先状态的冲动"[1]，"一切有机体的本能都是保守性的，都是历史地形成的，它们趋向于恢复事物的早先状态"[2]。因此，本能就是生命有机体在漫长的进化过程中所形成的稳定的力比多流通的回路，无论是生的本能还是死的本能，它们总是倾向于沿着其固定的轨道运动。于是，当弗洛伊德从本能的视角来说明欲望时，欲望本身也成了沿着固定轨道运动的力比多的流通回路。而且，由于存在着两种本能——生的本能和死的本能，这两种本能就对应于两种根本的欲望——爱欲（eros）和死欲（thanatos）。由于死欲的目标一定是要回归生命的原初惰性状态，所以，作为一种生命有机体的人类在其诞生之初就一定要通过爱欲将死欲压抑起来。又由于爱欲本身也混合在死欲之中，因此，对死欲的压抑同时也是对爱

---

① 弗洛伊德：《超越唯乐原则》，第40页。
② 同上，第41页。

欲的压抑。这样，人类的文明就成了对人类的欲望（爱欲和死欲）进行监控、审查并压抑的巨大的超我（super-ego），"文明的进化就是在超我的影响下进行的"[①]。在斯蒂格勒看来，"所有的文明都是对弗洛伊德所谓的力比多能量的捕获方式，使这种能量从性对象上挪开，固定在可以使之升华的客体上：文明就是使驱力转化为社会能量的升华过程。总之，升华就意味着转化"[②]。升华就是对欲望压抑的结果，而且也只有通过对欲望的压抑，欲望才能够升华，进而文明才可以长存。如果任由欲望得以满足，那么作为欲望存在之大背景的死亡本能就会产生出极具破坏性的欲望，比如战争的冲动，它会使人类社会无法存续。"因此，文明的进化过程可以简单地描述为人类为生存而做的斗争。"[③]这种斗争就是对欲望的压抑（repression）。

然而，为人类生存而进行的斗争，并不一定意味着是对欲望的压抑。为了避免死欲直接表现出它的破坏性，或者为了避免死欲以爱欲为伪装而表现出破坏性，可以将这种欲望的流通回路进行修改。而对力比多流通回路的修改并不意味着对欲望的压抑，而只是使欲望的形态发生了变化。但是，弗洛伊德从本能的视角来解释欲望，将欲望等同于本能，这实际上就限制了他对欲望的思考。因为在这种逻辑中，从本能延伸出的欲望必须遵循本能之运动的古老轨道，这样的欲望形态就只有爱欲和死欲两种，而不会出现其他形态的变化。只要这两种欲望没有得到及时的、遵循其古老运动轨道的表达，那么，欲望就可以视为被压抑了。弗洛伊德从生物学意义上的本能出

---

① 弗洛伊德：《文明及其不满》，第72页。
② M. de Beistegui, "The New Critique of Political Economy", in C. Howells, G. Moore eds., *Stiegler and Technics*, p.189.
③ 弗洛伊德：《文明及其不满》，第55页。

发来对欲望进行解释，本能具有惰性，因而欲望也具有惰性。这就导致了弗洛伊德似乎从来没有意识到欲望之作为疏导力比多流通的回路是可以发生形态变化的。而且，弗洛伊德只考虑了躯体器官对欲望的塑造，而没有考虑技术器官和社会组织这两种躯体外器官对欲望的塑造。

弗洛伊德认为，人类欲望的压抑始于其两足直立行走。"当鼻子与肛门处在同一水平线上时，肛门所产生的嗅觉刺激就是一种明显的性吸引的信号。直立行走的出现引起了迄今为止都存在的鼻子与肛门的力比多排斥，或者说去功能化。"[①] "直立行走，使人类的鼻子远离地面，进而也使得一些之前接近地面时有吸引力的气味变得令人厌恶。"[②] 而与此同时，"嗅觉刺激重要性的降低本身似乎就是人类从爬行到直立行走的结果，就是人类采取直立方法的结果，这样，以前曾被隐藏着的他的生殖器可以被看见了，因此需要加以保护，使他产生了一种羞耻感"[③]。这样一来，随着人类对直立姿势的适应及其嗅觉能力的降低，他的性冲动整体就处在屈服于直立姿势对躯体器官压抑的危险中，以至于从此开始，性欲就伴随着一种对某种类型的气味之莫名其妙的反感。因此，在弗洛伊德看来，人类的文明就是以对躯体器官的压抑或者对欲望的压抑为开端的，这种压抑贯穿了每一文明之始终。

然而，因直立姿势而带来的对躯体器官的压抑，即躯体器官的去功能化，同时也是对躯体器官的再功能化。尽管直立姿势使鼻子

---

① G. Moore, "On the Origin of Aisthesis by Means of Artificial Selection; or, The Preservation of Favored Traces in the Struggle for Existence", p.202.

② S. Freud, *The Complete Letters of Sigmund Freud to Wilhelm Fliess, 1887–1904*, translated and edited by J. M. Masson, Cambridge, MA: Belknap/Harvard University Press, 1986, p.279.

③ 弗洛伊德：《文明及其不满》，第34页。

远离地面，使之丧失了与性吸引的直接联系，鼻子的嗅觉功能弱化了，但"从此以后，通过探测而发现性吸引的功能相应地就转移到了眼睛，这是一种再功能化"①。而且，"人类身体的直立姿势与身体的技术性几乎是同时实现的"②。因为，承担运动功能的手被去功能化了，而再功能化为使用技术的手。技术的出现使力比多能量的流通不再局限于躯体器官的范围之内，技术的使用接管了被压抑的躯体器官的功能。技术本身就成了外在化的器官，它重新疏导了力比多能量，使能量在技术器官中得以释放。弗洛伊德只认为直立姿势带来了欲望的压抑，却忽视了与直立姿势相伴而生的技术为欲望之释放开启的通路。他对欲望的思考只考虑到了躯体器官，而没有考虑躯体外器官。"躯体的器官学系统只有在与技术的器官学系统和社会的器官学系统一起时才能够存在。而弗洛伊德忽视了这三重器官学。"③躯体器官与躯体外器官的"这种关系正是人类身体之直立姿势的根本后果"④。

从生物学意义上讲，人类在进化过程中将躯体器官功能逐渐地外在化于技术物体之中，这本身是一种偶然的结果。⑤也就是说，技术是一种偶然的发生，但也正是依靠这种偶然发生，缺乏本能的人类找到了疏导生命内驱力的方式，即将力比多投注（invest）到技术物体之中。这就意味着技术物体成了力比多投注的对象，也即成了欲望的对象。技术协助躯体器官对生命内驱力进行疏导，技术相

---

① G. Moore, "On the Origin of Aisthesis by Means of Artificial Selection; or, The Preservation of Favored Traces in the Struggle for Existence", p.202.
② B. Stiegler, *Symbolic Misery, 2: The Catastrophe of the Sensible*, p.124.
③ Ibid., p.141.
④ Ibid., p.140.
⑤ B. Roberts, "Introduction to Bernard Stiegler", *Parallax*, 2007, 13(4): 27.

应地就成了人类必不可少的躯体外器官。但利用技术来疏导力比多只能形成不固定的回路。当技术器官因技术的更新而发生功能形变的时候，欲望的形态也相应地发生了变化。这种欲望形态的变化可能导致对欲望的压抑，但同时它也为欲望的释放打开了新的可能性。这就是斯蒂格勒的欲望观，它摆脱了弗洛伊德的欲望观中所包含的生物本能对欲望的决定意义，而认为，"欲望是文化的产物，并且，决定欲望之形态的标准是通过代际传递的，而不是经过自然选择的"①。在斯蒂格勒看来，弗洛伊德只注意到了人类文明和因人类化进程之始器官功能的形变而导致的对欲望的压抑，却没有注意到人类文明和器官功能的形变引起的对欲望的释放。因此，"弗洛伊德的器官学是阉割过的，是经过柔化处理过的。弗洛伊德没有考虑到直立姿势及其功能化、器官化的后果，没有考虑处于升华之核心地位的技术性"②。

弗洛伊德对欲望的思考同形而上学一样也压抑了技术。他从本能来理解欲望，认为欲望就是本能本身。欲望携带着本能让其表达的命令，这种命令本身不允许被修改。弗洛伊德尽管认识到，生命的最终目的乃是要回归无生命的状态，即生命是对无生命的替补，而本能正是使这种替补回归无生命的方式；但弗洛伊德忽视了本能这种方式并不是实现生命之目的的唯一方式，欲望也是使生命这种替补回归无生命的方式。在斯蒂格勒的广义器官学中，欲望与本能是力比多之流通的两条不同回路，它们的一致之处仅在于它们都表达着力比多。而且，欲望之存在必须依赖于技术之存在，技术是

---

① G. Moore, "On the Origin of Aisthesis by Means of Artificial Selection; or, The Preservation of Favored Traces in the Struggle for Existence", p.203.

② B. Stiegler, *Symbolic Misery, 2: The Catastrophe of the Sensible*, p.124.

欲望的表达，欲望则是技术的实质。不过，与本能相比，欲望这种依赖技术而疏导力比多能量的不固定回路，总是会因技术的更新迭代而发生形态的变化。由于欲望形态的变化既表示技术器官功能形变的系谱，又表示力比多流通回路变化的系谱，因此，研究三重器官系统的去功能化与再功能化的广义器官学就是欲望的系谱学，是器官功能形变的系谱学，也是力比多经济（libidinal economy）的系谱学。^① 所谓力比多经济，就是如何有效地利用力比多，管理力比多。^② 在力比多经济中，力比多能量不断地进行转变，更新自己的投注对象。而当新的技术对广义器官系统产生实质的影响时，力比多流通的回路也会相应地发生变化。欲望的系谱也随之发生变化：欲望或被压抑，或被释放。这就是斯蒂格勒的广义器官学思想为我们分析欲望形态变化的系谱学以及力比多经济的系谱学提供的视野。

在此视野下，一种典型的欲望形态和力比多经济就是消费主义。但是，消费主义是一种极为短视的力比多经济形态，它破坏了欲望，并且是在严重地浪费力比多。不过，我们眼下还不能过于着急地去分析消费主义。在对消费主义进行分析之前，我们必须通过广义器官学的视野来观察广义器官系统之互个性化形态变化的系谱和欲望形态变化的系谱。这些系谱标志着技术代具更新迭代的替补历史，因为广义器官系统之形变在根本上是由技术引起的。消费主义作为一种欲望系谱学和力比多经济，正处在科学技术之替补史的进程中。所以，在分析消费主义之前，我们首先要分析涉及技术代具之更新迭代的替补历史的一个核心概念：文码化。

---

①　B. Stiegler, *Symbolic Misery, 2: The Catastrophe of the Sensible*, p.118.

②　M. B. N. Hansen, "Bernard Stiegler, Philosopher of Desire?", p.181.

六 广义替补与狭义替补：文码化概念

在德里达看来，所有的生成过程都是延异的过程，而延异过程又都是替补的生成过程。从宇宙诞生之始，从物质诞生之始，替补过程就已经开始了。[①]因为诞生就是生成。一个生成过程开启另一个生成过程。后面的生成过程接续着前面生成过程所开启的惯性，也就接续着这个替补的过程。物质具有趋势，本身就意味着物质具有某种惯性。生命从物质中诞生出来，它接续着物质的惯性，并开启对物质的替补。而动物作为一种生命物种，是从生命这一大的生成趋势中诞生出来的，因此，它具有生命趋势的惯性，并成为一种对生命的替补形式。动物物种中的所有属种也都是对其物种的替补，因为这个物种出于某些无可考证的偶然出现了分叉（bifurcation），就像生命本身出现了分叉而出现动物、植物和微生物等生命体系一样。猫科的始祖猫（*proaelurus*）作为整个猫科动物的始祖，在基因复制的随机突变中，在迁徙过程中的自然选择下，逐渐演化出剑齿虎、恐猫、非洲狮、猞猁、家猫，它们有些已经消失，有些仍然接续着由第一只始祖猫开启的生命物种的替补过程。

人类也是某种生命替补过程的产物，并因为生命的惯性而接续着生命的替补过程。但是，人类又具有自身替补的独特形式，这种形式就是技术。人类依赖于技术的进化，标志着其与纯粹生命进程的断裂，人类需要生命有机体之外的第三种物体来弥补自身先天的不足。第三种物体即技术物体，它既是对人类躯体器官功能的替补，也是对

---

① 宇宙从哪里诞生？物质从哪里诞生？这些问题过于玄奥。人类历史上的那些古圣先贤如释迦牟尼、老子、耶稣、穆罕默德等试图思考过这些问题，他们可能已经回答了这些问题，然后将这些问题的答案留存在他们所言说或书写的文献中，只是现时代的大多数人们尚不能够理解。好在本书的主要内容并不是阐释这些问题，因此，笔者只好对这些问题存而不论了。

躯体之肌肉记忆、骨骼记忆、神经记忆和大脑记忆等连续流程的离散化（discretization）。所谓"离散化"是指，使用某种标准（criterion）得以建立的连续流程，出于某种原因，其标准被另一种标准所打碎，然后以此为基础，以另一种标准而建立起另一种连续流程的过程。锤子作为一种工具，它是对人类的拳头的离散化。人类的拳头虽然也可以击打物体，但拳头之成立所使用的是肌肉记忆和骨骼记忆的标准，这种标准无法对抗超出其坚硬程度的物体。因此，人类发明出锤子，以金属元素的标准替代肌肉记忆和骨骼记忆的标准。锤子保留了拳头击打时的姿势，但其击打的强度要远远超过拳头。锤子作为一种技术物体既是对拳头的替补，也是对拳头击打这种连续流程的离散化。

这里所说的标准是一种文码（gramme）。但是，文码远不止一种。在延异的过程中，在替补的过程中，都不断有新的文码生成，也不断有旧的文码消失。而我们所说的离散化就是新文码生成、旧文码消失的过程。因此，离散化过程就是延异和替补的过程。鉴于此，这一过程我们同样可以将其命名为"文码化"（grammatization）[1]。而文码化概念虽然不是斯蒂格勒原创的概念，

---

[1] 斯蒂格勒的"文码化"概念直接来源于法国语言学家、哲学史家西尔万·奥卢（Sylvain Auroux，1947— ）。在《语法化的技术革命：语言科学历史导论》（*La révolution technologique de la grammatization: Introduction à l'histoire des sciences du langage*）一书中，奥卢详细论述了语言系统的语法化（grammatization）的不同革命过程。"语法化"一词，就是斯蒂格勒技术哲学中所使用的"文码化"一词。奥卢只将"grammatization"限定在语言的"grammatization"中，而斯蒂格勒则扩大了"grammatization"的概念范围，他认为，整个人类化的进程都是"grammatization"的过程。目前国内的一些研究普遍将"grammatization"一词翻译为"语法化"。甚至国外也经常将"grammatization"和"grammaticalization"都作为"语法化"来使用。在语言学领域，这样做是没有问题的。但是，对于研究斯蒂格勒的技术哲学而言，由于"grammatization"的范围极大地扩大了，在将这个概念翻译为中文时，将其译为"文码化"和"语法化"，意境会完全不一样。在斯蒂格勒技术哲学中，文码化先于语法化，文码化构成了语法化之形成的基础，所以，人们"不应该将语法化（grammaticalization）与文码化（grammatization）相混淆：文码化先于语法理论。……并不是语法学家发明了文码化，相反，文码化作为一种实质性的技术事件创造了语法学家"（*Symbolic Misery, 1*, p.54）。

却是其用来描述分析技术之更新迭代的核心概念。"文码化"一词的词根是"gramme"，其表示文字、字母、基因、痕迹、能指、符号等一切可被重复和可被引用的文码。因此，在斯蒂格勒看来，所谓"文码化"，就是对一种连续而混沌的流程进行离散化，而隔离出文码、隔离出构成一个系统的有限元（finite elements），从而使这一流程变得不连续和有限，并以此为基础建立新的连续流程的过程。所以，文码化过程就是连续流程的离散化过程。斯蒂格勒在极其广泛的范围内使用文码化概念，他认为，整个人类进化的过程都是文码化过程。[1]这种文码化过程是勒鲁瓦-古兰通过实证性的考古学证据所得出的人类进化的外在化过程的另一种表达方式。

对于勒鲁瓦-古兰的外在化思想而言，由于技术物体对人类躯体器官功能的替补，以及对躯体记忆之连续流程的离散化，总是发生在躯体之外，所以人类化的过程就是躯体器官功能外在化的过程。然而，"随着外在化过程的出现，生命个体的躯体就不再仅仅是躯体了：躯体只能够伴随工具而运行"[2]。这意味着一种受基因遗传记忆影响的动物变成了几乎不受其影响的人类。"从遗传向非遗传的过程的过渡就是一种新类型的文码产生的过程。"[3]如果说基因是生物的文码的话，那么，技术正是对这种连续而混沌的躯体记忆进行离散化并使之变得不连续和差异化的文码，技术是人类的文码。"文码不仅建构生命的各个层次的结构，也以不同于生命的方式建构生命之外各个层次的结构，文码的范围涉及'从遗传基因到拼音文字直到逻

---

① B. Stiegler, *Symbolic Misery, 1: The Hyper-Industrial Epoch*, p.54.
② B. Stiegler, *Technics and Time, 1: The Fault of Epimetheus*, p.148.
③ Ibid., p.138.

各斯的秩序和某种智人的秩序'。"①

文码之为文码，其关键的意义正在于其可重复性和可引用性（iterability and citationality）。就像构成生命的基因，构成物质的元素，构成元素的原子、电子、质子和量子一样，它们是不同层次上的文码，如果其在某个层次上被打散，只要仍然存在着可被重复引用的基础文码，那么，它们就会重新在这个层次上聚合起来。支持躯体之行动的躯体器官的功能是人类基因记忆的表达，虽然基因这种文码并不直接构成躯体器官的功能，但它却是躯体器官的基础文码。正是这种基础文码使躯体中的各种器官能够将其功能以连续流程的形式表达出来。我们无法用一种统一的文码去标识各种躯体器官之可被重复引用的连续流程，因为这些连续流程可能是肌肉记忆和骨骼记忆，也可能是神经记忆和大脑记忆，它们使用的是不同的记忆标准。但是，对于人类化的进程而言，无论各种躯体器官采用的记忆标准是多么地不一样，它们之共同作为连续流程都在逐渐地被技术这种文码所离散化。这一过程也就是勒鲁瓦-古兰所说的躯体官能外在化的过程。外在化过程之所以是对躯体器官之连续流程的离散化，是因为外在化使用了一种新的文码——技术——对躯体器官记忆所使用的旧文码进行离散（discretize），然后在此基础上对躯体器官记忆进行重新表达。因此，技术是对躯体的重新书写（re-writing）。这一过程类似于在口语时代晚期，文字对口语表达的重新书写；以及类似于在我们目前所处的数字技术时代，使用视听影像语言对文字的重新书写。书写并不一定意味着使用文字，书写本身来源于一种元书写（arche-writing）。使用文字进行书写的过程是从

---

① B. Stiegler, *Technics and Time, 1: The Fault of Epimetheus*, p.137.

元书写中生出的以文字为新标准的书写过程，比如，当希腊悲剧时代的通过口语进行传播的英雄史诗被第一批拼写字母记录下来，字母就是新的书写标准。"字母书写把言语流分解成了一种可再认知的字符的有限系统。这种字符，一方面是可迭代的和可模块化的，另一方面又能够保持拼字正确的稳定性（orthographic stability）。这种新系列的文码的产生改变了修辞活动的基本条件。"[1]但是，无论是口头语言中的音节、音素、音调，还是书面语言中的字母、偏旁、假名，它们都属于从元书写中生成的书写标准。而且，这些书写标准都具有原初的替补性。音节、音素和音调虽然只是通过声带震动产生出来的，但它们仍然以空气作为其物质载体，空气是对声带震动的替补，因而又构成了声音本身。字母、偏旁、假名的替补性显而易见，就是其书写在纸张上的痕迹。而这种原初的替补性，在斯蒂格勒看来，即是原初的代具性和原初的技术性。技术既然是对人类躯体的重新书写，而且这一过程开始于人类化之初，那么，人类化过程就是技术化过程，也即采用技术文码进行文码化的过程。

因此，利用技术将躯体器官记忆外在化的过程就是对躯体器官记忆进行离散的文码化过程。"作为文码化的过程、无机物质的有机化，也即技术，并不是'人类的外延'，而是对人类的挪用（appropriation）、对人类的书写。这种书写从人类或其他生命的某种流程或运动的连续中离散出来。其一旦被自动地离散和铭刻进无机物质中，这个运动就会生成一种文码，并因此被替补的逻辑和（元）书写的核心特征揭露出来。"[2]之所以说技术是对人类的挪用，是因为技术试图将躯体器官之连续流程所显现出来的姿势，复制到

---

[1]　J. Tinnell, "Grammatization: Bernard Stiegler's Theory of Writing and Technology", p.136.
[2]　Ibid., p.137.

外在于躯体的工具和机器等技术物体中，以便在躯体缺席的情况下完成技术的更新迭代。比如，人类用锤子捶打东西的姿势就可以被技术离散化后引入机器，以使作为技术个体的机器取代作为技术个体的人类。这就像用文字记录下说话者的言语，即便在说话者不在场的情况下也可以将其言语再现出来。

然而，技术对人类躯体的挪用是发生在躯体之外的，是将躯体器官功能外在化的。技术文码和基因文码是两种不同类型的文码：一种在躯体外，一种在躯体内。这样一来，技术作为一种外在化的替补就标志着与纯粹生命替补的断裂。

于是，"这种基于勒鲁瓦-古兰的工作所做的分析，将允许我们与德里达围绕延异概念进行对话，因为这个概念正是描述一般生命过程的概念。在此过程中，人类是仅有的一个特例"[①]。从人类化过程伊始，也就是从人类诞生之时起，人类的进化就是将其躯体记忆逐渐外在化于躯体的过程。人类化过程开始于南方古猿时期，即从第一个南方古猿开始，其躯体记忆就逐渐地外在化了。这一使南方古猿的躯体记忆开始第一次外在化的文码首先是什么，甚至南方古猿从具体什么时间开始人类化过程，都已完全不可考。因为，所有的生成过程都是延迟和差异的过程，只有替补而没有起源。如果说存在着某种起源的话，那么，这种起源也只是对某种新生成的文码的临时表达。因此，所谓起源就成了一种修辞方式。

人类躯体记忆的外在化过程的开始，既意味着与一般生命的基因文码之延异过程的断裂，也意味着人类独立于一般生命的新的延异过程的开启。"延异就是一般生命的历史，在此历史中，延异产生

---

① B. Stiegler, *Technics and Time, 1: The Fault of Epimetheus*, p.136.

了一种特定的形式或阶段。这一阶段使文码以现有的形式呈现成为可能。"①此阶段就是人类化的历史，也即技术和技术文码化的历史。斯蒂格勒的"文码化"概念与德里达的"文码学"（grammatology）概念有着密切的关系。虽然德里达将自己的文码学理论主要限制在对文学理论的批评之中，但文码学理论可以应用的范围远远超出文学理论领域。斯蒂格勒把这种文码学的应用拉出了文学理论领域，将其放置于技术领域内，把文码学作为理解所有形式之技术系统的基础。"对于斯蒂格勒来说，从楔形文字到音标的转变是一种文码化的过程，从手工工具到工厂机器的转变也是一个文码化过程，而基因工程同样是一种文码化过程。"②

德里达在他的《论文码学》中着重论述了口头语言系统和文字书写系统中的文码概念，并反复阐释了其替补思想。但德里达将文码学应用于对于生命过程的分析却极其有限，不过，德里达文码学理论的替补思想作为一种理论模型，却可以用来对所有生命的生成过程进行分析。可是，也正是因此，德里达和斯蒂格勒二人对替补思想的应用出现了不同。由于这种思想在描述生成过程时能够将物质的生成、生命的生成、动物的生成和人类的生成等而视之，这实际上就使得德里达忽视了一般生命的替补与人类生命的替补之间的差异，忽视了人类生命是与纯粹生命的断裂、人类生命是依赖纯粹生命之外的方式即技术而进化的这一状况。③德里达的替补思想实则是一种广义替补（general supplement），其只关注替补本身，而忽视了不同类型的替补。德里达并没有思考人类进化的延异过程与一

---

① B. Stiegler, *Technics and Time, 1: The Fault of Epimetheus*, pp.137–138.
② J. Tinnell, "Grammatization: Bernard Stiegler's Theory of Writing and Technology", pp.135–136.
③ 关于此内容的详细论述，可参见 *Technics and Time, 1: The Fault of Epimetheus*, pp.134–142。

般生命进化的延异过程的区别，也没有思考人类进化的延异过程的特殊之处。广义替补当然可以用来描述人类生成的过程，但这样一来，人类的特殊性就会被忽略掉。所以，对人类生成过程的描述需要一种狭义替补（special supplement）的思想。这样，斯蒂格勒与德里达的差别出现了：斯蒂格勒的技术哲学是一种只关注人类之生成过程的狭义替补思想，而德里达的延异思想则是一种可以用来分析所有生命之生成过程的广义替补思想。不过，也正是因为狭义替补是从广义替补中衍生出来的一种思想，我们才说，德里达的替补思想是斯蒂格勒技术哲学的灵魂。

"德里达的延异思想实际上是关于生命的一般性历史，即关于文码的一般性历史。"①这也就意味着，延异和替补过程就是文码化过程。而"文码化过程是替补的历史，替补存在于连续流程的离散化、区分、分析和分解中"②。于是，延异、替补、文码化、离散化都是在表示同一种过程。德里达的替补思想实际上就是斯蒂格勒的文码化思想。如前所述，决定纯粹生命之进化的文码是基因，决定人类进化的文码就是技术。由于基因文码相对稳定，技术文码则不停地更新迭代；因此，在斯蒂格勒看来，与替补概念相比，使用文码化概念能更好地描述人类进化的过程。"斯蒂格勒甚至比德里达更为明显地声称世界中的生命——人类的生成、历史的变迁、社会的组织——就是文码的进化与发展。原子对于物理学的意义，就类似于文码对斯蒂格勒的意义。"③对应于替补概念的广义和狭义的使用范围，文码化概念也有其广义和狭义的使用范围。斯蒂格勒思想的

---

① B. Stiegler, *Technics and Time, 1: The Fault of Epimetheus*, p.137.
② B. Stiegler, *What Makes Life Worth Living: On Pharmacology*, p.49.
③ J. Tinnell, "Grammatization: Bernard Stiegler's Theory of Writing and Technology", p.135.

出发点①是要直面因技术的强大力量而对人类社会带来的诸多严重问题②，技术问题成了斯蒂格勒思想的中心问题。因此，尽管文码化概念可以等同于替补概念，但当斯蒂格勒在使用文码化概念时，他几乎总是在狭义上使用这一概念。德里达用延异思想描述一般生命之生成过程，而斯蒂格勒将其用于描述人类的生成过程。于是，人类的生成过程就是技术的生成过程，即，人类的延异就是技术文码化的过程。

从南方古猿到晚期智人再到现代智人，这是整个生命洪流之中分叉出来的一个支流，即人类化进程。如果说生命是对物质的替补，生命是从物质中生成的一种特殊语法（idiom），那么，相对于以量子（quantum）作为文码而文码化生成的物质，生命就是一种狭义的文码化进程。生命所拥有的特殊语法以及其特殊的文码化进程只对生命本身适用。离开了生命范围，生命的语法就不会起任何作用。而相对于生命这种特殊语法，人类化的进程就成了从特殊语法中生出特殊语法的文码化过程。生命是从物质中分叉出去的物质，人类则是从生命中分叉出去的生命。人类是生命这种普遍语法中的一种特殊语法，生命中其他特殊语法则包括动物、植物和微生物等。

然而，人类的真正特殊之处并不在于他是生命中的一种特殊语法，而在于他作为生命中的特殊语法标志着与纯粹生命的断裂：生命是对物质的替补，而现在，人类作为一种生命，它在用物质反过来替补生命。这种物质当然不是普通的惰性物质，而是有机化的物质，这种物质是被重新组织（re-organize）过的。虽然这种物质导致

---

① 斯蒂格勒思想的问题出发点是技术问题，斯蒂格勒思想的逻辑出发点是外在化思想。这一点我们需要区分清楚。
② B. Stiegler, *Technics and Time, 1: The Fault of Epimetheus*, p.ix.

了人类与纯粹生命的断裂，但是，它作为被重新组织过的物质而加入人类生命的范围之内，在此意义上又弥补了这种断裂。很明显，这种物质就是技术。人类的诞生就是技术的诞生，在起源的修辞学意义上，这种诞生开启了斯蒂格勒技术哲学所描述的狭义文码化的进程，即技术文码化的进程。技术对躯体器官之连续流程的离散化，实则是对躯体从基因文码携带而来的表达方式的离散化。这种离散化的直接后果，就是破坏了作为生命进程中出现的一种特殊文本（idio-text）的躯体，也即破坏了躯体的特殊语法。勒鲁瓦-古兰所描述的人类躯体器官功能的外在化进程就是技术逐渐将躯体的特殊语法离散化，然后将躯体这种特殊文本纳入技术所建立的语法体系之中，通过技术文码来表达躯体姿势。虽然技术破坏了人类躯体文本的完整性，造成了人类化进程与纯粹生命进程的断裂，但是，技术通过将人类的特殊语法离散化后整合进技术文码，又弥补了这种断裂。

对于斯蒂格勒的技术哲学而言，人类化就是技术化，但是这种技术化同时也是躯体器官功能的外在化。根据勒鲁瓦-古兰，躯体官能的外在化最初开始于肌肉功能和骨骼功能，然后是神经系统功能和大脑功能的外在化。这些器官系统功能的外在化虽然是先后发生的，但这一外在化进程所涉及的躯体器官及其功能的范围却是在逐步地扩大。在我们所生活的这个科学技术的时代，我们大脑的意识系统和无意识系统的功能正在被科学技术逐渐地外在化。在未来可以预见的时间内，人类躯体的生理器官和精神器官所使用的几乎所有的特殊语法估计都会被不断诞生的新技术尝试离散化，即，将这些特殊语法离散后纳入不断扩大的技术文码化的范围内。这虽然是人类化进程的一种必然结果，但正如我们之前所说，任何技术文码化首先显现出的就是技术作为药的毒性，文码化之所以又被称为离散化，就在于它所开启的第一次悬置必然是药学意义上的毒性环境。然而，这只是目前的科学技术文码化在人类躯体器官范围内所显现出的效应。我们不要忘了，人类之作为人类而得以生存的原因，正是在于其拥有三重器官系统。我们不仅要在广义器官学的视野内思考技术文码化对躯体器官的影响，而且要考虑其对社会组织这种躯体外器官的影响。

现在，我们需要回到勒鲁瓦-古兰所说的内在环境这一概念。内在环境作为社会化的记忆及其累积沉淀的文化本身会产生出不同的衍射与分叉系统，这些系统近乎生命之洪流中分叉出的不同纲目和种系。而技术系统就是从内在环境中生成并从内在环境中分叉出的一种子系统或者子环境。一旦其作为系统被独立地分叉出去，技术系统就具有了相对独立的进化动力。作为一种狭义上的文码化过程，技术系统从内在环境中独立出来，也意味着它拥有了自身的特殊语法。这种特殊语法是对人类躯体的特殊语法的替补，但替补的后果是，技术逐渐地将躯体的特殊语法作为一种方言（idiom）给离散掉，将躯体器官的连续流程纳入技术文码化的范围，直至达到躯体的极限，直至躯体的任何器官都不再具有任何特殊语法，直至从技术本身就可以孕育出躯体，而不再是从躯体孕育躯体。然而，在广义器官学的视野内，技术系统作为躯体外器官的一种器官系统，它不仅离散化躯体器官，而且它作为从内在环境中生长出的一个子环境也正逐渐地将内在环境的普遍语法纳入自身的语法系统中，即技术系统正在离散化内在环境。这正是我们这个时代正在发生的事情。"我们面临着文化（即整个内在环境）和技术由分化到逐渐趋向对立的过程。技术不再是内在环境的一个子环境，它成为以世界化技术为本的外在环境：内在环境稀释于本质上技术化的外在环境之中。……技术化的外在环境也体现为全球性的工业生产体系。"①这种工业体系意味着将作为躯体外器官的社会组织也纳入了技术文码化的特殊语法，这样一来，技术这种原本只属于小范围内的方言竟然逐渐地将内在环境反噬而成了一种普遍的语法。

我们之前说过，广义器官系统，无论是躯体器官系统还是躯体外器官系统，本质上就是一种替补系统。并且，替补性也意味着代具性和技术性。但是，这三重器官系统之生成所接续的替补惯性是不一样的，而且，它们作为某种替补链条所形成的历史也不一样，所以，三重器官系统使用的是不同的语法，它们有其各自的方言。于是，当技术文码化的历史进入科学技术文码化时代时，技术作为一种替补形式，试图将躯体器官和社会组织的特殊语法完全离散化并统一使用技术文码来表达时，就会产生严重的后果：科学技术的药学环境将会释放剧烈而又极富扩散性的毒性，导致三重器官系统的互个性化的转导关系被破坏，心理个性化和集体个性化的进程被短路。虽然科学技术的药学环境中的毒性最终会转化为药性，但这个转化过程所付出的代价却异常巨大。对于斯蒂格勒的技术哲学而言，技术既是人类的本质又是人类的存在方式，可是，为什么科学技术文码化会有如此巨大的破坏力量及毒性呢？

每一种技术都是一味药，既是毒药，也是解药。技术的这种特性开启了斯蒂格勒技术哲学的药学视角，这种视角只有放在广义器官学这样一种开阔的视野中，才能发挥其真正的作用。而广义器官学又标示着其必然具有自身的历史系谱，即包含了一种欲望系谱学。这一系谱学是技术替补之替补标准的变迁，替补具有一种替补的历史，即文

①　斯蒂格勒：《技术与时间1：爱比米修斯的过失》，第71页。

码化的历史。[①]于是，对于斯蒂格勒的技术哲学而言，"药学预设了器官学，而器官学又要求文码化进程的历史"[②]。只有当我们将广义器官系统的文码化历史分析过后才能够明白，科学技术文码化时代，也就是我们所处的这个时代，为什么会显示出前所未有的破坏力量和毒性。

七 广义器官系统的文码化历史

文码化并不开始于人类化进程之始，相反，正是文码化导致了人类化的进程。文码化过程开始于何时根本无法考证，其可能开始于宇宙大爆炸，然后以能量的形式向外扩散，再之后出现了量子，形成元素，然后形成物质。到了36亿年前，出于某种十分偶然的原因，物质出现了可以被复制引用的形式，"复制爆炸"（replication bomb）的文码化过程便开启了。"任何爆炸都是由触发事件开始的：某种量超过临界值，于是事情上升到失去控制，导致远远超出触发事件的结果。复制爆炸的触发事件，便是自发地产生能自我复制而又可变的独立体。……关于启动地球上这一进程的复制事件，我们还没有找到直接的证据。我们只能推断，这件事肯定发生过，因为我们自己就是这聚合在一起的爆炸的一部分。"[③]这种复制爆炸导致了生命的诞生，它开启了采用基因文码以生命的形式对物质进行替补的漫长的物种进化的历程。生命文码化的历史，是从生命起源开始

---

① B. Stiegler, *What Makes Life Worth Living: On Pharmacology*, pp.44–45.

② Ibid., p.22.

③ 理查德·道金斯：《基因之河》，王直华、岳韧峰译，上海：上海科学技术出版社，2012年，第110页。

的生命形式的进化并逐渐分叉进而繁盛或者干涸的历史。生命的历史可以是细胞史、微生物史、植物史、动物史，也可以是基因分类史、表观遗传史、疾病史、病毒史，当然也可以是人类史。

广义器官系统的文码化历史，就是一种以广义器官学的视野来考察技术文码化所导致的三重器官系统之功能形变的人类史。这一历史进程开始于500万年前南方古猿脚的扁平化。这一进程的开始同时也是技术化进程的开始，我们前面已经说过，直立姿势不可避免地使手开始使用工具。这是器官功能的形变，是工具对手的功能形变，也是手对工具的功能形变。不过，尽管这一广义器官系统的文码化历史可以回溯到500万年前，但是我们在这里只将对这一历史进程的考察范围限定在1万多年前现代智人产生之后的时间内。因为，对于我们这些生活在科学技术文码化时代的人们来说，只有从现代智人进化的历史中所产生的替补惯性（supplementary inertia），才能够产生重要而显著的影响与意义。

不过，技术一方面既是对人类的躯体的替补，另一方面由于其本身构成了人类的躯体外器官，因此技术也就成了对人类躯体的挪用，是在用技术文码对生成躯体之连续流程的旧文码的离散化。在将躯体姿势的连续流程外在化的过程中，这种离散化过程不可避免地会将躯体记忆中的某些信息给剔除掉。因而，当每一种新的技术物体被发明和使用之后，它都必须经历被躯体器官接纳并适应的过程。从药学的视角来看，这一过程总是先表现为对躯体器官的毒性，而后才能够显现出药性。而从广义器官学的视野来看，新技术物体之被投入使用总是会引起广义器官系统的两次悬置：第一次是破坏性的悬置，第二次是建设性的悬置。广义器官系统的文码化进程就是在毒性与药性交替变换、两次悬置的互相推动的过程中逐渐行进的。对于斯蒂格勒的技术哲学而言，在从1万多年前开始的现代智人的历史中，技术文码化过程至今共发生了三次革命。[1]而每一次革命都改变着人类的精神状态，改变着已成型的生活方式。由于"在每一种文码化过程中，一种连续的流程（例如言语、身体和基因组）就会分解成一种离散元系统（如字母、机械系统和重组的基因序列）；并且，在每一次的文码化过程中，后一种文码的出现总是分解、形变和重构前一种文码"[2]，因此，文码化过程中的技术革命一定会对旧文码化时代中人类社会所累积沉淀的文化、风俗、伦理和制度等进行破坏。

可是，正如前面所说，这些作为孕育新文码之产生的旧文码化时代的精神文化一旦被另一种文码离散后，即以另一种文码表达出来之后，就再也不是其自身。这种状况类似于，用画笔画出的风景画再也不是自然中的风景，用文字写下的事件再也不是事件本身，用摄像机拍摄下的镜头再也不是现实中活生生的动态。因为，不同文码化过程采用的文码标准是不一样的，当一个技术事件以另外的技术方式表达出来时，它已经不是原来的技术事件了。这就导致了任何新的文码化过程在对旧的文码化过程进行离散化时，都会将旧文码化过程的某些信息遗漏或者筛选出去。不过，也只有这样，新的文码标准才能够在这种已被破坏的社会中建立，新的文化、风俗、伦理和制度才可能出现。当然，这种表现为破坏性的离散化并不意味着对旧文码化时代所有的精神文化的清除。旧文码化时代所累积

---

[1] 斯蒂格勒以欧洲文明为中心来阐释文码化过程，因而他不可避免地从欧洲文明的源头处即古希腊开始论述文码化过程。斯蒂格勒的文码化思想当然可以用来解释别的国家和民族的文明历程。但这种全方位的论述不是本书的任务所在。因此，为了简洁地将斯蒂格勒文码化思想阐述清楚，笔者将按照斯蒂格勒本人的欧洲文明视角来对文码化进程进行论述。

[2] J. Tinnell, "Grammatization: Bernard Stiegler's Theory of Writing and Technology", pp.135–136.

沉淀下来的精神文化即便是被新文码离散化了，它们也仍然会作为培育新文码化时代之精神文化的养分而存在。因为，新文码化时代正是在旧文码的沉淀层上生长出来的。

文码化过程的第一次技术革命是文字书写的出现。[①]苏格拉底就处在希腊社会文码化过程的第一次技术革命刚发生的年代。在《斐德罗篇》中，苏格拉底明确地对文字书写持贬斥态度，他认为文字书写会开启技巧诡诈之门。[②]如果关于灵魂的知识都是通过文字被书写下来的，那么，这些文字既可以传播到能够读懂它的人手里，也能够传播到那些根本读不懂它的人手里。如果希腊城邦的青年人认为只要他们阅读了文字就能够获得真正的知识，而不是真正深入地思考什么是知识，那么，文字就成了一种毒害青年灵魂的毒药。而且，如果智者使用修辞术对文字所记载的知识肆意解释，那么，书写这种技术就会败坏希腊城邦的社会风气。[③]也正是因此，苏格拉底批评吕西亚斯所写的文章只是在滥用修辞反反复复地说一件事，他是在渲染情绪，而根本不是在使人以理智控制情绪。因此，当斐德罗要求苏格拉底也书写一篇文章时，苏格拉底表示自己只口述而不将这篇文章书写下来。对于苏格拉底而言，他始终认为书写会迷惑人们的灵魂，使人类在尘世中更加沉沦，所以，"苏格拉底是口语文化最具雄辩力的捍卫者和对书写文化最强烈的质疑者。……苏格拉底自己完全不动笔，……这是因为他相信书本会造成积极判断思考

[①] 书写的出现就是文字的出现，文字的出现也必然意味着书写的出现。

[②] "在这一点上，即使是在他那个时代，苏格拉底也不是孤独的。公元前5世纪，世界另一端的印度梵文学者同样贬低文字，认为口语才是真正促进智力与灵性成长的载体。"（《普鲁斯特与乌贼》，第76页）

[③] B. Stiegler, *Symbolic Misery, 1: The Hyper-Industrial Epoch*, p.56.

的短路,造就出仅拥有'虚妄智慧'的学子"①。在苏格拉底看来,只有言语才是最切近逻各斯和真理的。书写将导致遗忘,"因为书写是一种中介,是逻各斯离开了自身"②。书写开启了投机取巧之门,开启了狡诈诡辩之门。

但我们必须注意的是,苏格拉底这些批评文字书写的言语正是通过文字书写下来的。柏拉图用文字书写下来的《斐德罗篇》成了苏格拉底言语的替补,而后人只能通过这些文字记录来了解苏格拉底是怎样批评书写的。也就是说,正是书写构成了苏格拉底批评书写的形象。然而,由于这些书写并不是苏格拉底自己所书写的,而且就连柏拉图是否篡改了苏格拉底当时的言语后人也无从得知,因此,只进行言说的苏格拉底不可避免地成了柏拉图用文字书写的苏格拉底,苏格拉底之言语的连续声音流被文字这种希腊悲剧时代的新文码给离散了。所以,我们只好承认,这位被柏拉图用文字书写将其言语离散化了的替补者苏格拉底就是原始的苏格拉底,就是真实的苏格拉底。可是,这位被书写替补的苏格拉底为什么要批评贬低书写呢?

其原因在于:在这位替补者苏格拉底生活的希腊悲剧时代,书写还处于萌芽状态,它还是一种新技术。这时的书写主要被行政人员用来抄写和记录账目。苏格拉底只看到了书写作为一种新文码对作为旧文码的言语的破坏、对希腊悲剧时代的精神文化的破坏,而没有看到新文码对希腊形而上学时代的精神和文化的建设。苏格拉底还不适应文字书写这种新文码。他没有预见到,正是文字书写的出现使得写作和阅读成为可能。而写作和阅读不仅能够将知识传播

---

① 玛丽安娜·沃尔夫:《普鲁斯特与乌贼:阅读如何改变我们的思维》,第67页。
② J. Derrida, *Of Grammatology*, p.37.

到更大的范围，而且能够激发新思想、拓展人类的视野，进而开发人类的智慧。[①]因为，文字的发明使人类那些过往时代所累积的知识和经验不用总是被记录在大脑皮层中，而是可以被书写在纸张文献中。后世的人通过阅读这些文献，就可以获得前几代人的知识和经验。同时，也正是由于文字书写这种新文码系统的出现，口头传播的神话和英雄史诗不再仅仅是神话和英雄史诗，而成了历史。书写开启了历史，也开启了对历史的思考。因为有了文字书写记载，一个民族的过往才有迹可循，一个民族的集体认同也就有迹可循了。最终，苏格拉底输了这场反对书写的战争，如果他能晚一个世代出生，可能会对书写宽容许多。晚于苏格拉底出生的柏拉图对书写的态度就是如此，正是他书写下了苏格拉底的言语供后人阅读。亚里士多德则是书写文码化时代的原住民，在其青年时代就养成了用文字阅读和书写的习惯。

从希腊悲剧时代向希腊形而上学时代的过渡，或者说从前苏格拉底时代向苏格拉底时代的过渡，正是由希腊社会文码化的第一次技术革命开启的。这种新的文码系统或新的技术系统就是文字书写。而文码化的第二次技术革命则是印刷技术革命。[②]

"第二次技术革命开始于文艺复兴中印刷机的发明，兴盛于宗教改革这一前所未有的政治—宗教的对抗过程中。在此过程中，由《圣经》和各种书籍等印刷品构成的精神的药学，以及与这些药[③]相配合的理疗术，成了精神冲突的中心。"[④]印刷技术开启了新文码化时

① 玛丽安娜·沃尔夫：《普鲁斯特与乌贼：阅读如何改变我们的思维》，第75—76页。
② B. Stiegler, *Symbolic Misery, 1: The Hyper-Industrial Epoch*, p.54.
③ "这些药"指的就是印刷的《圣经》和各种书籍印刷品。
④ B. Stiegler, *What Makes Life Worth Living: On Pharmacology*, pp.59—60.

代。正如书写技术文码化是对希腊悲剧时代的精神文化的离散一样，印刷技术也同样会对书写技术文码化时代累积沉淀下来的精神文化进行离散。它作为一种新技术，也招致了类似于苏格拉底当年对书写的批评和谴责之声。"15世纪古登堡印刷机的发明，开启了另一轮激烈的批判。意大利人文学者赫罗尼莫·斯夸希亚菲柯（Hieronimo Squarciafico）①担心，书籍太容易获得将会导致人们智力的懒惰，使人们'懈怠学习'，使其心智衰弱。另一些人则担心，便宜的印刷品和报纸将会侵蚀教会的权威，贬低学者和抄写员的工作，并散播煽动性和放荡的言论。"②这些人的担忧是不无道理的，正如他们所料，由于印刷技术的推广应用，《圣经》能够以很低的成本方便而快速地在广泛的范围内传播，神职人员所拥有的对《圣经》的绝对解释权被破坏了。但这些人之所以担忧，正是因为他们也像苏格拉底一样没有看到这种新技术所能够产生的全部后果。

很快，印刷技术的传播和推广成了一个政治事件。不用通过教会，世俗的男女通过阅读以本地方言翻译的并带有注释的《圣经》就可以直接与上帝进行沟通。他们意识到这是其自身本来就有的权利和自由，于是向教会的权威发出挑战，要求重新划分神圣与世俗的界限。马丁·路德说"古登堡的发明是上帝的'至上神恩'，那是因为印刷品放大了口语词，而不是让口语词静默。把印刷机和布道

---

① 赫罗尼莫·斯夸希亚菲柯是15世纪威尼斯的一位编辑，他为意大利出版界大亨、著名的人文主义者阿尔都斯·马努蒂乌斯（Aldus Manutius）工作，后者是威尼斯阿尔丁出版社（Aldine Press）的创始人。斯夸希亚菲柯对印刷术所导致的书籍泛滥表示担忧，其最为人熟知的一句格言是：印刷的书籍越多，人们（追求知识）越不勤奋。"斯夸希亚菲柯对当代媒介传播理论研究有着重要意义。沃尔特·翁（Walter Ong）和尼古拉斯·卡尔（Nicholas Carr）在《口语文化与书面文化：语词的技术化》和《浅薄：互联网如何毒化了我们的大脑》中都有对他的评述。

② N. Carr, "Is Google Making Us Stupid?", p.94.

坛对立起来的做法违背了路德革命的精神"①。于是,以印刷技术的发明和印刷品的广泛传播为契机,影响近代欧洲乃至整个人类文明进程的宗教改革得以开展。②"印刷技术导致了一个'药学转折',……这一转折成了作为阅读之理疗术的宗教改革的精神斗争的主要对象。"③宗教改革的主要成果在于,将原本只属于神职人员的权利重新划分,使得世俗中的个人也可以不通过教会而获得上帝的救赎。虽然宗教改革并没有挑战上帝的地位,也没有对神权的合法性产生质疑。但由于此运动大大扩展了人与上帝进行沟通的途径,且提高了人相对于上帝的地位,宗教改革就为启蒙运动的开展蓄积了力量并奠定了基础,随之而来,推动了自由、平等、民主等理念的传播。

印刷技术使得书写技术文码化时代产生了突变,它是旧时代的精神文化动荡的原因,也是新时代精神文化形成的条件。"印刷技术发明以后,业已存在于西方文化里的走向理性化和系统组织化的驱动力就能够更加有效地付诸实践了。"④其结果就是,印刷技术诱导了一个新时代的诞生,这个新时代就是资本主义时代。⑤资本主义在根本上是文码化的一种形式,它"将西方的以一神论宗教为基础的信仰社会,形变成了以信托可计算性为基础的信用社会"⑥。一神论宗教信仰是书写技术文码化过程累积沉淀下来的精神文化,或者说是第三持留体系,它被印刷技术文码化离散后,出现了资本主义精神文

---

① 伊丽莎白·爱森斯坦:《作为变革动因的印刷机:早期近代欧洲的传播与文化变革》,何道宽译,北京:北京大学出版社,2010年,第232页。
② 同上,第227—231页。
③ B. Stiegler, *What Makes Life Worth Living: On Pharmacology*, p.60.
④ 伊丽莎白·爱森斯坦:《作为变革动因的印刷机:早期近代欧洲的传播与文化变革》,第234页。
⑤ 关于印刷技术对资本主义诞生的诱导,可参见《作为变革动因的印刷机:早期近代欧洲的传播与文化变革》"新教伦理与新兴资本主义的关系"一节。
⑥ B. Stiegler, *What Makes Life Worth Living: On Pharmacology*, p.59.

化。不过，这一精神文化特征同样会被下一次技术文码化进程所离散。

文码化进程的第三次技术革命开始于19世纪前后。[1]从此之后，人类进入大工业时代，决定这一时代之进程的是科学技术（technology），因为科学与技术在这一时期合二为一了："科学技术既是技术的一个时代，也是科学的一个时代，即，技术科学的时代。在其中，科学与技术形成了一种新的关系。技术科学首先指的既是科学的一种新存在方式，也是技术的一种新存在模式，其成果即科学技术。"[2]技术能够成为科学技术，是对技术之进化的具体化趋势的一种表达。"因此，正是具体化要求技术形变为技术科学，使技术科学取代科学。但是这也就意味着，具体化要求以技术科学的实验取代科学的演绎。"[3]那么，科学与技术为什么恰恰能够在19世纪结合在一起呢？根据斯蒂格勒的技术哲学，技术是人的本质和存在方式，人的诞生就是技术的诞生，所以技术伴随着人类进化的始终。但科学的产生要晚得多[4]，因为科学是形而上学具体化的形式，它产生于形而上学展开的进程中。只有在形而上学以分解为诸种科学的方式完成之后[5]，科学才会与技术相结合。而在形而上学的时代，科学与技术是无论如何不会相结合的，因为形而上学把科学规定为必然，把技术规定为偶然，并认为技术没有动力因和目的因。所以，自形

---

[1] B. Stiegler, *Symbolic Misery, 1: The Hyper-Industrial Epoch*, p.54.
[2] B. Stiegler, *Technics and Time, 3: Cinematic Time and the Question of Malaise*, p.202.
[3] B. Stiegler, *Technics and Time, 1: The Fault of Epimetheus*, p.76.
[4] 这里所说的科学指的是现代科学（modern science）。"按照惯例，现代科学是与牛顿时代相联系的，其开始于伽利略和笛卡尔，终于康德、拉瓦锡、伏特、卡诺、拉马克等人。"（*Technics and Time, 3*, p.189）技术与科学结合之后的科学是当代科学（contemporary science），也即斯蒂格勒所说的技术科学。
[5] 可参见海德格尔：《哲学的终结和思的任务》，载《面向思的事情》。

而上学诞生以来，技术一直被其压抑着。①19世纪是形而上学终结的时代，只有在此时，形而上学失去其统治地位，科学才能够与技术相结合，必然与偶然才能结合，科学技术便产生了。这一结合开启了文码化的第三次技术革命，我们可以称这一时代为科学技术文码化时代。

科学技术文码化时代是与印刷技术文码化时代的断裂，它同时也离散了后者所累积沉淀的精神文化，即资本主义精神文化，造成了资本主义的危机：从19世纪前后开始的大工业生产，逐步地将印刷技术文码化时代所累积沉淀的"知道怎样去做"（savoir-faire）和"知道怎样去生活"（savoir-vivre）的知识离散化了。首先是把"知道怎样去做"的知识离散化，将其写进机器。②这种知识本来是印刷技术文码化时代沉淀于劳动者躯体记忆中的连续的流程，它们是连续的肌肉记忆、骨骼记忆和神经反射系统记忆。它们被机器的自动化流程离散之后，机器就成了对劳动者的替补。逐渐地，劳动者便不再掌握这种"知道怎样去做"的知识，劳动者成了无知者（proletrian），即马克思所说的劳动者的无知化③（proletarianization）。④不过，科学技术文码化所引起的后果远不止如此，它在当代引起了更为严重的后果。在斯蒂格勒看来，马克思所说的这种劳动者的无知化只是无知化的第一个阶段。当资本主义

---

① B. Stiegler, *Technics and Time, 1: The Fault of Epimetheus*, p.1.
② B. Stiegler, *For a New Critique of Political Economy*, p.114.
③ 马克思的"proletarianization"概念通用的中译名为"无产阶级化"。但在斯蒂格勒技术哲学中准确的翻译应该为"无知化"，以表示工业革命以来，科学技术对"savoir-faire"和"savoir-vivre"这两种知识的离散化。对斯蒂格勒而言，"proletarianization"整体上是一种知识丧失（the loss of knowledge）的过程。
④ B. Stiegler, *For a New Critique of Political Economy*, p.33.

进入超工业时代（hyper-industrial age）①之后，新的无知化就出现了，即消费者的无知化。这是无知化的第二个阶段。

科学技术文码化时代大大地扩展了文码化所涉及的范围。如果说前两次文码化之得以展开首先涉及的是人类大脑的认知，进而从认知出发使人类的思想形态、生活习惯以及社会的制度、风俗、伦理、道德发生改变，那么，这一次文码化进程之得以展开首先所涉及的就并不仅仅是人类大脑的认知。它涉及形成认知的大脑以及使大脑得以形成的躯体本身。前两次的文码化进程虽然都使躯体器官功能发生了形变，但是它们没有改变人类躯体的形态，因为它们离散化的范围并不涉及使躯体形态得以表达的基因文码。科学技术文码化中的基因工程正在试图对人类基因组本身进行解码，以对之进行可能的编辑，进而达到消除基因之先天缺陷的目的。这种对人类基因组本身的离散化的真正后果现在是无法评估的，因为在这一进程之内根本无法获得评估其后果的标准。而且，如果人类躯体形态通过基因编辑技术真的发生改变，那么，这种改变一定会产生某种联动效应，它不仅会使已经累积沉淀成型的社会组织发生改变，而且会使基因编辑技术之产生的最初目的发生改变。

"斯蒂格勒认为，最重要的文码化过程涉及领土（territories）、身体，甚至细胞的生成。"②所以，使躯体形态发生改变，只是科学技术文码化之范围扩大的一个方面。其另一个重要方面被斯蒂格勒称为"去本土化"（deterritorialization），其实质在于，将全球不同

---

① 在斯蒂格勒看来，当代资本主义并不处于后工业时代，而是处于超工业时代。"所谓超工业时代，其特征是，计算已经扩大到生产领域之外，工业化的领域也在扩大中。"（*Symbolic Misery, 1,* p.47）这即是说，超工业化就是要将资本主义精神文化更进一步地离散化，直至其达到自身的极限。

② J. Tinnell, "Grammatization: Bernard Stiegler's Theory of Writing and Technology", p.136.

地域的人口对时间和空间观念的本土认同离散化后，将其纳入统一的文码标准体系内。去本土化是技术环境作为内在环境的一个子环境而逐渐反噬内在环境的后果之一，它将在不同的种族中单独表达的技术趋势纳入统一的文码系统中，即科学技术文码系统。不同种族之间的技术环境因统一文码的出现，技术体系之文码化和离散化的进程也就渐渐一致起来，"技术体系向着联合元素的复杂性和发展之一致性的方向进化。'随着时间的推移和技术越来越复杂，保障技术体系之生命的内在联结数量也越来越多。'这种互相依赖的全球化——它们的普遍化，也即技术的去本土化——导致了海德格尔所说的集置（Gestell）：全球性的工业技术在全球范围内对资源进行系统性的开发的同时，导致了世界经济、政治、文化、社会和军事之间的相互依赖"[1]。这样一来，不同种族在其单独的文码化进程中所累积沉淀下来的有其本土和种族特色的文化、风俗、伦理和制度等第三持留就被拔离了其一贯生长的时间和空间，即被离散化而失去原来的生命力了。即使将这些不同特色的文化等第三持留以数码影像的方式复原展示在观众面前，这种以新持留设备为载体的文化形式无论如何已不再是原来的文化了。这是一种离散化过程，它包括两个方面：一方面，当以数码设备表达出某种生长在特殊的时空环境中的文化时，就已经是对这种文化的离散化，它的许多信息被筛选出去了，比如特殊时空环境中空气的湿度和色彩；另一方面，将特殊时空中的文化通过数码影像展示给这种时空外的人们，由于这些人会将自身的时空观带入对此种文化的解释中，并进而影响使此种文化得以生长的特殊时空环境，于是，这也造成了其离散化。

---

[1]　B. Stiegler, *Technics and Time, 1: The Fault of Epimetheus*, p.31.

　　而且，这种全球性的工业技术体系不仅是在冲淡稀释内在环境，而且也在剥削掠夺地理、生态等外在环境。工业技术体系以是否可以获得能源为标准来判断外在环境，这样一来，外在环境就成了等待着被开发的能源，它以能源的形式被离散化了。环境污染是这种离散化所制造的毒性之一，其更深远的毒性现在还远远没有显现出来，或者说未被人类所意识到。我们之所以说，科学技术文码化时代进行的第一次悬置所制造的毒性远远大于前两次文码化进程，正在于科学技术文码化时代通过对全球时空观念重新进行规划，将科学技术这种特殊语法变成了普遍语法。我们所处的这个文码化阶段仍在释放出它的毒性，它正在破坏欲望，正在破坏个性化。因此，下一章我们要深入分析科学技术文码化对于人类社会这个广义的器官系统中文化、政治、经济、教育等主要的领域所造成的影响。这一分析是通过斯蒂格勒技术哲学的药学视角，在广义器官学的视野内鸟瞰人类社会的诸种状况。

第五章　超工业时代的药学环境

苏格拉底在反对文字的战争中失败了，但是苏格拉底对文字带来的威胁所做的思考却是极为深刻的。"苏格拉底竭尽所能地发挥他传奇性的口才，来反对发展希腊字母文字及其读写能力。在今天看来，苏格拉底很有先见之明，人类从口语时代转变到文本文化后确实遗失了一些东西。"①这种遗失不仅仅是因为新的文码化过程的开启首先显示出来的是毒性，更主要的是因为文码化作为一种离散化过程，必然会将旧文码化时代一些重要的或者不重要的东西给遗失掉。这种遗失意味着，旧文码化时代的一些持留设备出现在新文码化时代时，它将找不到属于自己的位置和意义。比如农耕时代的犁耙、蒸汽时代的蒸汽机，它们作为持留设备已经被淘汰出科学技术文码化之进程，它们无法在科学技术体系中作为技术元素或者技术个体而存在，它们的功能和意义被离散了。如果说犁耙和蒸汽机还有某种意义的话，那这种意义只在于，它们可以被摆放在博物馆中，以作为曾经发生过的技术文码化时代的见证。当然，这种意义也是极为重要的意义。但是，从广义器官学的角度来看，犁耙和蒸汽机之

---

① 玛丽安娜·沃尔夫：《普鲁斯特与乌贼：阅读如何改变我们的思维》，第20页。

被摆放在博物馆中，意味着其已经从技术器官变化为某种社会组织，这种社会组织承载着过往时代之历史的时间痕迹，并影响着当下技术文码化时代的精神和文化的形成。

技术文码化的进程就是广义器官系统之功能形变和互个性化关系变化的历史。在斯蒂格勒的技术哲学中，使广义器官系统得以形成的技术文码化进程，类似于使计算机软件得以运行的代码编写，因此，"文码化总是广义器官学系统整体的一种功能"[1]，而且这种功能还是其最为基础和根本的功能。当一种新的文码化进程开启时，它是不会考虑广义器官系统原来的互个性化回路以及系统原来的个性化是否能够正常运行的。新文码化进程使广义器官系统之亚稳定环境濒临崩溃的状态，但是，这是环境变化时必须经历的阵痛。不过，新文码化进程不会将亚稳定状态完全破坏，因为三重器官系统处于彼此制衡的关系中，即使技术文码化过于超前，人类躯体作为广义器官系统中的重要一环仍然具有相对的制衡力量。在此彼此制衡的关系中，三重器官系统经历震荡之后仍然会恢复其亚稳定平衡的状态。所以，"文码化的历史就是一系列个性化丧失的历史"[2]，即去个性化（dis-individuation）的历史。

不过，这种去个性化的历史也是一系列再个性化（re-individuation）的历史。因为，"个性化与个性化的丧失是不可分割地联系在一起的：个性化的发生，也是个性化丧失的发生。典型的例子就是勒鲁瓦-古兰所说的种族的出现：从燧石/大脑皮层的分配到种族/技术系统的分配；……然后是从种族到公民，……从公民到机器（机器的出现是现代性过程中的个性化的丧失）。这一过

① M. B. N. Hansen, "Bernard Stiegler, Philosopher of Desire?", p.175.
② B. Stiegler, *Symbolic Misery, 1: The Hyper-Industrial Epoch*, p.56.

程也说明了文码化的历史，尤其是言语时间流程被字母离散化，从而使得政治个性化出现了，而其代价则是方言的语法和特殊语法（grammatical and idiomatic）的同质化"①。政治的个性化也就是心理的个性化，不过这种心理个体在政治上获得了公民的身份，它自身的方言习语被离散了。获得公民身份的心理个体之得以成立，不是依赖于言语的连续流程，而是依赖于文字的书写。因为，文字将集体得以成立的权威性和神圣性的来源形变了。在文字产生之前，集体个性化虽然也与心理个性化处于转导关系之中，但集体个体之成立的依据在于某个心理个体所具有的神圣和权威，在于他的言语、神态、姿势等连续流程。但是在文字产生之后，集体个体之成立或者说集体个性化之进行，就不再依赖于言语、神态、姿势等与躯体相关的时间性连续流程。文字作为一种技术体系，它的出现重构了心理个体与集体个体之间的关系。文字体系取代了口语体系在心理个体和集体个体之间的位置，或者说，文字体系将口语体系的位置降低了。文字书写虽然被柏拉图看作口头语言的补充，但是它实则是对口头语言这一技术系统的取代。文字出现之后，口头语言便不再具有权威。它的权威性必须有文字作为印证，这实际上意味着，口头语言的权威性已经转移到文字书写上。因此，集体个体之成立的根据就在于法典、制度、史籍等以文字形式被书写下来的持留设备中，文字书写使得心理个体和集体个体之间形成了新的互个性化的关系。文字文码化虽然破坏了口头语言与心理个体和集体个体之间的互个性化关系，但是，它又与后两者之间形成了新的互个性化关系。每一次文码化进程其实都在重复这样的状态，它一边破坏广

---

① B. Stiegler, *Symbolic Misery, 1: The Hyper-Industrial Epoch*, pp.62–63.

义器官系统的互个性化关系，即去个性化；一边又在建设其新的互个性化关系，即再个性化。所以，在斯蒂格勒看来，文码化过程既是个性化/再个性化的过程，也是去个性化的过程。

由于广义器官学既是欲望系谱学，也是力比多经济学，因此，作为广义器官系统之基础功能的文码化进程就同时是在使欲望系谱不断发生变化，也在使力比多的流通回路发生变化的过程。广义器官系统中的去个性化与再个性化总是不停地在发生，除非人类与技术之耦合而产生的动力被清除，否则，个性化的过程将一直持续下去。这样一来，欲望的系谱就不停地在发生变化，力比多流通回路也在发生变化。可是，文码化进程对力比多流通回路的修改并非总意味着是在建设一种力比多经济，或者说，并非总意味着是在建设一种有效地节约使用力比多的经济。技术的文码化既能够产生力比多之流通的长回路（long-circuit），也能够制造力比多之流通的短回路（short-circuit），而短回路就是加速力比多能量之消耗的通路。①

对于长回路和短回路进行思考，我们必须回到斯蒂格勒技术哲学的第一个基本假设上来，即回到爱比米修斯原则上来。爱比米修斯的粗心大意为人类招致了先天地无本质这一缺陷。这种缺陷无论是对于动物还是对于神都是缺陷。虽然如此，这种所谓的缺陷在某种意义上却为人类开启了无限的可能性。"对于斯蒂格勒来说，这种缺陷一方面允许我们去发明自身，另一方面却迫使我们永远地寻找外在于我们（非）自身的东西去完成和构成我们。"②因此，人类起源处的缺陷就意味着人类的无限化（infinitization），这种无限化对

---

① B. Stiegler, *For a New Critique of Political Economy*, p.42.
② C. Howells, "'Le Défaut d'origine': The Prosthetic Constitution of Love and Desire", p.139.

于人类来说具有全方位的意义，它标志着人类可以具有任何可能性，可以具有任何属性和特质。技术是普罗米修斯偷盗而来的对人类之起源性缺陷的替补，技术使人类后天获得了生存的技能，使人类具有了某种后天的属性和特质。而人类一旦具有某种属性和特质，它们就会成为人类之无限化的障碍，因为人类天生不具有任何确定性的本质，而确定性就是有限化（finitization）。"人类化过程的外在化过程是不断地通过代具对起源的缺陷进行弥补，但是代具本身又不断复活并深化起源的过失。"①因此，技术作为代具，既是对人类之缺陷的弥补，也构成了人类的缺陷；前一种缺陷指的是无限化，后一种缺陷指的是有限化。正是在此意义上，斯蒂格勒说，每一种技术都是人类的一味药，既产生毒性，同时也产生药性。这是人类依赖于外在的技术和技术物体而存在的必然结果。

技术是对人类之无限化的约束，这说明人类是他律的存在者。但由于人类本身是先天地无任何本质的，因此，人类又是自由或者说自律的存在者。"我们人类作为有机体，由于自身的技术性必须受他律的约束。他律就意味着：对于我们'合适的'，同时也是对于我们'不合适的'，即在缺陷中存在，起源即是缺陷。由于是代具的、他律的有机体，人类总是不停地处于自我更新中。从其起源的缺陷开始，人类就在不停地发展弥补这种缺陷的方式。"②但是，任何合适的弥补方式总会造成人类之不合适的生存。如果技术是药的话，那么，人类因此就成了药学的存在者。这种药学存在者没有任何固定的属性和特质可言，因此，因大工业时代中机器的出现而导致的"后人类"（post-human）的状况并不是对人类化进程的准确描

---

① B. Stiegler, *What Makes Life Worth Living: On Pharmacology*, p.109.
② Ibid., pp.113–114.

述。"如果所有的代具性都是药学的，并且如果每一味药都是代具的，那么，所谓'后人类'状况就并不来源于我们所是的存在者的'技术化'……后人类状况来源于另外的方面，来源于一种新的药学面相。"① 这种新的药学面相是科学技术文码化时代所造就的不同于书写技术文码化时代和印刷技术文码化时代的药学环境，而且这种环境目前仅仅是在显示其有毒的一面。

一　互个性化的长回路与短回路

那么，这种药学环境的有毒意味着什么？它意味着，科学技术文码化正在对广义器官系统的三重器官之间所形成的互个性化之长回路进行破坏性的离散化，即，科学技术体系破坏了三重器官系统之转导关系，使其互个性化的长回路短路（short-circuited）了。短路并非意味着切断力比多流通的回路，而是意味着将长时间内构建起来的长回路直接短路。短路就是在欲求（desiring）与目标之间通过技术架起了一条捷径，这种技术将欲求与目标之间的距离缩短了，但其代价则是破坏了欲望，并造成了力比多能量的严重浪费。

"互个性化既能生产（produce）个性化的长回路，也能生产个性化的短回路，即去个性化。"② 当然，导致个性化过程短路的原因并不在于互个性化，而在于开启广义器官系统之互个性化的文码化进程。而且，"个性化过程就是对缺陷的接纳，因为任何一味药必然会引起对缺陷（无限）的取代……（同时）一个互个性化过程首先是

---

① B. Stiegler, *What Makes Life Worth Living: On Pharmacology*, p.108.
② B. Stiegler, *For a New Critique of Political Economy*, p.41.

一个接纳的过程"①。因此，当互个性化过程生产个性化的短回路之时，它就是在拒绝个性化对人类的先天必有之缺陷的接纳，它就是对人类之缺陷的否定。这种否定的后果是致使广义器官系统中不断熵增。

自启蒙运动以来，人们对科学技术的乐观态度导致了大量短回路的产生。人们相信一种进步的历史主义观念，人类相信随着科学技术的不断发展，历史中那些一贯威胁人类社会的事物，比如疾病和战争，都将销声匿迹。而且，科学技术的不断进步会使他们曾经认为是遥不可及的目标变得轻而易举就可以实现。人们甚至否定上帝的存在，认为由于上帝本身是虚妄的，以上帝的救赎作为人生的最终目标就是一场没有实际价值的骗局。对上帝和诸神以及各种精神信仰的否定，就是韦伯和阿多诺所说的祛魅（dis-enchantment）的过程。所以，尼采说，正是人杀死了自己的上帝。上帝之死是科学技术文码化时代对人类之起源性缺陷进行否定的结果，而上帝之死又导致了时间和历史中的目的的消失，即导致了历史虚无主义的产生。"虚无主义是一个历史过程，贯穿文码化的撤资（divestment）过程之始终。（科学技术）文码化就是药学的神性放弃（pharmacological kenosis）的过程。（这种）文码化解构欲望回路，毁坏通向无限化的权力和知识。"②因此，不仅是对科学技术文码化而言，对于任何技术的文码化进程而言，当其制造大量互个性化的短回路之时，它就正在显现出自身的毒性，并且是在否定人类之起源性的缺陷。对于斯蒂格勒而言，"没有任何实存是不伴随有无限之可能的，更准确地说，没有任何实存是不伴随有保障无限化之力量的，

①　B. Stiegler, *What Makes Life Worth Living: On Pharmacology*, p.101.

②　Ibid., p.77.

而相应地，这又预设了知道怎么去无限化的能力"①。

而互个性化的长回路正是对人类之能够无限化的能力的肯定和保证。长回路首先承认了人类之起源性的缺陷，正是这种缺陷的存在，才使得技术成为人类的替补，进而使得技术物体及其所累积沉淀下来的持留设备构成人类的躯体外器官。人类之起源性的缺陷开启了人类之进化的无限可能性，也是这种缺陷的存在使得广义器官系统始终能够处于亚稳定状态中。否定这种缺陷，就是否定随之而来的人类之无限化的能力，堵住了人类之通向未来的无限可能性。这就会将广义器官系统的亚稳定性拉回到一个极度稳定的状态，任何一个微小的变量都有可能使系统发生剧烈的动荡，因为三重器官系统之间失去了转导功能。由于技术器官的形变总是领先于躯体器官和社会组织，并且技术器官的形变总是看起来要弥补人类的缺陷，因此，每一次技术文码化进程的开启总是首先表现为对人类之起源性缺陷的否定，总是表现为对技术之领先性的被动适应（adaption）。正像启蒙运动以来的科学乐观主义一样，它认为通过科技可以解决人类的一切问题，可以完全弥补人类之起源性的缺陷。而对技术如果只是被动地适应，就会产生大量的互个性化的短回路。如果在一个时期，人们普遍地缺乏远大的目标，缺乏超出世俗生活之外的目标，那么，这个时代就是已被大量短回路所环绕的时代，就是技术之毒性到处弥散的时代，就是力比多能量被极度浪费，以及欲望被严重破坏的时代。不错，这个时代正是我们现代人正在经历的科学技术文码化的时代，或者说，是科学技术文码化进程中所出现的超工业时代。

---

① B. Stiegler, *What Makes Life Worth Living: On Pharmacology*, p.76.

在超工业时代中，技术体系进化的速度远远快于其他体系进化的速度。广义器官系统已经出现了严重的失衡，技术器官拉扯着躯体器官和社会组织不断地前进，但是后两者已经跟不上技术器官前进的步伐。我们的社会正在经历这种被撕扯的剧烈疼痛：我们的道德伦理似乎已经严重落后，已经不能够用来解释和指导现代人的行为规则；我们的节日和风俗似乎也已经变得不合时宜，它们之存在的真正意义早已被众人遗忘，所有的节日和风俗统统都成了消费的理由，成了消费主义的狂欢节。这是广义器官系统出现大量短回路的表现，也是我们现代人不断迷失方向的原因。而"这一切主要来源于工业革命以来技术发展的速度。这个速度仍在不断加快，严重地加剧了技术体系与社会组织之间的落差"①。超工业时代的科学技术体系在全球范围内，将心理个性化和集体个性化所形成的长回路给短路了。虽然在斯蒂格勒看来，在技术文码化进程中，去个性化已经不是第一次发生，但是在全球范围内发生普遍的去个性化过程却是第一次。这是人类化进程中前所未有的经验，而这种经验对人类社会实则是一种灾难。"如果技术系统和构成社会的其他系统正处于灾难性的境况中，引发此境况之最可能的原因就在于，技术个性化不受控制地加速进行。"②

当技术个性化的速度远远大于人类的生理器官和精神器官对之接纳的速度的时候，人类的生理器官尤其是精神器官就不得不被动地适应技术个性化了。智能手机从发明出来到在全世界范围内的普及，至今仅有十年左右的时间。但它作为一种技术物体所诱导出的技术趋势才刚刚开始，需要数十年，甚至上百年的时间来铺展。人

① B. Stiegler, *Technics and Time, 2: Disorientation*, p.3.
② B. Stiegler, *Symbolic Misery, 2: The Catastrophe of the Sensible*, p.137.

们对智能手机已经产生严重的依赖性，但人类躯体的生理器官却并非十分适应这种人们日常生活中逐渐离不开的技术物体。长时间地低头摆弄手机，加重了肩颈的负担；而且，智能手机高强度的光线和辐射会导致眼睛疲劳严重的话，可能会使视网膜脱落。但是，与智能手机对精神器官的影响相比，其对生理器官的这种影响还是小得多，因为生理器官的疲劳完全可以通过有意识的适度休息来缓解。但是，智能手机对精神器官的影响即使是在躯体远离智能手机之后，仍在发生并不断地深化。智能手机从功能和外观上每隔一定的时间就会更新换代，这就使得精神器官的注意力（attention）周期性地被投注到这种技术物体上。智能手机这种周期性的更新换代实则是为精神器官的注意力建立了一种超前的预期（anticipation），可是这种预期只是短回路的预期，它并不能够形成长回路的前摄（protention）。因为，"前摄就是过去的持留（retention）允许向未来投射的东西"①。它是从过去累积沉淀的持留设备中所升华出的对未来之无限化的预期，它虽然从过去而来并指向未来，但是其未来的实现必须依赖于现在的注意。因而，是一种长回路的前摄。"注意就是在注意的对象中并通过这一对象对持留的把握。在注意的对象中是指，通过注意维持这一对象，即建立这一对象。"②注意虽然已经是有所预期，但是这种预期必须从过去的持留而来，"通过预期先在的对象，而构成注意的对象"③。所以，注意的对象的成立必须有某种超前的、长回路的或者是短回路的预期。对于前摄这种长回路的预期来说，它"把注意拉住，并使注意保持专注的状态，进而构成对其所

---

① B. Stiegler, *Symbolic Misery, 1: The Hyper-Industrial Epoch*, p.65.
② Ibid., p.64.
③ Ibid., p.64.

预期的东西的警觉。但现在,持留中的前摄被取消了"①。智能手机的更新换代中并不具备任何出于使广义器官系统之互个性化长回路得以建设的前摄的目标,它只有一个短回路的预期,即提高手机的销量,进而提升手机公司的盈利。它从来不考虑这种频繁的更新换代会对整个社会风气、时代的精神状况以及心理个体造成什么样的后果。

　　任何注意力的投注都会耗费力比多能量,而这种以智能手机为代表的周期性地更新换代的技术物体会越来越多,周期也会越来越短,这会导致注意力投注的分散,以及大量地浪费力比多能量。这种由智能手机通过控制前摄而制造的短回路是对真正的前摄的破坏。但它的真正目的却在于对当下注意力的控制,即通过破坏第二持留而营造短回路的预期,进而实现对第一持留的控制,然后实现作为第三持留的智能手机等技术物体的销量增长。这是超工业时代的普遍的经济模式:所有的商品几乎都是为了消费而生产,为了消费而消费。广义器官系统之互个性化失衡的状况虽然是由技术个性化的速度远远超出心理个性化和集体个性化的速度而引起,但是,技术个性化之所以能够获得其加速的动力在根本上仍然是由于技术与科学的结合。面对技术个性化的加速,在心理个体和集体个体获得足够的时间去思考该如何主动地去接纳(adopt)技术个体之前,在这三种个体能够形成长回路的互个性化之转导关系之前,技术个体就已经迫使心理个体和集体个体被动地去适应(adapt)由此技术个体在它们三者之间所搭建的互个性化的短回路。心理个体和集体个体如果只是被迫地去适应技术个性化,那么,它们之间只会生产短回路。因为,"适应性的互个性化过程由短回路形成,接纳性的互个性

---

① B. Stiegler, *Symbolic Misery, 1: The Hyper-Industrial Epoch*, p.65.

化过程由长回路形成。短回路只能导致偶然（accidents）：它们不能从缺陷中产生必需的东西（欲望与升华）；它们也不能产生这样的感觉和信念：缺陷一定要成为必需的"①。这种缺陷是人类之为人类所必有的缺陷，而由短回路所生产的适应性的互个性化过程则是对此必有之缺陷的否定，是对人类之无限性的否定。短回路使人们变得有限，这种有限的另一种表达方式就是世俗（worldly）：他们无法超越世俗的眼界，每天汲汲于日常重复的工作和琐碎的生活，根本地遗忘了那些规定自身的东西就是限制自身、使自身变得有限的东西。于是，当人们热切地期待着（anticipate）某种最新的智能手机、智能家电、智能汽车的上市时，当人们热切地盼望着某部最新的电影、剧集的上线时，在人类社会这个广义器官系统内大量的严重浪费力比多的短回路正在被制造出来，大量的熵正在被制造出来。

这是我们所生活的时代的一个基本状况，我们所生活的这个时代被斯蒂格勒称为超工业时代。"超工业持留系统捕获了注意力，事实上就是弱化了注意力，进而耗尽了注意力……这个系统通过捕获注意力而摧毁了注意力，也就制造了大量的漫不经心（inattention）……这就是一种完全的分心（dis-traction），是无法集中注意力（at-traction）的消遣（distraction）。"②注意力就是第一持留，那么，为什么在科学技术文码化的超工业时代，第一持留这种心理个体中极具特殊性的语法成了离散化的对象了呢？

为了分析这个问题，我们需要回到以蒸汽机的诞生为标志的工业革命时代。

机器的诞生取代同为技术个体的人类在技术元素中的位置，人

---

① B. Stiegler, *What Makes Life Worth Living: On Pharmacology*, p.102.
② B. Stiegler, *Symbolic Misery, 1: The Hyper-Industrial Epoch*, p.66.

类不再是工具的持有者，而机器成了工具的持有者。人类作为技术个体的位置之所以能够被机器所取代，在根本上是由于作为有机体的人类躯体与作为有机化的无机物的技术物体所遵循的是两种不同的文码标准。人类躯体作为有机体生来就已经是具体化的，其已经具备完整的躯体器官系统。但人类生来不具备能够维持其生存的本能，所以它必须依赖外在的技术物体以对这种缺陷进行弥补。同时，由于形成技术物体的是被动的惰性物质，这就决定了最初诞生的技术物体不可能是一种完整的有机整体，而是一个又一个零散的技术元素。这种技术元素就像一个又一个零散的器官一样被技术趋势所挟裹而趋向于具体化。技术元素作为工具最初被人类所持有，但随着技术具体化的趋势的变化，当某些技术元素聚合在一起得以形成自身之独立的动力来源时，它们就会构成一种不同于人类的技术个体，即机器，进而取代人类与技术元素的位置。人类躯体遵循的是基因文码，而技术物体则遵循的是技术文码。这两种不同的文码系统会形成两种不同的连续流程，因此，对于服从技术文码的技术元素而言，它更倾向于与同样服从技术文码的机器联合起来。所以，同样都是技术个体，人类作为工具的持有者最终一定会被机器所取代。

　　机器对人类作为技术个体之职能的取代，意味着标准化（standardization）生产的出现。"工业机器允许制造的行动能够被离散化、标准化和可复制化，工业机械复制工人的技能并将其投入机器中。"[1]但是，我们并不能够认为，是机器工业化为标准化生产提供了可能性，恰恰相反，"正是标准化的倾向——即生产越来越完备的

---

① B. Roberts, "Memories of Inauthenticity: Stiegler and the Lost Spirit of Capitalism", in C. Howells, G. Moore eds., *Stiegler and Technics*, p.229.

类型的倾向——为工业化提供了可能：因为技术进化的一般过程具有这种标准化的趋势，所以大工业才得以产生，而不是相反，由于大工业的出现带来了标准化的倾向"①。标准化本质上是一种文码化过程，"这一过程在相同意义上，与书写允许口语的复制、印刷允许副本的复制是一致的"②。只是前者所涉及的对人类之躯体姿势的离散化范围要大得多。所以，标准化的技术物体的生产从来不来自工业化意向，是标准化导致了工业化。手工业时代所生产的技术元素也具有标准化的倾向，但是两方面的原因使得手工制品的标准化倾向表现得并不是太明显：一方面，手工制品的生产者是人类，不同的人在生产同一种手工制品时，由于其生产的意图和对制品形式的把握以及其制作时肌肉、骨骼以及情绪状态的差异，都会使生产出的同一种手工制品有所不同；另一方面，"'手工制造的技术物体是零散的'，零散的原因来自技术物体的内部，但同时也是和确定其'特制'规范的外在条件的零散性相对应的。由于这类物体没有具体化，所以它们的用途是确定的，它们必须适应带有强制性的、特定的背景条件，一旦脱离了这个背景，它们就不起作用"③。这种特定的背景就是技术物体所处的内在环境。在手工业时代，技术环境远远不具备冲淡其内在环境的力量，因此，这一时代的技术物体必须服从其内在环境而不是技术环境。而内在环境相应地也就将技术物体之标准化的倾向掩盖了下来。

这样，大工业生产就引发了马克思所说的机器对人的异化，也即斯蒂格勒所说的机器对人们"知道怎样去做"的知识的离散

① 斯蒂格勒：《技术与时间1：爱比米修斯的过失》，第82页。
② B. Roberts, "Memories of Inauthenticity: Stiegler and the Lost Spirit of Capitalism", p.229.
③ 斯蒂格勒：《技术与时间1：爱比米修斯的过失》，第82页。

化。这是无知化的第一阶段。在斯蒂格勒看来，马克思"对'无知化'的定义，并不是财产的丧失和贫困化，而是指知识的丧失"[1]。因此，机器对工人在劳动中的位置的取代所导致的劳动者物质上的贫困化（pauperization）只是机器所引起的后果的表面现象。它所引起的真正的严重后果在于对劳动者躯体器官所保持的连续流程的离散化，即对劳动者的无知化。[2]劳动者的无知是指其知识的贫瘠化，而不单是指其物质生活的贫困化。然而，"尽管马克思在有关大工业的分析中也提出，我们应当像达尔文分析生物物种进化那样，去分析技术的革命和进化过程，但从另一方面来看，他却在某种程度上忘记了之前提出的两个重要主题：人类作为技术存在的外在化过程和知识丧失的无知化"[3]。这就导致了马克思未能预料到无知化过程仍然会在机器大工业时代在人类生活的广度和深度内继续进行。因为，人类躯体所具有的知识不仅包括生理器官的"知道怎样去做"的知识，也包括精神器官的"知道怎样去生活"的知识。它们都是躯体器官在技术文码化进程中，通过器官功能的形变而累积沉淀下来的记忆或者连续流程。

　　大工业生产所导致的对"知道怎样去生活"的知识的离散化，实际上标志着工业化范围的扩大，即工业标准化的范围的扩大、科学技术文码化范围的扩大。大工业时代进入了超工业时代。"超工业时代是文码化过程的新阶段，这一阶段的文码化超出了语言层面，

---

①　张一兵、贝尔纳·斯蒂格勒、杨乔喻：《技术、知识与批判——张一兵与斯蒂格勒的对话》，载《江苏社会科学》2016年第4期，第2页。引文有修改：将"无产阶级化"修改为"无知化"。
②　B. Stiegler, *For a New Critique of Political Economy*, p.60.
③　张一兵、贝尔纳·斯蒂格勒、杨乔喻：《技术、知识与批判——张一兵与斯蒂格勒的对话》，第3页。引文有修改：将"无产阶级化"修改为"无知化"。

涉及姿势、行为和运动等所有领域。"①而且,"随着工人被机器逐渐地废除个性化,工作的贬值就会永不停歇——从工作的破碎,到高级执行者的压力,再到失去动力和工具化的执行者。工作就成了管理工人的机器,人成了高级的执行者,成了被输入高级代码命令的程序"②。在超工业时代,由科学技术所开启的文码化趋势试图将一切特殊语法都纳入技术文码标准之内,从对基因的编辑,到转基因物种的培育,到对地理水文和气象物候的干预,直到对行星天体和星辰宇宙的探索,这些都标志着科学技术试图将它们的特殊语法离散后重新编写。人类的生理器官和精神器官所具有的作为特殊语法的知识当然也包括在这个文码化过程之内。"从古希腊开始直到16世纪,文码化一直处在描述特殊语法的阶段,通过描述特殊语法,进而改变和控制特殊语法。然而,文码化的超工业阶段必然导向(例如,文本成了超文本,这是由于搜索引擎的缘故)读者(reader)自身的形式化(formalization),因为读者本身就是一种有个人习语的语法(idiolectic grammar)。"③

对人类所有的特殊语法之离散化的直接后果,尤其是在无知化过程的第二阶段,就是人类更加不得不服从科学技术文码化。后者对人的日常生活的每一细节都试图干涉,试图将其每一细微的动作都以数字的形式表示,以便在未来的某个时间内编写出适合所有个体的连续化程序。"日常生活的超工业化格式化了每个人的日常生活——尤其是通过在工作与私人生活中无区别地被使用的手机等技术代具——

---

① B. Stiegler, *Symbolic Misery, 1: The Hyper-Industrial Epoch*, p.57.
② Ibid., p.59.
③ Ibid., p.70.

以在功能上既服务于商业世界,也服务于公司。"①虽然超工业时代的个体作为心理个体仍然具有某种特殊文本性（idiotextuality），但此特殊文本却不得不服从于由科学技术文码化所编写的超文本，心理个体的时间划分和空间划分被纳入了超工业文码化的进程中。于是，心理个体的注意力，即其第一持留，这种心理个体中极具特殊性的语法成了离散化的对象，被超工业的力比多经济所控制，被纳入了其标准化的范围之内。这就意味着，心理个体的个性化过程被短路了。

而且，由于超工业技术环境冲淡了作为社会化记忆之载体和精神文化之载体的内在环境，实际上是控制了内在环境，因此它也将集体个性化过程短路了。由工业标准化所导致的无知化，本身就是科学技术文码化毒性的表达；而从无知化的第一个阶段——对"知道怎样去做"的知识的离散化，到无知化的第二个阶段——对"知道怎样去生活"的知识的离散化，是此种毒性不断加深的表现。因此，对于人类社会这种广义器官系统而言，它正处在三重器官系统的互个性化被普遍短路的时代。

二　经济的去政治化

超工业时代是资本主义的一个阶段。在这个阶段中，"个体被技术同质化地制造出来，以至于个体不能出于自身的目的而发生改变。其结果是，技术进化的相移成了一系列个性化的丢失，即去个性化"②。超工业时代也是资本主义最为窘迫的时代，此时资本主义已经到达了它的极限。资本主义正在破坏其自身得以建立的那些理

① B. Stiegler, *Symbolic Misery, 1: The Hyper-Industrial Epoch*, p.69.
② S. Barker, "Techno-pharmaco-genealogy", p. 264.

念，比如自由、平等、民主等。而且，"到了超工业时代，资本主义使用计算科技将生产和消费过程整合进同一个经济系统中，以去捕获和疏导力比多，并减少特异性（singularity），也就是说，将每一种生存（existence）都变为简单的维生（subsistence）"[①]。由于特异性标志着心理个体、集体个体和技术个体之间的个性化和互个性化的行进，因此，对特异性的减少就是对长回路之短路的增加，也是斯蒂格勒所说的精细化（particularization）形式的增加。[②]短回路的增加明显地表现在心理个性化和集体个性化以及二者的互个性化之中：心理个体之尝试着去理解"什么才是生存"的理智（sensible）不断地被"怎样才能更舒服地生活"这样世俗的问题所压制，心理个性化逐渐地被压缩到由技术所划分的时空范围内；而且，随着上帝之死而来的祛魅过程的进行，集体个体中不再存在宏大的叙事，或者说这种叙事已经作为伪命题被限制在极小的范围内。这样一来，心理个性化与集体个性化之间就无法形成积极的转导关系，它们之间的互个性化长回路被破坏了，理智和时代精神都已经极其萎缩。因此，斯蒂格勒说，资本主义的超工业时代是理智的灾难（the catastrophe of the sensible）时代。[③]

一个很明显的例子是以大数据分析为支撑的人工智能的迅猛发

---

① B. Stiegler, *Symbolic Misery, 2: The Catastrophe of the Sensible*, p.173.

② 精细化（particularization）与特异性（singularity）是两个对立的概念。对心理个体之特异性的减少，正是通过精细化心理个体的各种记忆和知识流程而实现的。"特异性是超工业时代必须要清除的东西。"（*Symbolic Misery, 2*, p.48）特异性意味着心理个体独特的长回路的欲望形态，这种欲望形态会干扰资本主义的力比多经济的推广。因此，它必须通过超工业时代的科学技术将这种特异性离散掉，即，以"个性化"的名义对心理个体的记忆和知识进行精细分化，拒绝心理个体对技术个体之生产的参与，并通过记忆科技控制心理个体的注意力，将其长回路的欲望变成周期性的强迫重复的消费行为。这是对欲望的破坏，也即对特异性的破坏。（*Symbolic Misery, 2*, pp.48-49）

③ B. Stiegler, *Symbolic Misery, 2: The Catastrophe of the Sensible*, p.174.

展。虽然在斯蒂格勒的技术哲学中，人类化的进程正是一系列器官功能外在化的进程，这也意味着人类的某些智能一定会随着技术的进化而被其接管过去。但是，外在化的进程并不意味着其最终的目标是对人类躯体器官——生理器官和精神器官——的否定。因为，技术得以进化的动力来源于人类与技术之间的耦合，来源于三重器官系统之互个性化的转导关系。如果接管人类某些智能的人工智能技术，其目标就是要贬低和否定人类的躯体器官功能，那么，这实则意味着，它要切断与躯体器官的互个性化关系，或者是要造成广义器官系统的短路。当然，人工智能作为一个技术事件（technical fact）只是某种技术趋势（technical tendency）的表达。人工智能在当代社会迅猛发展，其中很重要的原因在于人们对这种技术的极力推崇，进而使得大量的资本涌入这个技术开发领域。这一倾向推动了人工智能技术的发展，但这一倾向并不能够说明，人工智能技术一定比人类的大脑智能完善，并最终会取代大脑智能。认为人工智能一定比人类的大脑智能完善，这是人类单方面对人工智能的解释。这种解释是对技术事件的解释，而不是对技术趋势的解释，它缺少药学的视角和广义器官学的视野。这也是一种对技术极为吹捧的态度。然而，这种态度之所以能够出现，甚至仍在各个技术领域不断地涌现，在根本上都起源于自大工业时代以来的对科学技术极度信任的技术乐观主义，即认为技术可以解决一切问题。但是，技术乐观主义的绝对后果贬低了人类的理智，质疑人类理智的一切判断，"普遍的判断被悬置了，以致不能够去做决定"[1]，进而将做判断的理智官能主动地外在化于技术器官之中。因而，一种试图取代人类大

---

[1]　B. Stiegler, *Symbolic Misery, 1: The Hyper-Industrial Epoch*, p.32.

脑理智官能的人工智能技术出现以后就备受舆论和资本的推崇。但是，这种推崇已经是一种缺乏判断力的急功近利的短视的表现，这必然是对人类理智之精神器官的破坏。因此，斯蒂格勒说，这是理智的灾难。

对人类之理智的贬低和否定实际上是对人类之起源性缺陷的拒绝和否定。这一否定关闭了人类之无限化的可能性，于是，在科技面前，人类成了一个有限的存在者。这个有限的存在者同时也成了一种可被计算的（calculable）存在者、可以被数字化（digitalized）的存在者。可是，"真正可计算的事物是不存在的，只有不存在的事物才是可计算的"①。在超工业时代，人类之所以变成了可计算的存在者，正是科学技术对人类生理器官和精神器官离散化的结果。在科学技术中，对此种离散化过程起重要作用的技术是数字技术。它出于控制第一持留的目的，试图以数字文码重新表示人类的精神活动。这种技术直接或者间接地采集大脑活动所出现的数据，将其放在某个离散模型中以预测或控制人类的意识和潜意识，为市场提供参数。可是，正如我们之前所说，将大脑活动离散化之后以数据的形式表示，其表示的已经不是人类的大脑活动本身。意识流程与数据流程根本不是同一性质的事件，意识流程被离散化之后，其中那些无法被数据化的信息早已丢失。数字化后的意识流程只是一个数据流程，它是一个有限的、可计算的流程，而意识流程本身是不可计算的（incalculable）流程。

如果说爱比米修斯为人类招致的缺陷构成了人类的某种特质的话，那么，这种特质就是不可计算性（incalculability）。这种不可计

---

① B. Stiegler, B. Roberts, J. Gilbert et al., "Bernard Stiegler: 'A Rational Theory of Miracles: On Pharmacology and Transindividuation'", p.181.

算性使得作为对人类之本质替补的技术同时既是一味解药，也是一味毒药；它也使得人类社会这种广义器官系统能够处于互个性化的亚稳定平衡中。人类社会的亚稳定平衡状态，既意味着在这个系统中产生积极和乐观的情绪是正常的，也意味着产生消极和悲观的情绪是正常的。然而，由于在科学技术文码化时代，技术进化的加速进行，心理个性化和集体个性化被技术个性化挟裹着行进，心理个体和集体个体的特殊语法就被技术强迫性地纳入其文码标准之内。于是，心理个体和集体个体的特殊语法被离散化之后可以以点击率、关注度、支持率、选票数等数据的形式表示，这两种个体进而就变成了有限的、可计算的个体。

对集体个体有限化的重要方面就在于经济活动的去政治化。① "经济"这一概念并不是天然地与资本相联系的。在斯蒂格勒的《政治经济学新批判》一书中，经济的原初含义被其认为是"去节约"（to economize）和"去关怀"（to take care）。对于德里达和斯蒂格勒所说的力比多的"经济策略"而言，此"经济"概念正具有其原初的"去节约，去关怀"的含义。而"去节约就是去关怀"②，因此，经济策略的执行一定需要治理术，即政治（πόλις）。③于是，对于斯蒂格勒而言，经济与政治是两个必然结合在一起的概念。但

---

① 以政治哲学的形式否定人的不可预测性和不可计算性的代表性著作就是弗朗西斯·福山的《历史的终结及最后之人》。福山接受黑格尔的历史终结论，将人类进程理解为绝对精神回归自身的历史过程，而政治活动就是这一历史过程中的一环。于是，随着科学技术的不断进步以及民主自由的政治制度在全世界范围内的推广，福山相信，政治活动本身已经回归了其作为理念本身。历史终结、政治终结，人类也终结了。可是，由于人或者人性的不可预测性，人类活动本身充满了变量，它不会在时间过程中有一个终结。福山的历史终结论承载了自启蒙运动以来就广为流行的乐观的历史进步主义精神，但他忘记了政治本身正是一种"争吵"（ἔρις）与"不和"（στάσις），以自卢梭以来的历史观念去判断政治活动，本身已经处在了错误的方向上。

② B. Stiegler, *What Makes Life Worth Living: On Pharmacology*, p.88.

③ B. Stiegler, *For a New Critique of Political Economy*, p.15.

是，自资本主义诞生以来，经济这一概念的含义就逐渐地发生变化，成了"去有效地利用"。而作为一种追求利润最大化的经济模式的资本主义正是在如何"去有效地利用"力比多能量的意义上来建立自身的力比多经济的，而丧失了经济本身"去节约，去关怀"的原初含义。

超工业时代的经济活动最为根本的危机发生在政治领域。"'二战'以后经济主义（economism）的出现，把经济学的政治因素排除在外，排除了马克思的政治经济学，导致了今天我们能够意识到的所有恐怖的错误。"[1] 经济主义的实质是一种技术经济主义（techno-economism），它相信经济中出现的所有问题都可以通过技术手段化解，它相信市场是不会失灵的，而人为的、有意识的对经济活动的干涉正是经济产生混乱的根本原因。因此，经济主义者主张，政府要远离市场，"他们相信市场和竞争的效用，认为让市场自由行事将会产生最佳结果。价格是资源最好的配置者，任何试图改变市场自己可能做出的决定的干预都将起到反作用。……只要有可能，私人活动都应该取代公共活动，政府干预得越少越好。对货币的供应扭曲了市场，最好代之以稳定的、可预测的货币供应量的增加"[2]。但是，当经济主义试图将货币本身作为对未来的预期时，即以货币的供应量代表对未来的预期时，它已经将未来短路了，将未来有限化了。

货币[3]本身就是一种持留形式，"就像所有的持留形式一样，它

---

[1] B. Stiegler, *For a New Critique of Political Economy*, p.17.
[2] 丹尼尔·耶金、约瑟夫·斯坦尼斯罗：《制高点：重建现代世界的政府与市场之争》，段宏、邢玉春、赵青海译，北京：外文出版社，2000年，第206页。
[3] 根据斯蒂格勒的考证，货币（money）最初由拉丁文 *mnémosuné* 衍生出来，后者的意思是"记忆"。参见 *For a New Critique of Political Economy*, p.66。

把时间转化为空间"①，它具有前摄的功能，也承载着对未来的预期。然而，货币作为一种持留形式，即作为一种技术形式，如果离开了政府的公共政策的干预，即离开了与集体个体的互个性化关系，它就会处于短路的封闭状态之中，而并不能够起到如经济主义者所说的那种维持经济活动正常运行的作用。对于斯蒂格勒而言，一种经济学必然是一种政治经济学，"政治经济学的批判就要在政治和经济不可分割的意义上审视二者"②。如果将政治问题与经济问题割裂开来，抛弃政治经济学而只谈经济学，那么，这就是对现实的漠不关心，是极度的不负责任。以这种思想作为指导，就容易导致一种极为短视的经济模式。

任何富有远见的经济模式都不会放任经济自行运转。如果赋予经济活动完全的自由，其结果只能是经济活动对人类社会中其他活动的破坏，比如政治、文化、信仰和认同。对于人类社会这一广义器官系统而言，各种器官之间只有处在互相联系、彼此制衡的转导关系中，这一系统才能保持住其亚稳定的平衡状态。经济活动实际上是一种集体活动，是集体个性化的一种进程。如果这种活动不与心理个性化和技术个性化形成互个性化的关系，而只是单方面地行进，那么它就会对互个性化的长回路造成短路。在一个社会中，当人们普遍地注视着收入、旅游、休闲和消费时，这已经是一个存在着大量短回路的社会了。它已经积攒了大量的熵，总有一天会为这个社会招致不可估量的灾难。然而，经济主义更深的逻辑实则是要把经济活动这种集体活动转变为一种技术活动：完全摆脱人为的干涉，试图将人类的心理因素清除出经济活动，以使经济活动完全

---

① B. Stiegler, *For a New Critique of Political Economy*, p.66.
② Ibid., p.19.

由技术系统控制。资本主义的这种状况已经开始并将继续持续下去，那些政客、企业家和金融家也一如既往地短视，不会发现他们采取的策略事实上是缺乏长远考虑的，类似于杀鸡取卵、饮鸩止渴的策略。它会使资本主义经济模式达到极限，使国家内部以及世界范围内的意识形态之争再次出现。[1]这就是经济活动的金融化（financialization），它开始于20世纪80年代前后，表现为由信奉新自由主义（neo-liberalism）的领导人撒切尔和里根所引导的保守主义革命（conservative revolution）。

"保守主义革命的目标是使西方资本主义金融化和全球化，以确保它能够继续主导全球化过程。然而，这是一个可悲的失败策略。"[2]为了达成这一目标，新自由主义派领导人制定一切政策的出发点，就是保证政府和国家在市场与经济的活动中逐渐地撤出。撒切尔在1979年当选英国首相之后，一个主要的施政方针就是将国有资产私有化（privatization）。"对撒切尔主义者而言，私有化是一种事业。……它将决定性地限制国家的作用，……它还使公司本身变得更有效率，为消费者提供更多的好处。它将结束企业向'无底的钱包'伸手的现象，减少政府在国内生产总值中所占的份额。"[3]对于撒切尔政府而言，政府不应该过多地对市场进行监管，而应该逐渐地撤出对市场的管制。[4]而里根政府同样是以承诺减少政府对市场的管制而上台的。对他们而言，政府管制"太僵硬、太迟缓、太扭曲也太麻烦。它阻碍技术和商业改革。……管制不仅固定而且提高了价

---

[1] B. Stiegler, *For a New Critique of Political Economy*, pp.18-19.
[2] Ibid., p.97.
[3] 丹尼尔·耶金、约瑟夫·斯坦尼斯罗：《制高点：重建现代世界的政府与市场之争》，第163页。
[4] 同上，第152—156页。

格；解除管制会鼓励竞争，由此将产生更低的物价。管制体系很难跟上由于技术变化带来多种经济问题的形势"①。可是，这种基于使政府撤出对市场监管之目的的革命实则是一种极为短视的革命。它考虑的不是一百年、两百年这种长时间内人类社会可能会产生的状况，它考虑的只是十年、二十年这种短时间内所产生的效果。"由保守主义革命的新自由主义者领导的意识形态战争的一个本质面相，就是对政府制定的工业和有远见的政策的谴责，他们进而谴责政府不可避免地促进了经济管理的无效模式……这种情况最终导致了对所有制造长回路的社会机构的指控：它们是罪恶的，因为它们控制了使技术系统之发展成为可能的现代化。"②

　　"二战"以后，世界上各个国家都在思考政府与市场之间的关系，试图寻找到一种能够保持二者平衡的有效的经济模式。"在'二战'刚刚结束的岁月里，只有政府才有能力集结重建被战争毁坏的、分崩离析的国家所必需的资源。60年代的经历似乎证明，政府能够有效地运作经济，并对经济进行微调。70年代开始之际，混合经济基本上还未受到挑战，政府仍在继续扩张。……然而，到90年代，退却的却是政府。在西方，政府在减少控制和责任。现在人们的注意力集中于'政府的失灵'……而不再是'市场失灵'。"③国家和政府逐渐地从资本主义的市场中撤退了出来。可是，使政府逐渐地撤出对市场的管控，使人为的政治决策逐渐地减少对市场活动的干预，实际上是一个国家管理者理智的懒惰，是一种集体不负责任的表现。

---

① 丹尼尔·耶金、约瑟夫·斯坦尼斯罗：《制高点：重建现代世界的政府与市场之争》，第489页。
② B. Stiegler, *For a New Critique of Political Economy*, p.101.
③ 丹尼尔·耶金、约瑟夫·斯坦尼斯罗：《制高点：重建现代世界的政府与市场之争》，第7—8页。

他们不愿意做深入的思考，不愿意将问题放在较长的时间段内思考，而只愿意依赖那些所谓确定的数字、那些已经经过筛选却无法反映全局的数字。这种做法的逻辑在根本上反映出资本主义体系对人类理智的不信任，认为人类理智是有限的，无法思考比人类理智更为复杂的经济和社会现象；只有人类理智从经济和社会领域中撤出，当一个服务者，才会真正起到稳定经济和社会的作用。保守主义革命将政府的决策和管控功能从市场和经济活动中撤出，已经造成了作为集体个性化活动的政治在广义器官系统中的短路。"在保守主义革命之前，政治空间仍然构成对人类社会之技术命运进行审议的场域。但是，保守主义革命将政治的权威性从市场中撤离，然后，经济变成金融，在全世界范围内实现金融化。政治自身从系统上被短路了。"① 然而，由于经济活动始终离不开政治活动，将经济系统等同于技术系统，就意味着政治被技术短路，政治短路被技术系统合法化了。政治活动作为集体个性化与技术系统之间的互个性化长回路被短路了，政治决策只能跟随市场数据，只能配合市场制定下一步的服务方针。政治决策已经不能够主动地反思市场的健康状况，而只能被动地适应市场所传递的信号。"这种状况就导致了我们现在所看到的短期主义（short-termism）：在广泛的范围内，一种缺乏关怀（carelessness）的经济被建立，进而导致了普遍的不信任感。"② 这种短期主义的显著例证是：西方政党在选举时的彼此倾轧，以及执政党在上台之后对当初的承诺食言而肥。然而要知道，一种政治方针只有放在较长的时间段内才能真正评估其效果，这种长时间段不是一两届政府的施政时间，不是短期主义考虑问题所设置的时间。

---

① B. Stiegler, *What Makes Life Worth Living: On Pharmacology*, p.103.
② Ibid., p.103.

"从拿破仑时代到各种形式的凯恩斯主义盛行的时代，国家的一个主要功能就是确保对由技术的快速进化引起的社会失调进行管控和指导，并使社会再协调。……如果没有管控作为工业发展的保障，社会系统只会发现自身被这种发展的混乱所废止。"[1]希图国家在经济的发展中做一个旁观者，就类似于希图农民在庄稼的生长过程中什么也不要做。但是，庄稼在生长的过程中，一定会遇到丛生的杂草需要铲除，也会遇到肆虐的病虫害需要消灭，农民在此过程中绝对不能袖手旁观。任由经济系统野蛮生长，认为经济系统出现的任何状况都是正常状况，这无异于是让农民袖手旁观，任由庄稼自生自灭。在斯蒂格勒看来，保守主义革命之后，经济系统已经几乎完全被技术系统所整合。这个技术系统是产生于经济系统内部的金融子系统。就像当初作为内在环境之子环境的技术环境将内在环境冲淡一样，经济系统的金融子系统也将经济系统冲淡，"经济系统因此完全被金融的子系统主导，并且全球化"[2]。于是，经济系统的规则不得不服从于技术系统的规则。将经济系统金融化是对技术的信任。这种信任实则是将经济系统与技术系统等而划一，但这是一场灾难。[3]

政府撤出对资本和金融系统的监管，使经济系统金融化，将极易暴露人类心理个性化过程中急功近利的冲动。缺少对资本的监管，会使得大量的资本涌入金融市场，对实体经济的长时间段的投资（investment）就会变为对金融市场的短时间段的投机（speculation）。因为金融市场的回报速度最快，而实体经济回报慢、收益率又低。虽然资本投机会使经济出现繁荣，但这种繁荣一定是

---

①　B. Stiegler, *For a New Critique of Political Economy*, p.99.
②　Ibid., p.98.
③　Ibid., p.102.

短期的，而且有可能是虚假的过度繁荣。它会将经济正常的发展带入歧路，提前释放经济的潜力，对经济系统整体的发展产生不可估量的破坏作用。这种过度繁荣之后，只会是失业率的飙升和经济的萧条。2007至2008年的次贷危机，正是促使政府撤出对金融之管控的保守主义革命所直接导致的一场资本市场所累积的虚假繁荣泡沫的破灭过程。这场次贷危机是经济短期主义之危害的最直接证据。因此，斯蒂格勒说："导致2008年次贷危机的技术系统中极端自由主义的因素就是短视，它是导致危机的唯一因素。这种短视通过市场被技术事件所组织并生产出来，因为市场否定任何长期趋势的存在。我们一贯被这种'管理者的教条主义'所教导：除了市场没有任何事物能够指导市场趋势。然而，如果这种趋势被证明是没有任何未来可言的，那这就太糟糕了。"[1]

包括促使政府撤出对经济系统进行管控的制高点在内，资本主义在超工业时代所采取的几乎所有的行动都显现出了对科学技术的极度信任。然而同时，这种极度信任也反映出，这个时代的集体个性化与心理个性化正在被技术个性化挟裹前行。"科学技术在家庭、教育、政治、司法、语言等各种社会系统中的极端迅猛与粗暴的渗透导致了普遍的无知化：科技创新通过市场强制心理个体和集体个体不得不去适应它，而不是营造一种理疗环境作为个性化过程的引导者，让这两种个体去接纳它。"[2]在这个超工业时代中，有意识地去培育互个性化的长回路是不被鼓励的。在这个广义器官系统中，普遍存在的趋势是使互个性化的长回路被短路。这就给大众造成了一种自我感觉良好的错觉，即技术是万能的。道德问题、艺术问题、

---

① B. Stiegler, *For a New Critique of Political Economy*, p.124.
② Ibid., p.103.

教育问题、政治问题、经济问题统统都是技术问题。只要将人类的理智排除出去，只要将问题交给制度、机器、数据等技术手段，问题就一定会得以解决。可是，这是一种错觉，错觉本身就是科学技术所引起的短路，它会导致心理个体在思维上懒惰，它也会导致集体个体对社会责任的推诿与漠不关心。而其更为严重的后果则是斯蒂格勒所说的"系统性的愚蠢"（systemic stupidity）。这种愚蠢是理智上缺乏判断力的表现，是理智的普遍无知化。引起这一状况的根本原因在于超工业时代的记忆科技（memo-technology）对人们的理智思考能力的接管，即对第二持留的接管。那么，下一节我们就来讨论记忆科技对第二持留的接管所导致的系统性的愚蠢状态。因为所谓的愚蠢首先就意味着，不能独立地思考或者不愿意独立地思考。

三 时间客体与被接管的第二持留

在科学技术文码化时代，勒鲁瓦-古兰所说的人类进化的外在化进程已经涉及到大脑意识系统的功能外在化。尽管肌肉系统、骨骼系统和神经系统等器官功能的外在化进程仍在继续，但是在这一文码化时代，产生深刻影响的外在化进程，却是发生在大脑意识系统中的外在化进程。这一进程中出现的技术物体已经成了我们现代人日常生活的必需品，几乎我们每一个人每天都会主动地去接纳或者被动地适应这些技术物体：手机、电脑以及各种各样的智能设备。这些技术物体接管了人类大脑意识系统的部分记忆功能，并逐渐地形成了一个庞大的被斯蒂格勒称为"文化工业"（cultural industry）的工业体系。

我们在前面说过，文化是某种技术环境得以产生的内在环境。内在环境这一概念是勒鲁瓦-古兰的用法，如果以斯蒂格勒技术哲学的概念来表示，内在环境实则就是因技术的累积沉淀而形成的广义器官系统中的社会组织。社会组织与技术器官本来是处于互个性化的转导关系之中的。但是，在超工业时代，由于技术器官更新迭代的速度远远大于社会组织和精神器官更新迭代的速度，而作为广义器官系统，技术器官又必须与后两者联系在一起才能够存在，它便短路了后两者与其形成的互个性化的关系。因为，一方面，技术器官不可能切断与社会组织和精神器官之间的联系，否则它就无法获得进化的动力；另一方面，技术器官也只有将其与后两者的互个性化关系短路，它才能够加快自身的进化速度。因而，文化工业正是技术器官将社会组织短路的一个重要表现。文化与工业结合在一起，实际上是指，文化成了工业开发的对象，工业技术体系正试图以其自身的标准将累积沉淀下来的文化离散化。

然而，对于人类化这一外在化单冲程进程而言，作为第三持留的文化成为工业技术体系开发的对象是一种必然的趋势。文化首先是外在于人类之内在意识的持留体系，它是人类之作为后种系生成物种的载体，其只有在被内在化于人类的意识系统之中时，才会具有意义，才能够被称为文化传统。否则，文化只是一些没用的历史古迹。所以，正如意识既是内在的也是外在的一样，文化也既是外在的也是内在的。意识的连续流程是大脑的主要功能，当人类化这一外在化进程开始对大脑功能进行外在化时，它必然试图以技术的标准对意识流程本身进行离散。然而，由于文化等第三持留决定着内在于意识的第一持留和第二持留，于是，对意识流程本身的离散化就意味着对已经在此的、累积沉淀下来的第三持留的离散化，也即对文化的离散化。文化本身具有调节技术器官与精神器官之关系的功能，但是在超工业时代，作为第三持留体系和社会组织的文化正在失去它对技术器官与精神器官之关系的调节功能。由于技术体系获得了使其自身得以进化的特殊速度，这一调节功能正在被技术器官所取代。虽然文化体系本来就属于技术体系，但在科学技术文码化时代之前，作为社会组织的文化体系与作为技术器官的技术体系之间始终存在着相位差。这种相位差是社会组织与技术器官之间形成互个性化的长回路的基础，只有存在这种相位差，集体个性化与技术个性化才能够在二者之间的转导关系中存在。而心理个性化也正得益于这种相位差，即它能够与集体个性化和技术个性化保持距离，既能够主动地接纳也能够主动地拒绝集体个体和技术个体。但是，心理个性化之能够成为个性化的过程，却是在于心理个体能够对什么样的文化和技术有遴选的标准。遴选标准既来自于这三种个性化之间的相位差，也塑造着这种相位差，即塑造着个性化的过程。"个性化过程是一个未终结的过程，处在一种'动态稳定'（métastable）之中。它既不处在稳定的平衡中（否则它就终结了），也不处在不均衡中（否则它就解体了）——'稳定的均衡'或'不均衡'一旦到来，它也就消失了。由此可见，它既不是纯粹共时的（否则它就处于某种均衡状态），也不是纯粹历时的（否则它就处于某种不均衡状态）。"①

可是，在科学技术文码化的超工业时代，心理个性化、集体个性化和技术个性化之间的相位差正在因技术迅速的发展而消失，或者说被无视。心理个性化和集体个性化再也无法形成自身的遴选标准，它们不得不接受技术个性化所推送过来的所有信息，它们似乎对这种信息没有任何拒绝的权力。它们不能够主动地去接纳，只能被动地去适应各种各样的技术和技术物体。心理个性化和集体个性

---

① 斯蒂格勒：《技术与时间3：电影的时间与存在之痛的问题》，第127页。

化已经被技术个性化挟裹着前进，它们的个性化过程实际上是被废止了，即被去个性化了。这一状况就形成了我们在前面所说的超工业时代的药学环境中的大量短回路。这些短回路之形成的一个严重的后果就是文化传统的调节功能被技术器官取消了，其有两种表现：第一，技术更新迭代的速度过快，其与精神器官的互个性化无法使有效的文化传统得以累积沉淀下来；第二，既然无法形成新的、有效的文化传统，而且一个社会集体又不能够离开文化传统的调节功能，那就只好去开发旧有的文化传统。

我们之所以说社会集体离不开文化传统，是因为文化传统是集体个性化的核心，它是集体得以形成认同的关键，比如，一个国家、一个种族之形成的关键正是其中不同的人所拥有的共同的过去。"一般来说，种族这个最基本的社会群体是通过该群体分享某一共同的过去时刻这一事实而定义。"[1]然而，这个过去时刻总是已经被解释过的时刻，它必须被放置在某种意义体系中，否则，种族中的个体将不会相信这个过去时刻的存在。这种意义体系中一定有对未来的预期，也即前摄。"过去时刻是被一个前摄的过程所激活，也即一种作为自我的意识的欲望，或者说是一种自恋情结"[2]，"没有欲望，人类群体便不可能存在，正是这种与未来的关系支配着种族的'统一化演变'"[3]。因此，所谓文化传统虽然总是已经在此的第三持留体系，但它却又总是心理个体之个性化得以形成的超前机制。"奠定人类群体的，是与未来的关系，而这一关系的前提条件显然是该群体分享着一个共同的过去，但是这个过去必须通过'接纳'的过程才可

---

[1]　斯蒂格勒：《技术与时间3：电影的时间与存在之痛的问题》，第119页。
[2]　同上，第118页。
[3]　同上，第119页。

能成为共同的过去——而'接纳'的过程又必须通过投映才能得以实现。"[1]投映的载体是已经在此的作为第三持留的文化传统。因而，当文化传统成为超工业时代的开发对象即作为文化工业出现的时候，正意味着科学技术体系试图接过文化传统本身所具有的作为已经在此的第三持留使一个集体形成认同的功能及其前摄的功能。也就是说，文化工业所具有的功能正是广义器官系统中社会组织所具有的功能，即文化传统所具有的功能。文化传统协调心理个性化与集体个性化的转导关系，但这种功能如今被文化工业取代，集体个性化的过程被弱化了。国家、种族等集体认同的形成反倒必须依赖于文化工业对文化传统的开发。由于文化传统本质上仍是一种技术体系，"这样一来，文化工业问题的核心就在于文化工业以工业的形式系统地使第三持留的新型技术投入运作，并且借助这些新型技术，使新的遴选准则投入运作"[2]。

对于斯蒂格勒而言，第三持留决定了内在于意识的第一持留和第二持留，正是第三持留使得意识有了保持统一与一致的可能性。"'内部经验只有借助外部经验并以间接的方式才是可能的'。如果没有边缘和堤岸，那么'流'或许就不成其为'流'，边缘或堤岸并不流逝——至少它的流逝与它们所包围和界定的'流'的流逝不在同一个节奏上。正是在这样一种差异里，第三持留找到了它的位置，它在那里刻下自己的痕迹、写下自己的文字，并相对流逝之物将自己保留下来。"[3]在人类化进程的初始阶段，燧石以及在新石器时代出现的磨制的石器，就其是对躯体的肌肉功能和骨骼功能之连续流程

---

① 斯蒂格勒：《技术与时间3：电影的时间与存在之痛的问题》，第120页。
② 同上，第50页。
③ 同上，第95页。

的外在化而言，也属于某种类型的第三持留。但是，在科学技术文码化的超工业时代，那些对人类化进程有重要意义的第三持留却几乎集中于对意识的连续流程的外在化。这种状况之所以出现，一方面的原因在于，技术器官已经接管了作为社会组织的第三持留体系的文化系统的调节功能；另一方面的原因则是，科学技术文码化将劳动者的躯体姿势离散化后写入机器的过程已经基本结束，这一文码化过程已经到了对消费者的精神器官即其意识系统进行离散化的阶段。所以，文化工业所生产的技术物体就是针对意识流程的时间客体（temporal objects）。

或许，我们可以认为，每一种技术物体都是一种时间客体。因为，技术正是作为对人类之先天无本质的替补而诞生的。在德里达的替补思想中，替补开启了延异的过程，它延迟了某物的出现，也使某物以差异化的方式显现。这在根本上意味着，替补开启了某种时间过程和某种空间过程，即，将时间空间化以及将空间时间化。空间须依赖于时间的替补，而时间也须依赖于空间的替补。技术物体正是人类在过去的时间中真实存在过的空间痕迹。没有原始人的穴居领地的遗迹，没有古战场的遗迹，没有青铜器、铁器、瓷器等古董，没有书本记载的历史古迹的存在，人类将不会建立某种时间观念，更不要说建立某种集体认同。在此意义上，我们可以说，任何技术物体都是时间客体，是时间的空间化，是以空间过程对时间过程的替补。

然而，超工业时代的时间客体却是一种特殊的时间客体，因为它所替补的对象是人类的精神器官，即意识的连续流程。这种时间客体的特殊之处在于，它使完全同一的时间过程以相同的方式重复成为可能。"在人类历史的整个过程中，直到克罗斯和爱迪生发明了录音技术之后，同一时间客体的重复才第一次成为可能。录音技术的发明从深层次上改变了记忆、想象和意识的机制。随着电影、电视以及所有文化工业的出现，这一变革将继续进行，同时使想象活动外在化和物化。"①想象的外在化意味着科学技术对意识流程的离散化。这种科学技术主要指的是数字技术，它以数字标准对大脑意识流程进行离散，然后大量地生产模拟意识流程的时间客体。②想象的物化则是指，对想象这种第二持留以第三持留的形式表示，即以外在化的时间客体的形式表示。这里的意思并不是说，因为电影这些工业时间客体的出现，原本内在于意识的第二持留现在外在于意识，意识中只剩下第一持留了。第二持留永远内在于意识系统之中，即便是第二持留形成的思想、感受等可以以文字记录、艺术作品的形式外在于意识，第二持留本身却是始终存在于意识系统之中的。不过，由于"文码化是一场针对精神的战争，是通过第三持留系统的技术发展而进行的战争"③，当文码化进程进入科学技术时代之后，科学技术所形成的第三持留系统逐渐地掌控了内在于意识的第二持留的形成过程。电影等工业时间客体以第三持留的形式对第二持留进行表达，第二持留所具有的对第一持留——当下意识、知觉——的筛选功能被第三持留接管了。

我们不同的人在同一个场所观看同一部电影，会对这部电影有不同的解读，也即产生不同的当下意识，这就是第一持留。电影作为工业时间客体，是一种第三持留。观看同一部电影意味着，我们面对的是完全相同的第三持留。而我们之所以产生不同的第一持留，是因为我们的第二持留是不一样的。"第二持留保存了个体的经验，

---

① 斯蒂格勒：《技术与时间3：电影的时间与存在之痛的问题》，第52页。
② 同上，第110页。
③ B. Stiegler, *Symbolic Misery, 1: The Hyper-Industrial Epoch*, p.56.

并构成了进入个体的前个性化基础的通路。第二持留是被它自己的个人习语组织的，也是根据特异性给出一致性的。第一持留实际上代表了根据范式（paradigm）的选择。范式就是第二持留的个人习语的（idiolectical）组织化，也是组合关系的组织化。"① 第二持留是我们之为每一个不同的、具有特异性的个人的核心内容，可以认为第二持留就是每一个个人的独立的思想，它指导我们在面对具体情况时该怎么做，该如何做出正确的判断。第二持留既是个人想象的能力，也是个人思考的能力，更是个人能够进行个性化的基础能力。但是，在我们这个超工业化的时代，由于电影等工业时间客体大量地、不断地涌现，第二持留的这些能力就被这些时间客体接管了，第二持留对第一持留的筛选功能就被这些时间客体接管了。在同一个场所观看同一部电影的时候，即便我们最后产生了不同的关于电影的解读，但是，在观看这一部电影的时候，如果这部电影十分精彩的话，我们就会被这部电影完全吸引，从而会产生恐惧、惊悚、悲伤、开心等相同的当下感受，即相同的第一持留。

如果说燧石是大脑皮层在石器上的第一次投映，石器是大脑皮层投映的屏幕的话②，那么，电影就更是大脑皮层投映的屏幕，而且更为重要的是，这个屏幕上所播放的内容已经是被筛选过的某种或令人恐惧或令人惊喜的意识流程。"电影相当于第一持留的选择性集合过程，也是占用意识的第二持留的想象和欲望场域的过程。在这么做的时候，电影在选择和投映中起作用，它提供了一个前摄的水平线，以便意识流程与其展开的过程相符合。主流的电影实现了娱乐的工业模式，由于电影能够作为意识经验的建构者被迅速接受，因而它

---

① B. Stiegler, *Symbolic Misery, 1: The Hyper-Industrial Epoch*, p.73.
② B. Stiegler, *Technics and Time, 1: The Fault of Epimetheus*, p.142.

准确地吸引观众的注意力。电影为'世界范围内数以亿计的意识'提供了意识模型，即在时间中展开的知觉、反思和认知的综合体。"① 然而，在斯蒂格勒看来，由于"意识的运作与电影类似，这使电影（以及电视）得以掌控意识"②。"电影的特征在于电影流程与观众的意识相互重合，同时也在于以下现象：以电影为对象的意识的时间会接受电影的时间。事实上，由于意识的运作，即'我'的运作在某种方式上已经具有电影的特性。"③ 这种特性就是斯蒂格勒在《技术与时间3：电影的时间与存在之痛的问题》一书中花了很大的篇幅去论述的"意识犹如电影"。如果电影的实质就是库里肖夫效应，那么，意识的实质也是库里肖夫效应。意识的库里肖夫效应之产生主要是由于第二持留的作用，因为，第二持留能够对第三持留进行筛选、编排和剪辑。可是，对于电影这种时间客体来说，它总是已经被筛选、编排、剪辑过的外在化和物化的意识流程。"当选定的节目的组成要素——新闻、资讯、影片以及政治、文学、科技题材的谈话节目，也包括综艺节目、纪录片等——或多或少地服从于同样的遴选准则，并且触及大范围的观众群之后，它们就会作为第三持留的同质化、标准化的机制而发挥作用，这样的第三持留将决定第二持留的运作，而我们已经看到，第二持留又会对第一持留进行调节。"④ "通过控制视听第三持留，就可以干涉意识的运行，比如，把第二持留对第一持留的过滤作用隔离掉，直接用电影等第三持留主导第一持留。"⑤

① P. Crogan, "Experience of the Industrial Temporal Object", in C. Howells, G. Moore eds., *Stiegler and Technics*, p.111.
② 斯蒂格勒：《技术与时间3：电影的时间与存在之痛的问题》，第105页。
③ 同上，第118页。
④ 同上，第169—170页。
⑤ B. Stiegler, *Symbolic Misery, 1: The Hyper-Industrial Epoch*, p.88.

于是，当我们每一个人每天在生活中所使用的技术客体都具有播放视听时间客体的功能，或者我们的日常生活中到处都充斥着各色的视听时间客体（audio-visual temporal objects）时，我们每一个心理个体的个性化过程就不仅与其他人同步，而且与其他人同质化了，即共时化（synchronized）了。"对于世界市场上的工业产品和生活方式的消费者来说，'为某人所拥有的意识'已经可能会由于外在化而完全被消除……视听类时间客体使意识流同质化和共时化，这一进程已颠覆了国界和地理界限，因为数字技术不会止步于无线电传播所受到的那些限制。"①

我们对于跨越国界和地理界限的、由千万人甚至上亿人同时观看的大型直播活动早已司空见惯。这种活动所制造的是一种超大型的工业时间客体，它将如此之众的心理个体集中在一起，通过共同的已经接管了第二持留之筛选功能的第三持留，使这些心理个体产生相同的第一持留。那些每隔一段时间就会上映的新的好莱坞电影也同样是将已经剪辑好的大型视听时间客体公布出来，使不同的心理个体被动地去适应。之所以说"心理个体被动地去适应"，是因为心理个体在观看这些电影之前就注定了他们的第二持留在观看电影时会被电影这种第三持留所接管，即所谓的沉浸在电影所构造的世界中。而新电影之所以会不断地上映，其根本原因并不在于资本主义不断地要从消费者身上追求最大化的利润，而是由于意识流程中第一持留的变动性必须受到第二持留的筛选和编辑，但作为心理个体的消费者已经习惯其第二持留被视听时间客体所接管，于是，对第一持留的筛选和编辑的功能就转移到了视听第三持留之中。第一

---

① 斯蒂格勒：《技术与时间3：电影的时间与存在之痛的问题》，第104—105页。

持留每时每刻都会发生变动，所以，第三持留要反复地更新，以对心理个体的第一持留进行整理。在斯蒂格勒看来，第三持留本身就是意识流程之得以连续和统一的边缘和堤岸，更何况，视听第三持留已经将第二持留的筛选编辑功能接管了过来。

视听第三持留对意识内的第二持留的接管导致了严重的后果：它将成千上万的单个心理个体的个性化过程整合在一起，使之变得同质化和标准化。"视听节目等第三持留对第二持留的控制导致了超共时化（hyper-synchronization）的过程，以至于工业时间客体的消费者倾向于去接纳相同的第二持留，这意味着消费者都在第一持留中进行着相同的选择。这就导致了个体中特异性的丧失。"[1] 个体的特异性（singularity）被一块一块地切分，成了个体之偏好、口味、兴趣、取向的详细列表（particularization）。而这种详细列表又成了资本主义制作视听时间客体的根据。这种做法虽然很详细地将个体的具体细节表达出来，但恰恰破坏了心理个体的特异性。因为心理个体的特异性总具有无限性和不可计算性，然而一旦将这种特异性精细化（particalarize），即将其变得有限化和可计算化，心理个体的无限性和不可计算性就会丧失掉，而这也就意味着心理个体个性化的丧失。

心理个体的个性化是一种历时化（diachronization）的过程，也正是在此意义上，我们说个性化导致特异性的产生。不过，历时化总是离不开共时化。因为心理个体具有某种历时性，而集体个体和技术个体则总是具有某种共时性。这也就是为什么在广义器官系统中，心理个体、集体个体和技术个体需要处在互个性化的关系之

---

① B. Stiegler, *Symbolic Misery, 1: The Hyper-Industrial Epoch*, p.60.

中。"共时化过程总是存在着：任何'我们'以及任何'我'都离不开共时化过程。共时性是必要的，如果没有它，那么人类群体就无法构成，就没有集体的个性化；历时性是个性化过程在那些持续存在之物的空间里的时间，它同时也是这些持续存在之物的未来，是某个共时化的'我们'的永恒。"[1]"我"只有在与"我们"的互个性化转导关系中才能够构成自身，而"我们"之为"我们"也离不开与"我"的互个性化。"我"与"我们"之间的这种互个性化的关系正是历时化与共时化之间的关系。"我"与"我们"总是一个历时化与共时化相联合的结构，"也即，在共时化与历时化之趋势的联合中发生延异的结构"[2]。共时化过程应该是有规律地出现在历时性之中，而不是强加在历时性之上，要把历时性清除掉。可是，因为视听时间客体的涌现，大规模的共时化现象已经在全球范围内出现了。"随着媒体的发展，共时化过程已经变得几乎将永恒存在并系统化了；而且，由于所有劳动工具和社会化工具均有演变为媒体的趋向，因此共时化过程将越来越具有持久性和系统性。"[3]这种超共时化不仅破坏心理个体个性化的历时化过程，而且破坏集体个体个性化的历时化过程，即破坏社会集体的节日、风俗、庆典和仪式，将它们都纳入消费主义计算的标准系统之内，将它们原本所具有的构建集体认同的历时化过程离散化，纳入消费主义的营销活动的范围之内。于是，历时化与共时化之间的转导关系被破坏了，二者之间分解了。

如果说个体的个性化能够产生特异性，那么这种特异性对心理

---

① 斯蒂格勒：《技术与时间3：电影的时间与存在之痛的问题》，第138页。
② B. Stiegler, *Symbolic Misery, 1: The Hyper-Industrial Epoch*, p.58.
③ 斯蒂格勒：《技术与时间3：电影的时间与存在之痛的问题》，第135页。

个体而言就是某种例外（exceptional）状态，比如艺术家、作家、伟人等；而对于集体个体而言，其例外状态就是上面我们所提到的节日、风俗、庆典和仪式。在心理个性化和集体个性化的过程中，这些例外总是起着推动个性化进程的作用。[1]然而，超共时化所分解的正是这些例外状态。"在大范围地共时化了的社会里，共时化时刻不再是例外。这样的社会不再是个性化的社会，它从根本上敌视个性化过程，敌视多样性、特异性和特例。它不是由诸多个体和特例构成的社会（这样的社会总是具有某种历时性，其中所有个体都具有特异性和非共时性），而是由诸多超大型群体和失望构成的社会。我们将会看到，它甚至不是创造型社会，而是一些模仿性的和适应性的聚居群体。"[2]不过，"共时化本身并不是问题：它是必需的，……共时化可以被应用于例外的时刻，如节日、祭祀、庆典等。在这些时刻中，个体意识可以协商其与集体环境的距离。但是，超共时化却把这种例外的历时性给消解了，这一情况威胁着个体历时意识的可行性"[3]。它破坏了个体的特异性和个性化，使个体历时意识变得标准化和同质化。"超共时化在工业生产标准化了的消费领域内不断重复着，它减少了个体行为的不可预测性，因而可以更准确地被翻译成金融投机所需要的量化数据。"[4]超工业化导致了斯蒂格勒所说的无知化第二阶段的产生，即消费者的无知化，进而导致了一种极为短视的消费主义的力比多经济模式在全球范围内的流行。而这种力比多经济反过来又促进了超工业化在全球范围内的推广。

---

[1]　斯蒂格勒：《技术与时间3：电影的时间与存在之痛的问题》，第133页。

[2]　同上，第137—138页。

[3]　M. Crowley, "The Artist and the Amateur, From Misery to Invention", in C. Howells, G. Moore eds., *Stiegler and Technics*, p.123.

[4]　Ibid., p.124.

四　短视的消费主义

欲望这一概念在斯蒂格勒的技术哲学中一直具有积极的面相。在他看来,欲望是依赖于技术持留体系而构建的力比多流通的长回路。[①]欲望之形成本身是力比多的经济策略,是对力比多能量节约而有效地利用的方式。"欲望作为一个客体并不存在,但欲望能够作为理想化投射的支撑而被理想化。事实上,归于我的孩子、妻子、母亲和所有我热爱的人的所有美德都是幻象、幻觉(只是理想化的投射)。我把不存在的东西归于他们。存在于事实中的东西并不存在,但由于它对我的生活有用、对生存有巨大影响,它又是'真实的'。所有的人类生活的方式都是这样。"[②]正是这种意义上的欲望使人们的生活产生意义,使人们拥有建设积极生活的追求。它是人们对未来的某种美好的或者充满抱负的预期,或者说是人们对某种美好或振奋人心的事件之必然会发生的信仰,这种预期和信仰从已经在此的文化传统而来,欲望因此也就是某种前摄。"欲望的对象本质上也是一个不可计算的事物。就因为它不可计算,所以我们才渴望它:它超越了一切计算。换句话说,没有无信仰的欲望。消除信仰等于消除欲望,反之亦然。"[③]

然而,自启蒙运动以来,人类社会正在普遍地经历着一种祛魅的过程。这一过程在形而上学中的表现是上帝之死,并致使形而上学以分解为诸种科学的方式完成了自身。而在社会集体中的表现则

[①] B. Stiegler, *What Makes Life Worth Living: On Pharmacology*, p.19.

[②] B. Stiegler, B. Roberts, J. Gilbert et al., "Bernard Stiegler: 'A Rational Theory of Miracles: On Pharmacology and Transindividuation'", p.182.

[③] 斯蒂格勒:《手和脚——关于人类及其长大的欲望》,张洋译,北京:新星出版社,2013年,第78页。

是世界的世俗化运动，人们通过革命或者改革废除神权政治，进而通过想象一种已经在此的共同体在集体同意的基础上建立人权政治。这一祛魅过程的实质则是祛除对上帝和诸神以及对长时间段的未来预期的信仰（faith）。所谓信仰的对象只能是一种理想化的对象，这种对象代表了某种无限性，比如全知、全能、无所不在的上帝就是这种无限性。人类之所以需要信仰，根本上是因为人类是缺陷性的存在者，他即便是获得了某种替补，也仍需要继续替补。也就是说，人类作为一种缺陷性的存在所具有的无限性决定了人类一定得需要信仰，即便这种信仰是虚妄的。但是，启蒙运动的祛魅过程却是一个理性化的过程，即一个对人类的无限性进行否定、使人类有限化的过程。于是，随着上帝之死，"社会的组织不再按照启示的原则组织……宗教的信仰和启示被另一种信仰所取代：进步中的信仰。尼采断言，这个信仰必将导致消除所有信仰，他称之为虚无主义。……自那以后，所有一切都必定变成计算品，首当其冲的就是欲望……计算欲望等于摧毁欲望"[1]。随着启蒙精神的推广，或者说随着理性化过程的推进，信仰的所有可能性都被摧毁了。因为"真正可以去相信的、独一无二的事物，都是不可以计算的。可以计算的东西，不需要人们去相信，而只需要去认识"[2]。资本主义时代为人类提供的东西就是那些只需去认识而不需去相信的东西。"资本主义相信它能够以信任（belief）来取代信仰，并在信任的基础上发明了信用（credit）。"[3]而信用之为信用，在根本上是可以被计算的，是可以被有限化的。"资本主义系统使信仰系统发生了一次改变：它把信仰

---

① 斯蒂格勒：《手和脚——关于人类及其长大的欲望》，第76—77页。
② 同上，第78页。
③ B. Stiegler, *Symbolic Misery, 2: The Catastrophe of the Sensible*, p.95.

变为能够计算的，因而产生出了在它看来比信仰更好的东西：信托（trust）。"[1]信用和信托是被短路的信仰，信仰的不可被计算性永远是其技术系统要清除的对象。

这种祛魅的过程既然破坏了信仰，也就意味着，它将作为力比多流通的长回路即欲望破坏掉了。当然，我们将启蒙运动看作一次祛魅的过程并不是意味着，我们认为精神上的祛魅在主导着人类化的社会进程。对于斯蒂格勒的技术哲学而言，技术器官的进化在人类社会这一广义器官系统中始终领先于精神器官和社会组织的进化。启蒙运动所引起的精神上的祛魅之所以能够发生，其根本的动力仍然在于技术系统的进化，而后者起源于印刷技术的出现。我们把祛魅的实质看作一种技术文码化过程：由于新技术的出现，它为了构成与精神器官和社会组织之间新的互个性化的关系，首先必须将这两种器官原本具有的连续流程离散化，而祛魅正是将心理个体的意识连续流程和集体个体的认同过程离散化，以便于它们接受新的技术器官并形成新的互个性化的转导关系。在印刷技术文码化时代，启蒙运动的祛魅过程积极有效地推动了欧洲社会这种广义器官系统新的亚稳定平衡状态的构建。但是，随着科学技术文码化取代印刷技术文码化，启蒙运动的祛魅过程已经走向了它的反面。祛魅过程对心理个体的精神器官的离散化，不仅使心理个体失去了理智思考的能力，而且也使其丧失了自身的欲望。[2]心理个体的欲望

---

[1] B. Stiegler, *For a New Critique of Political Economy*, p.67.

[2] 这一结果出现的根本原因并不在于祛魅本身，因为祛魅只是一种离散化过程。其原因在于，科学技术文码化利用了祛魅的逻辑，以祛魅作为对心理个性化进行短路的理由，从而将心理个体的理智和欲望都外在化于超工业体系的标准范围之内，以视听第三持留取代、接管心理个体的第二持留，以智能技术物体取代心理个体的欲望对象。这一形势造成了超工业社会系统性的愚蠢，也产出了大量的不会思考的巨婴和极度情绪化的乌合之众。

便不再具有特殊性，他们之欲求（desiring）的对象成了超工业技术体系编排出的生活方式，成了科学技术所制造的视听第三持留和各种技术物体。这种欲求已经不能被称作欲望了，因为它不具有特殊性，而是一种力比多流通的短回路，是缺乏关怀、照料的一次性（disposable）消费。这种力比多流通的短回路无法使新的技术和技术物体获得其在广义器官系统中适当的地位和器官功能，躯体器官和躯体外器官所形成的稳定的转导关系就会被这种短回路破坏。这是对力比多能量的浪费，也是对真实欲望的破坏。①

"欲望的对象必须是特殊的，欲望的主体必须在其中找到他自己的特殊性——也就是其反思的历时性。然而，消费已经变得没有了对象（产品并不是对象，它的存在不是为了满足欲望，而是为了促使需求转变为集体幻象和大众行为）。"②超工业时代强大的记忆科技制造出越来越多的视听时间客体，以满足人们虚假的欲望。这种虚假欲望的共同特点就是消费的共时性，因为它们欲求的对象是可以完全同一地进行重复的工业时间客体。只要欲望的对象不是特殊的，而是可以普遍存在、可以轻易获得的，那么，因这种对象而起的欲求就是虚假的欲望。超工业时代的消费市场中已经没有真正的欲望对象。"一种选择性市场营销的实行，通过确立消费者与产品之间的'一对一关系'而实现所谓的市场分割，这一切根本没有改变我们在这里描述的状况，而对视听型节目和资讯类节目的传播媒介进行操作也未能做到这一点。"③毋庸置疑，对消费者的兴趣取向进行靶向分割，将消费市场精细化所制造的欲求对象同样是虚假的欲望对象。"这样一来，消

---

① C. Howells, "'Le Défaut d'origine': The Prosthetic Constitution of Love and Desire", p.148.
② 斯蒂格勒：《技术与时间3：电影的时间与存在之痛的问题》，第103页。
③ 同上，第103页。

费的熵或许注定走向自我消除，走向失效和虚无。"①

我们在前面已经论述过，欲望是力比多的一种经济策略。那么，对欲望的破坏就是对这种力比多经济策略的破坏。这种破坏的直接后果就是，力比多流通的长回路被短路，进而造成力比多能量的大量浪费。而且，欲望的长回路一旦被破坏掉，要重新建构这种长回路就需要更多的时间。更何况在这个超工业时代，科学技术尤其是数字技术所主导的文码化过程远远领先于精神器官和社会组织的进化，后者根本无法在有限的时间内形成与技术器官相适应的力比多流通的长回路。

"欲望是一种经济，在这种经济里，驱力的满足能够被延迟，来把它转化成一种投资。"②但是，对欲望这种力比多流通之长回路的破坏，使得对驱力之满足的延迟被取消。这种延迟一旦被取消，构建力比多之长回路的可能性也就不存在了，力比多就会从欲望对象上撤资。于是，使欲望得以被关怀和照料的长回路的力比多经济，就会变为以短期收益、即时满足为直接目的的驱力经济。"驱力经济挖掘的是死亡驱力。我认为驱力经济造成了社会控制的衰落，比如在美国，大量凶杀是无缘无故的，像1999年的科伦拜校园事件，一对青少年学生持枪杀害无辜的人，但这样的事情每个礼拜都在发生。我认为这是力比多经济的毁灭造成的后果。"③因此，由于资本主义的本质是追求商业利润的最大化，由资本主义所构建的力比多经济就一定是一种破坏欲望的驱力经济，或者说是一种短视的力比多经济。这种力比多经济从20世纪80年代开始，通过撒切尔和里根所领导的

---

① 斯蒂格勒：《技术与时间3：电影的时间与存在之痛的问题》，第103页。
② 斯蒂格勒：《全球范围内熵在加速增加，这是最严重的问题》，http://www.thepaper.cn/newsDetail_forward_1702787，发表日期：2017-06-09，引用日期：2017-10-23。
③ 同上。

保守主义革命如今已经在全世界范围内铺展开来。它就是消费主义（consumerism）。在广义器官学的视野下，消费主义通过数字技术制造无处不在的共时化时间客体，诱导力比多快速地流通，进而制造虚假的欲望。

"当撒切尔和里根最初废止金融管控，并最终解散所有的国家管控机构时，他们孤注一掷地认为，这些调整过程可以委托给市场的运作，也即市场营销的运作。可是这样一来，市场营销就会无限制地利用构成传媒基础的心理技术学（psychotechnologies），进而麻醉大众、制造瘾性、控制大众行为。"[1]心理技术学实质上就是一种如何制造瘾性的理论，所有的瘾性都是短回路；也正因为它们是短回路，所以才会成为消费的对象。心理技术学追求的正是某种即时的满足，它要为消费主义的推广清除那些不可计算的特异性，即那些长回路的具有特殊性的欲望。构建长回路的欲望不符合市场营销的运作，因为这样一来，资本主义根本无法获得最大化的利润。

以消费拉动国民经济的发展，这本身就是资本主义为应付自身的经济危机而制定的策略，是当代资本主义社会对抗利润下降趋势的新手段。根据马克思的看法，资本主义的目的在于追求利润的最大化。资本家通过对生产者的剥削所得到的剩余价值整体上是下降的，即所谓平均利润率趋向下降的规律。利润下降的最终结果会导致资本主义的崩溃。当代资本主义社会为了避免这一趋势，就将其剥削的范围从生产者扩大到消费者。这就产生了资本主义的消费主义模式。[2]此种模式是马克思所说的资本主义所造成的无知化的进一

[1]　B. Stiegler, *For a New Critique of Political Economy*, p.101.
[2]　Ibid., pp.87–98.

步发展的结果，只是马克思没有预料到消费主义这种无知化的新形式。"马克思《〈政治经济学批判〉导言》发表后的150年，生产主义和消费主义的工业模式全球化了（事实上是崩溃了），进而使得这一全球化的工业模式中的生产和消费在经济上和功能上同一起来。"[①]这就意味着，消费主义工业模式和生产主义工业模式一样都是在追求利润的最大化。不过，马克思没能预料到消费问题在20世纪的变化，因此"使马克思不能去思考无知化的新形式。这种新形式的无知化得以存在的关键在于消费的组织化。消费的组织化以开发有效的购买力为目标，它摧毁了'知道怎样去生活'的知识。因而，它也强化了以创造有效的劳动力为目标的对'知道怎样去做'的知识的破坏"[②]。这种对消费的组织化，主要是通过数字技术这种科学技术的新成果而实现的。

互联网、多媒体和人工智能等数字技术精密度的提升，使市场不仅可以提供更多的虚拟消费品，也使其能够控制消费者的意识注意力，接管其做选择的能力，以动员其进行消费的力比多能量。[③]数字技术与电子计算机相伴相生，自其诞生以来，人们的生活似乎越来越便利和丰富多彩了。但也正是因此，数字技术所形成的虚拟网络使得电视、电影、广告、直播这些共时化时间客体能够更广泛和更持久地影响人们的思维和生活。以此对消费进行组织化，就可以调动更大的消费能力。但是，消费主义否定任何长远趋势的存在[④]，消费主义是一种极为短视的经济模式，它本身就是资本主义为解决

---

① B. Stiegler, *For a New Critique of Political Economy*, p.23.
② Ibid., p.27.
③ Ibid., p.68.
④ Ibid., p.124.

自身利润率趋势化下降而将剥削的范围从生产领域扩大到消费领域的结果。消费主义只能推迟资本主义的危机，而无法根除资本主义的危机。于是，消费主义便天然地形成了其宏观上的短视趋势。[①]消费主义把所有的东西都变成需求、变成一次性的消费，制造了无数虚假的欲望。[②]这些虚假的欲望会为经济带来表面的繁荣，却也导致了极度的浪费。无论是数码产品、化妆品还是衣服，为了在市场的引导下能够被快速消费，它们都在不停地更新。它们不仅在生产的过程中造成资源的浪费，而且在其快速更新的过程中也产生大量无法处理的垃圾。[③]其更严重的后果则是，由于它把每一个人都变成消费者，使其24小时都被数字技术组织动员起来，其记忆和习惯作为数字文码永久地被外在化于数字技术的程序化流程之中。人们沉溺于现代感十足的数码产品，沉溺于昂贵而繁杂的化妆品，沉溺于时尚而便宜的衣服，这种沉溺就是消费主义所制造出的短视的、盲目的愚蠢状态。斯蒂格勒将这种盲目短视称为"系统性的愚蠢"[④]，也就是作为躯体外器官的社会组织整体上的愚蠢状态，它是最大限度地消耗力比多的消费主义模式所固有的。[⑤]

然而，在广义器官学的视野下来看，这种愚蠢并不是因数字技术的快速发展而产生的必然结果，它只是一种暂时状态。数字技术的快速发展会打乱原有的广义器官系统的稳定状态。也就是说，数字技术的快速发展使欲望形态发生变化，使力比多流通的回路发生变化。这种系统性的愚蠢是广义器官系统在去功能化时所表现出的盲目状态，

① B. Stiegler, *For a New Critique of Political Economy*, p.91.
② Ibid., p.65.
③ Ibid., p.92.
④ Ibid., p.5.
⑤ B. Stiegler, *States of Shock: Stupidity and Knowledge in the 21st Century*, p.83.

因为新的数字技术还没有找到合适的位置和稳定的器官功能。技术的发展原本就是一种对社会组织的破坏，而且在广义器官学意义上，技术的生成也总是领先于社会组织的生成。社会组织在协调技术生成与广义器官系统原有的稳定状态时总会遇到阻力，这种阻力就表现为系统性的愚蠢。

当这种系统性愚蠢产生的时候，就意味着社会组织已将原有的价值判断悬置了起来，广义器官系统就已经具备了再功能化的条件。[①]但是，广义器官系统的再功能化并不是一个简单的被动适应过程。在斯蒂格勒看来，人类必须主动地去选择接纳。人类应该主动地去利用这些条件，促使力比多流通形成稳定的长回路，即主动地去培育真实的欲望。真实的欲望是对欲求对象的关怀照料，是力比多流通的长回路，而不是一次性的消费。虽然数字技术在消费主义的诱导下制造了无数的虚假欲望，然而，现代社会真正应该担心的并不是数字技术，而是消费主义这种力比多经济模式。我们必须思考如何接纳数字技术，如何在这种新的技术条件下克服最大限度地浪费力比多的消费主义，建立对力比多进行有效利用的新的力比多经济模式，也即对真实欲望进行关怀照料的力比多经济模式。

斯蒂格勒将马克思所说的劳动者的无知化，以及他自己所提出的消费者的无知化，称为"全面的无知化"（generalized proletarianization）。[②]这同时也是科学技术尤其是数字技术对资本主义精神文化离散化的结果。斯蒂格勒认为，目前的资本主义已经丧失了自身的精神文化，

---

① B. Stiegler, *States of Shock: Stupidity and Knowledge in the 21st Century*, pp.62–63.

② B. Stiegler, *What Makes Life Worth Living: On Pharmacology*, p.131.

它正在导致自己的毁灭。[1]斯蒂格勒有着与苏格拉底当年在书写技术文码化时代一样的担心，斯蒂格勒将苏格拉底看作思考无知化的第一个人。[2]因为无知化的实质，是前一个文码化时代所累积沉淀的躯体记忆被下一个文码化过程离散化，但尚未形成躯体记忆新的连续流程的一种状态。[3]与苏格拉底对文字书写的担心一样，斯蒂格勒也担心科学技术，尤其是数字技术会将人们所具有的各种"知道怎样去做""知道怎样去生活""知道怎样去思考"的知识逐渐离散化，即，使人们处于全面无知化状态之中。这样的话，我们所生活的这个世界中就会出现而且已经出现大量的缺乏独立思考能力和判断力的巨婴，以及大量试图站在道德制高点上而极度情绪化的乌合之众。

五　巨婴与民粹主义

"苏格拉底在《斐德罗篇》中所说的'记忆的外在化是记忆与知识的丧失'，在今天，成了我们生存中各个方面都会有的日常事件。"[4]在苏格拉底所处的希腊悲剧时代，文字书写是一种刚刚诞生的技术，可能只有少数的人能够用文字进行书写，而且，识别文字也并不是大多数人都能够掌握的技能。在那个时代，大脑记忆的外在化现象远远没有我们所处的这个超工业时代普遍和频繁。苏格拉底

---

[1]　B. Roberts, "Memories of Inauthenticity: Stiegler and the Lost Spirit of Capitalism", p. 230.
[2]　在斯蒂格勒看来，无知化是一个自人类化之始就在持续发生的过程，无论谁是思考无知化的第一个人，这个人一定不会是马克思。在其《政治经济学新批判》（2009）中，斯蒂格勒说思考无知化的第一位思想家是柏拉图，参见 For New Critique of Political Economy, p.28；而在《负人类世》（2018）中，斯蒂格勒则说，思考无知化的第一位思想家是苏格拉底，参见 The Neganthropocene, p.209。
[3]　B. Stiegler, For a New Critique of Political Economy, p.38.
[4]　Ibid., p.29.

真正的担心在于，当人们通过文字书写这种今世的持留手段
（hypomnesis）来净化前世的灵魂记忆时，人们的灵魂却极有可能
被文字书写技术带入迷途。苏格拉底"担心文字只是披着'真理的
外衣'，它们看似永久的特质，会导致人们因此停止寻找真正的知
识"①。因为人们会将阅读文字等同于独立思考,进而认为只要读完了文
字就已经净化了灵魂，从而忘记了深入地思考文字所承载的意义。"在
苏格拉底随处可见的幽默与经验丰富的嘲讽之中，隐含着深深的忧虑，
那就是缺乏学校教育或社会教育的文字，将引发知识的危险性。在他看
来，阅读犹如新版的潘多拉之盒——文字一旦传播，对于什么该写、谁
来阅读以及阅读者如何阐释文字，将会出现无人负责的情形。"②

　　尽管人类化的进程始终是一个记忆外在化的过程，但是，外在
化并非意味着与内在切断联系。苏格拉底之对文字泛滥的担心，正
在于作为技术持留的文字记忆会与人类大脑意识系统的记忆断开联
系。这会造成人们思维的短路，因为对文字的阅读并不等同于对文
字内容的思考。如果以为读过了文字就等于接纳了文字的内容，那
么，这就成了精神器官上的短路。这种情况在这个超工业时代十分
普遍，而且已经成了常态。这不仅是由于承载大脑意识系统之连续
记忆的持留设备比苏格拉底生活的年代多了许多，更为重要的原因
则是，超工业时代的数字技术正是通过接管人们的第二持留而生产
出这些持留设备的：它们不光是泛滥成灾、良莠参差，而且任何一
个识字的人都可以书写并出版书籍，还有那些无时无刻不充斥在人
们听觉、视觉周围的用于广告和营销的视听时间客体。通过这些持
留设备，只要我们愿意，我们可以接触到比苏格拉底时代多出许多

---

① 玛丽安娜·沃尔夫：《普鲁斯特与乌贼：阅读如何改变我们的思维》，第218页。
② 同上，第75页。

个量级的信息。但是，我们的寿命却并没有比苏格拉底时代的人们增加多少，我们真正用来思考的时间可能还会比苏格拉底时代的人们少许多。如果苏格拉底有充分的理由担心文字对理智思维的破坏，那么生活在我们这个时代的人就更有理由担心各种各样的视听时间客体对理智思维即精神器官的破坏。"苏格拉底针对雅典青年提出的学习问题，最终还是会用到我们身上。这些未经指导的信息是否会造成知识的幻觉，因此阻碍了我们通往知识的那条更艰深更耗时更关键的思考之路？搜索引擎上分秒可得的大量信息，是否会将我们从那些较为缓慢、需要深思熟虑的过程中完全剥离出来，而无法深度理解复杂的观念、他人的内在思想过程，以及我们自己的意识？"①

如果心理个体在其生理器官都成熟之后，即对于一个人而言，在他达到法定成年年龄之后，仍然不能够独立地思考，其精神器官仍然不成熟，那么这种心理个体就仍然是婴儿化（infantilization）的个体，即"巨婴"。超工业时代制造了大量的巨婴，这些巨婴可能受过很好的高等教育，热衷参加各类的文化艺术活动，在工作中表现得非常积极进取，热爱读书，热爱谈论，热爱参加集体活动。但是，尽管如此，他们的心智可能仍然不成熟，仍然是不会控制自己情绪的巨婴。这种现象出现的原因，在根本上和苏格拉底担心文字会败坏希腊年轻人的灵魂的原因是一样的，即阅读过文字并不等于理解了文字的内容，更不等于将作为集体精神沉淀的文字内容内在化于心理个体自身的精神器官之内。如果将阅读过文字等同于思考过文字内容，将阅读等同于内在化，那么，这种做法本身就已经成了心理个体和集体个体之间的短路。

---

① 玛丽安娜·沃尔夫：《普鲁斯特与乌贼：阅读如何改变我们的思维》，第211页。

　　精神器官的成熟，也即心理个性化的正常进行，必须首先得与社会组织和技术器官处于互个性化的关系之中。"'我'的个性化其实也就是'我们'的个性化，反之亦然，尽管'我'和'我们'之间存在着'延迟差异'。……'我'和'我们'是同一个个性化过程的两个方面。'我'的个性化必然也就是'我们'的个性化，立足于'我'和'我们'所共有的某一'先于个体的现实'，'我'的个性化投映了'我们'的个性化。"[1]这一"我"和"我们"所共有的"先于个体的现实"正是文化传统本身，"我"和"我们"都是某种文化传统的产物，也是其保持生命力的承载者。文化传统所扮演的正是人类社会这一广义器官系统中的社会组织的角色，它会与躯体器官和技术器官形成互个性化的转导关系。但是现在，技术的进化速度远远超过躯体器官和社会组织的进化速度，致使科学技术挟裹着后两者前行，它主导了躯体器官尤其是精神器官和社会组织的进化。当然，它造成了这三重器官系统之互个性化关系的短路。文化传统成了科学技术尤其是数字技术开发的对象。在此短路的前提下，科学技术以塑造当代文化的名义将文化传统从其扎根的时间和空间中连根拔除，将文化传统所具有的意义离散化，以各种各样反复更新的视听时间客体的持留形式表达。这些视听时间客体遵循着市场的逻辑，它们是以第三持留之形式表示的已经经过筛选、编排的第二持留，它们已经将观众观看时的第一持留预设了出来，它们可以影响心理个性化。可是，心理个性化却根本无法反过来影响这些视听时间客体，无法与这些视听时间客体形成转导关系。心理个体只能被动地去适应这些第三持留，而根本无法主动地去接纳、筛选这些第三持留。心理个体之

---

① 斯蒂格勒：《技术与时间3：电影的时间与存在之痛的问题》，第127页。

精神器官的筛选功能即第二持留早已经被视听时间客体接管了。

　　第二持留是思想、判断力，是心理个体的理智思维能力。当然，它也是想象力。第二持留对构成心理个体成熟的精神器官具有决定性的作用。对于心理个体来说，其第二持留的被接管很可能就意味着，他已经失去了独立思考的能力，已经失去了作为一个正常的社会人在集体中生活的资格。他可能被认为是精神病人而被关进精神病院，或者被认为是心智未成熟的巨婴。苏格拉底担心文字书写技术对希腊年轻人健康的理智思维的破坏。虽然苏格拉底输了反对文字的战争，但他对那些尚未成熟的灵魂之独立思考能力丧失的担心，仍然是我们在这个超工业时代需要严肃思考的问题。"苏格拉底在两千年前提出的对读写能力的质疑，说中了众多21世纪我们所关心话题的要害。……苏格拉底……担心文化传承由'口耳相传'转化为'诗书继世'可能会造成危害，尤其是在年轻人身上，因为这正如我们担心自己的孩子沉溺在数字化世界中一样。正如当时的古希腊人处于重要的转型期，如今我们正处于从'文字文化'向'数字文化'和'视觉文化'转变的时代。"[1]

　　"数字文化"和"视觉文化"的主要特征是作为理智思维、判断力和想象力的第二持留被大量的视听第三持留所接管。对文字的阅读当然也可以说是一种视觉文化，但对文字的阅读首先需要读者识字，并在一定程度上知道该如何去书写。"个性化是无所不在的，是持续不断的。当你在读一本书的时候，你就是在通过这本书来个性化自身，因为读这本书就是被这本书所塑造。如果你没有被这本书所塑造，你就没有读这本书。"[2]尽管现代社会中也出现了仅供消遣娱

---

① 玛丽安娜·沃尔夫：《普鲁斯特与乌贼：阅读如何改变我们的思维》，第68页。

② B. Stiegler, Irit Rogoff, "Transindividuation", http://www.e-flux.com/journal/14/61314/transindividuation/，发表日期：2010-03-14，引用日期：2017-11-15。

乐之用的书籍，但是，识字和懂得书写仍旧是能够阅读的前提。就此而言，阅读文字主要是一种主动接纳的过程。然而，对电影、电视、直播等视听第三持留的观看则不一样了。作为观众，人们根本不需要知道这些视频是怎样制作的、其信号是怎么传送的，也根本不需要懂得镜头语言所代表的意义。因此，人们对视听第三持留的观看就是一种被动地去适应这种时间客体的过程。如果人们不主动地去阅读书籍，书籍就不会主动地打开，将其内容自动地传递到人们的意识系统中。可是，即便人们不去主动地观看电影等视听第三持留，它们也能够主动与躯体的听觉器官和视觉器官建立联系，将其信息传递到意识系统中。由于这些视听时间客体已经是被导演或编剧编辑过的第二持留的物化形式，当其没有经过观众的第二持留的筛选就直接进入其意识系统的时候，观众的第二持留就等于是被这些视听第三持留接管了。他们心理个性化所必需的历时性被纳入了与其他成千上万的心理个体一样的历时性中，也就是被共时化了。不同的心理个体的个性化不再有特异性，他们虽然认为自己是独一无二的，但是这种独一无二正是建立在其他的心理个体也同样认为自身是独一无二的基础之上，因而，他们就是同质化的、被相同的共时化过程标准化的了心理个体。观众们将别人的思想、判断和想象等同于自己的思想、判断和想象：他们没有思想，却将别人的思想当成自己的思想；他们缺乏独立判断的能力，却将别人的判断当成自己的判断；他们自认为阅读和观看了那么多书籍、影像资料就已经见多识广、足以辨别是非了，但是事实上，他们从来没有独立思考过，没有将这些第三持留内化于自己的意识系统中，作为自己判断是非的第二持留标准。他们单个来说是心智不成熟的巨婴，集合起来就是极度情绪化的乌合之众。他们追求公平、民主、自由，但是这些理念早已被他们解读得面目全非。他们希望自己像婴儿一样被社会集体照顾，而不考虑为社会集体付出。他们的诉求极度幼稚、任性、偏激和狭隘，他们是一群精致的利己主义者（sophisticated egoists）。

民主理念无论在政治哲学中被如何解读，但有一点是不会变的，即，民主理念和民主制度的推行必然依赖于心智成熟的个体。不光是民主制度，任何一种制度作为持留体系累积沉淀而形成的社会组织要想处于健康的状态中，就必须与技术器官和精神器官处于互个性化的转导关系之中。信仰民主理念的心理个体需要首先理解民主制度是什么，以及究竟该如何推行，即他们作为心智成熟的心理个体需要与民主制度处于互个性化关系之中。这当然是斯蒂格勒广义器官学的题中之义。可是，超工业时代的数字技术所产出的大量视听第三持留将心理个体之个性化过程的关键部分——第二持留——接管了过去，他们离开了书籍、影像资料等第三持留根本无法独立思考，他们心理个性化的过程被数字技术短路了。这样一来，他们作为正常而理性的人的感知力、思考力和想象力就被数字技术离散化了。久而久之，他们便不再愿意为自己的行为负责任，他们总是从外在找原因，而不再从内在找原因。因为他们认为，他们之所以做出一种行为，并不是出于自己的判断，而是被数字技术所引导。这样的人就不再是正常而理性的人，他们只是躯体已经发育成熟的巨婴。他们的精神器官无法成熟，他们的理智思考之幼稚的水平只会让民主制度畸形。民主制度使他们获得的自由的权利，反而成了他们对民主制度进行破坏的理由。并且，作为只是生理器官发育成熟而精神器官依然未健全的巨婴，当他们以自由为借口极度情绪化地去建设民主时，最终结果只会是将民主制度之得以建立的前提和共识破坏殆尽。

　　超工业时代所导致的广义器官系统之间的短路最为明显的后果是系统性的愚蠢：人们竭力将做出判断的功能交给集体，而集体中的决策者也不愿意为决策失误负责任，于是就将决策权交给数据和标准体系。然而，对制度、律法、体制等技术系统的信任时刻暗示着对人类自身理智判断能力的不信任。这种不信任既表明超工业时代技术体系远远比人类自身的力量强大，也表明人们自身的理智判断力的不成熟。系统性的愚蠢实质上是一种巨婴心态，这种心态既是超工业时代的普遍无知化的结果，相应地，它也刺激了普遍无知化的进一步扩展。这样一来，民主理念必然会走向其内在逻辑发展的反面，即变成民粹主义（populism）。"普遍的无知化会扩散系统性的愚蠢。而系统性的愚蠢成了以驱力为主导的资本主义和工业民粹主义的法则。"①

　　我们所处的这个超工业时代所面临的危机，比苏格拉底所处的书写技术文码化时代所出现的危机要严重得多。苏格拉底时代的无知化现象远远没有超工业时代来得普遍。而现在，无知化已经成了我们日常生活中无时无刻不在发生的事件。无知化导致了人们将搜索资料等同于独立思考，进而将别人的判断等同于自己的判断。对于数字网络时代的年轻人来说尤其如此，他们出生的年代正是数字网络开始泛滥的年代，而这个时候，他们的前辈对于数字网络也缺乏清晰的认识，他们也无法指导年轻人该如何使用这种技术。苏格拉底对希腊年轻人的灵魂被文字书写技术污染的担忧，也同样是我们这个时代所存在的担忧。苏格拉底"真正担心的是年轻人未经指导，尚未有批判力，就能任意接触到信息，这恐怕会影响到知识本身。对苏格拉底而言，寻找真正的知识并不需要在信息上来回思考，而是要去寻找生命的本质

---

① B. Stiegler, *What Makes Life Worth Living: On Pharmacology*, p.55.

和目的。这样的搜索需要投入一生，发展出高度的批判与分析技巧，并且通过大量记忆的运用与长期的努力来内化个人知识"[1]。

　　我们这里所说的巨婴主要指的是生理器官发育成熟而心智尚未成熟的成年人，可是，超工业时代的视听时间客体却能够对成年人和未成年人的精神器官进行无差别的短路。成年人能够看得到的东西，儿童也同样有可能看得到。成年人的判断力、独立思考的能力和想象的能力被那些所谓"视听盛宴"的工业时间客体接管，而针对儿童的注意力生产出的所谓"适合适龄儿童观看、适合适龄儿童使用"的时间客体也同样会将儿童的第二持留接管。"儿童精神结构就会沉浸在视听媒体库中，……并且，视听媒介会改变儿童正在发育中的大脑神经回路。"[2]相对于成年人，儿童的思维意识系统更加脆弱，他们的思考能力不仅比成年人弱很多，而且他们在情感上更需要被关怀和照料。因此，这些工业时间客体对儿童的危害要比对成年人的危害严重得多。"如果视听媒体的药学环境使儿童不成熟的精神器官终日沉浸其中，那么，它们就会短路并忽略对儿童的关怀。"[3]儿童的健康成长关系到民族和国家未来的命运和文化的传承，儿童的教育因而变得至关重要。可是，儿童的父母在心智上可能也只是过度发育的儿童，他们甚至像儿童一样极易感情用事，他们非理性的行为使真正的民主和自由无法推行，更不要说让他们去教育下一代。[4]可是，对儿童的教育最为重要的就是家庭教育，失败的家庭教

[1] 玛丽安娜·沃尔夫：《普鲁斯特与乌贼：阅读如何改变我们的思维》，第210页。
[2] B. Stiegler, *What Makes Life Worth Living: On Pharmacology*, p.66.
[3] Ibid., p.69.
[4] 斯蒂格勒的《照顾好年轻人与后代》一书是论述成年人的婴儿化、民主观念如何变为民粹主义、下一代的教育等问题的非常有参考价值的著作。关于此处之论述可参见此书第23—46页。

育所导致的后果，并不能够由学校教育来承担。

六　下一代的教育

斯蒂格勒对儿童成长与教育的论述使用的仍然是广义器官学的理论模型。但是，广义器官学的某些术语在这里有所修改，构成社会组织的文化传统被斯蒂格勒用"过渡空间"（transitional space）这一概念替换了。而这一概念正是温尼科特①的精神分析理论的重要概念。斯蒂格勒之所以用"过渡空间"这一概念替代广义器官学中的"社会组织"概念，并不是因为广义器官学理论需要修改，而是因为在斯蒂格勒看来，温尼科特的理论模型正好与自己的广义器官学模型相符合，并且温尼科特的"过渡空间"理论更适合分析儿童的成长和教育。

在温尼科特看来，为了使婴儿能够更好地成长，在将来能够更好地融入社会，作为成年人，父母尤其是母亲应该给予初来到这个世界的婴儿一种全能（omnipotence）的感觉。这种感觉类似于在人类与诸神平起平坐的黄金时代，人类从诸神那里获得的永生不朽的感觉。这种全能的感觉对于混沌迷蒙的婴儿来讲就意味着，只要它一哭闹，就会有人来给它喂食，就会有人来照顾它。"对婴儿而言，照顾是普遍存在的，在安静的时间和兴奋的时间是一样的。全

---

① 唐纳德·温尼科特（D. W. Winnicott，1896—1971年）是英国当代精神分析理论学派的先驱、蜚声世界的精神分析师、原创性较强的理论家。温尼科特并不像弗洛伊德一样强调本能在整个个体发育过程中的决定性作用，而是强调家庭教育对个体生命的影响。他最主要的原创性理论就是我们这里所说的"过渡现象和过渡客体"理论。这一理论深刻而持久地影响着当代哲学、心理学、教育学等学科，并成为斯蒂格勒构建其技术哲学的重要理论来源。温尼科特的主要著作有《游戏和现实》《婴儿与母亲》《人类本性》《家庭和个体发展》等。

能感几乎接近真实。"①婴儿无法区分真实与虚假,无法区分内在和外在,也无法区分主体和客体。这种感觉是一种无所不能的感觉。但是,这种感觉终究是虚幻的感觉。终有一天,婴儿会发现,当它哭闹时,那些该来到的东西并没有来到它身边。就像那些与诸神平起平坐、分享同一敬贺的人类,他们终究会发现诸神是不会死的,自己并非和诸神一样是全能的,自己是必然会死的。他们根本无法与神平起平坐。儿童的发育和成长过程似乎也在重复着这种神话学意义上的人类逐渐觉醒的各个阶段。婴儿的全能感的丧失首先来源于,当它哭闹时,母亲并没有及时地来到它的身边。从这一刻开始,它的全能感就会逐渐地丧失。不过,只要母亲能够及时出现在婴儿的视野内,婴儿的全能感依然能保持其连续性。全能感的丧失虽然会对婴儿的心理有所创伤,但这种创伤是有益的,正是这种创伤使婴儿开始产生内在和外在之分、主体和客体之分的意识。这种创伤意味着,母亲与婴儿之间必须要有一种过渡的空间,以便母亲不在婴儿身边时保持其全能感的连续性。这种过渡空间并不是空洞的,它需要某种物体将其填充,这种物体就是温尼科特所说的"过渡客体"(transitional objects)。"过渡客体可以是一个泰迪熊、毛毯、玩具等。它是母亲乳房的替代品——乳房已经是母亲的关怀照料功能的象征。过渡客体需要存在,以使因婴儿希望其存在而被发明的客体与被发现的外部客体之间产生符合。"②这就是说,过渡客体的存在是对母亲不在场的替补,过渡客体成了符号化的和象征化的母亲形象。

---

① 温尼科特:《游戏与现实》,卢林、汤海鹏译,北京:北京大学医学出版社,2016年,第15页。

② T. Espinoza, "The Technical Object of Psychoanalysis", in C. Howells, G. Moore eds., *Stiegler and Technics*, p.155.

过渡客体是婴儿在自身之外发现的客体，但更是婴儿发明的母亲的形象。正如婴儿看见母亲会高兴一样，婴儿看见它发明的过渡客体也会高兴。"婴儿牙牙学语，大一点的孩子在睡觉前反复哼唱歌曲和调子，儿童通过这样的方式来确定自身与外部世界的联系。同时，在成长过程中，婴儿不断使用不属于自身身体部位的某些客体，但这时，婴儿还不能完全认识到它们属于外部世界。这些都属于过渡现象这个中间区域。"①

过渡客体并不是一个心理上虚构出来的物体，它不是内在的，而是外在的物质载体。但是，对于婴儿而言，过渡客体又是内在的，因为婴儿认为自己可以完全控制这一客体。过渡空间和过渡客体的出现，是婴儿与母亲建立联盟的象征。②婴儿相信即使母亲在某个时间段内没有出现在它的身边，这一过渡对于它来说仍旧是安全的。"过渡客体和过渡现象让每个人从一开始就拥有一个不会被挑战的中间区域。这对他们来说是十分重要的。对于过渡客体而言，在我们和婴儿之间有一致的协议，即我们从来不会去问'这是不是你构想出来的'或者'它是不是从无到有的'。"③过渡空间可能是童话般祥和安乐的富饶世界，也可能是刀枪森然、气象肃杀的贫瘠世界。而过渡客体也既可能是柔软温和的，也可能是坚硬冰冷的。过渡空间和过渡客体的形成与婴儿所生活其中的家庭物质环境没有必然的关系，"一个贫困家庭可能会给婴儿提供一个更安全、更'好'的促进性环境，这反而会比住在大房子里的、不会遭受生活中常见困苦的

---

① 温尼科特：《游戏与现实》，第13页。
② 同上，第124页。
③ 同上，第16页。

家庭给婴儿提供的成长环境要好"[①]。

　　过渡空间和过渡客体的存在，对于每一个婴儿来说，都是其形成思维认知所必需的。一位母亲即便愿意无时无刻都不离开自己的孩子，无时无刻都不对自己的孩子进行照顾，她也必须在自己的孩子成长的过程中为其构建一个温暖安全的过渡空间，里面有它喜欢的各种作为过渡客体的玩具以供其游戏。"应该注意到，有时除了母亲以外是没有别的过渡客体的。这种现象可能使婴儿的情绪发展过程受到极大的困扰，以至于无法享受过渡阶段，或者是过渡客体的连续性被中断，但这种连续性仍然以一种隐蔽的方式被保留着。"[②]因为，过渡现象并不随着婴儿的成长而逐渐消失，过渡空间和过渡客体存在于每一个体生命的始终。它是一个人在这个物质世界中艰苦挣扎的动力来源，是一个人的世界观、人生观和价值观之形成的根据。它是一个人在受到外界挫折和伤害之后的疗养之所，也是一个人所要努力奋斗去建设的理想国。"我们在过渡现象区域、在主体和客体现象相互交替的观察中体验人生，在个体内部现实和外部现实之间的一个中间区域体验人生。"[③]对于温尼科特而言，过渡空间和过渡客体决定着我们每一个人人生所能够形成的全部体验和意义。"通过这个婴儿与母亲之间、孩子与家庭之间、个人与世界之间的潜在空间，婴儿获得信任感。它可以被个人看成是神圣之处，因为正是在这里，个人体验了创造性的生活。"[④]

　　对于婴儿来说，它是通过过渡空间和过渡客体逐渐区分出内在

---

① 温尼科特：《游戏与现实》，第185页。
② 同上，第6页。
③ 同上，第83页。
④ 同上，第133页。

和外在、主观和客观的。也就是说，在内在和外在、主观和客观之间总有着过渡空间和中间阶段的存在。这个过渡空间并不会消失，即便是曾经的婴儿长大成人，在成年人的世界中过渡空间依旧存在，成年人也依旧是通过过渡空间来解释他所看到的所谓客观世界的。"当我们谈论个体的外部现实时，我们所依赖的客观程度是可变的……客观性是一个相对的术语，这是因为在某种程度上客观性是被主观想象定义的。……外部现实在某种程度上仍旧是一个主观现象。"[1]"这个潜在的空间有高度的可变性，而另外两个重要的区域——个人的内部精神世界和外部的现实世界——则相对来说更恒定些。"[2]因此，过渡空间依然在其世界中存在，它既是外在的，也是内在的。但是，成年人的过渡空间中的过渡客体也就与婴儿过渡空间中的不一样了。随着儿童的长大成人，过渡客体没有进入儿童的心理内部。但是，过渡空间也并没有失去意义，而是扩散开来。"这个中间地带在个体的生活中极为重要。它从仅仅属于幼小儿童的那种充满热情的游戏开始，且能发展到无限丰富的文化生活中。"[3]"过渡现象变得弥散，它变得充满了整个'内部心理现实'和'被两个人共同觉察的外部世界'之间的中间区域，也就是说，它充满了整个文化领域。"[4]然而，与其说过渡现象整个地弥散到文化领域之中，不如说过渡现象弥散开来形成了文化现象。

过渡空间和过渡客体的存在是从婴儿时期就开始的对其全能感的一种替补策略。就像神话学意义上的人类在意识到自身是会死种

[1] 温尼科特：《游戏与现实》，第85页。
[2] 同上，第132页。
[3] 温尼科特：《婴儿与母亲》，卢林、张宜宏译，北京：北京大学医学出版社，2016年，第51页。
[4] 温尼科特：《游戏与现实》，第7页。

族之后仍然向诸神献祭一样，这种献祭意味着人类对不朽的向往，对与诸神平起平坐时代的怀念，献祭仪式因而是一种替补策略。温尼科特所说的这种过渡现象同样成了一种替补策略，只不过是对婴儿全能感的替补。全能感一定会随着儿童的成长而逐渐丧失，为了弥补这种丧失，需要为成长中的儿童开启出一片自由的、可供其发挥创造力的空间，可以任由其想象力天马行空地飞翔。这一空间既不内在于儿童的意识系统，也不外在于物质世界。"每个人都重新创造着世界，至少在一出生和第一次理论上的哺育时就开始了这个创造的任务。……世界存在于个体之前，但是感觉上世界仍然是个人创造出来的。"[1]从这种意义上讲，可以任由其发挥自由的想象力和创造力的感觉，正是在婴儿时期就获得但随着成长而逐渐丧失的全能感，只不过拥有理智的成年人认识到外部物质世界很难改变后，而使这种全能感转化为想象力和创造力。当个体通过想象力将其过渡空间中的过渡客体以物质化的形式创造出来之后，这个世界就出现了文化现象，世界就成了文化世界。"温尼科特把构成个体生成与后种系生成之间的桥梁的过渡客体理解为文化。……文化的潜在空间不仅是需要存在并被填满的东西，它也是必须能够被铭刻的东西。"[2]

文化是个体和集体之想象力和创造力的沉淀，是每一个人的过渡空间的物质化。"文化经历的位置是个人和环境之间的一个潜在空间。"[3]它的存在正是为了满足一个集体之全能感的想象力和创造力。

---

[1] 温尼科特：《人类本性》，卢林、王晓彦、张沛超译，北京：北京大学医学出版社，2016年，第130页。

[2] T. Espinoza, "The Technical Object of Psychoanalysis", p.157.

[3] 温尼科特：《游戏与现实》，第129页。

只有存在作为过渡空间的文化，集体才能够拥有共同的想象空间和价值观念，这个集体才能够建立。所以，"没有传统作为基础，就不会有任何原创性的文化领域。……文化经历超越了个人存在，使人类的种族得以延续"①。虽然对于任何一个婴儿来说，它总是觉得这个世界是被它创造出来的；但是，这个世界总是已经存在于它之前，这个世界是文化世界。如果没有这个已经在此的文化世界，婴儿是无法健康成长的。"只要有合适的机会，婴儿就会开始其创造性的生活，并且使用真实客体来发挥其创造性。如果没有合适的机会，那么婴儿就没有一个游戏的区域，也就没有文化经历；紧接着就是没有与文化继承的连接，也就不会对文化做出贡献。"②因此，文化传统对于婴儿的健康成长以及集体认同的形成都有着至关重要的作用。

温尼科特的"过渡空间和过渡客体"理论为分析家庭教育提供了有效的切入点，而且，温尼科特的这一理论的结构正好与斯蒂格勒的技术哲学的基本假设及其广义器官学相契合。斯蒂格勒认为，人类与其外在的世界并不是对立的，而是存在着相关差异。这个世界本质上是一个技术世界，技术是对人类之先天无本质的替补，技术既是外在于人类的，又是内在于人类的。内在即是外在，而外在也即是内在。这正是斯蒂格勒所说的替补的逻辑。而温尼科特所说的过渡也正好与斯蒂格勒的替补逻辑相符。③在爱比米修斯和普罗米修斯的神话中，第一个替补是普罗米修斯偷盗来的天火，第二个替补则是潘多拉给人类招致的欲望——欲望是对诸神所具有的不朽的

---

① 温尼科特：《游戏与现实》，第128页。
② 同上，第131页。
③ T. Espinoza, "The Technical Object of Psychoanalysis", pp.151–152.

替补。而在温尼科特的精神分析理论中，第一个替补则是母亲盖在婴儿身上的毛毯，或者婴儿手里的玩具熊，即过渡客体。当然，它们之成为过渡客体并不是因为其物理属性，而是因为它们能够开启过渡空间。"其作用是在母亲不在的时候替代母亲，以使婴儿逐渐成熟和独立，而不用丢失真实存在的感觉。这个过渡客体充满了虚构想象的成分。"①就此而言，技术物体和过渡客体都是斯蒂格勒技术哲学中所说的"药"。"过渡客体有一个明显的特征：它不存在。……但是通过这种过渡客体，使得母亲与孩子处在一种神奇的关系之中：爱的关系。"②因而，在婴儿的世界中，过渡客体就成了第一味药："过渡客体是第一味药，因为一方面，它是一种母亲与婴儿都依赖的外部客体（失去它就足以说明这一点），在此意义上母婴关系是他律的；另一方面，这一客体虽然并不存在但可以构成，它（通过这种一致性）提供了母亲与婴儿之间的独立王国：他们的宁静，他们对生活的信任，他们对生命是值得的感觉，以及他们的自律性。"③然而，斯蒂格勒将温尼科特的"过渡客体"概念解释为"药"的概念之后，过渡客体也就必然具有和作为药的技术物体一样的解毒与致毒的双重功能。

"温尼科特的伟大发现在于：尽管过渡客体并不存在，但是，母亲的教育使孩子因过渡客体而形成了连续性的认识，母教的知识就是给孩子'生活是值得经历的'这种感觉。"④但由于过渡客体所开启的过渡空间并不是真实存在的，它既可以使孩子获得"生活是值得

① C. Howells, "'Le Défaut d'origine': The Prosthetic Constitution of Love and Desire", p.144.
② B. Stiegler, *What Makes Life Worth Living: On Pharmacology*, pp.1–2.
③ Ibid., pp.2–3.
④ Ibid., p.2.

经历的"的感觉，也可以使这种感觉消失掉。"过渡客体有药学的面相，……它不仅能够治愈，也可以致毒……使人失去'生活是值得经历的'的感觉。"①这种生活毫无意义的感觉是青少年成长过程中的一个严重问题，它会使青少年变得消极厌世，或者变得极具破坏性和攻击性。而在成年人的世界中，这种找不到人生意义的感觉也会出现，这种感觉会导致他们的自杀或犯罪。这种犯罪是极为可怕的，它缺少明确的犯罪动机，却又对人类充满强烈的仇恨，任何一个行走在路边与其毫无瓜葛的人都可能成为他的攻击对象。②

过渡客体的药学面相自然决定了，它所开启的过渡空间既能够给人"生活是值得经历的"的感觉，也能够给人以"生活是不值得经历的"的感觉。但是，在我们所生活的这个时代，我们所面对的根本问题在于，这种"生活是不值得经历的"的感觉成了一种普遍的感受。斯蒂格勒所说的这种缺乏明确的犯罪动机、无差别地报复社会的犯罪案件的频出，就是对生活感到无意义、失去生活意义的感受弥散开来的明显证据。

---

① B. Stiegler, *What Makes Life Worth Living: On Pharmacology*, pp.3-4.

② 对于这种因找不到生活的意义而对人类整体采取报复性行为的犯罪案件，斯蒂格勒经常举的例子是，2002年法国大选时，一个叫理查德·杜恩（Richard Durn）的人枪杀八位政治人物的事件。斯蒂格勒说道："后来他被警察抓捕，在抓捕那天，他跳窗自杀。由于当时的新闻报道，我看到了他的日记。在选举开始前三周，他在日记里写道：'我感觉不到我存在、我活着，我要做一件非常坏的事情，好让我一生中能有一次感受到我是活着的。'"（http://www.thepaper.cn/newsDetail_forward_1702787）2017年发生的两起无明确犯罪动机的严重枪杀事件，也同样可以被理解为斯蒂格勒所说的这种类型的案件。这两起严重的枪杀事件分别是：2017年10月1日，美国拉斯维加斯赌场发生枪击事件，凶手在高楼上向下对参加音乐节的人无差别地扫射，致使59人丧生、527人受伤；2017年11月5日，美国得克萨斯州教堂发生枪击事件，凶手向在教堂内祈祷的人们开枪，致使27人死亡、25人受伤。而在2018年2月14日发生在美国佛罗里达州南部帕克兰市致使17人死亡的校园枪击案中，凶手尼古拉斯·克鲁兹（Nikolas Cruz）在自己行凶前用手机录下视频，他所表达的行凶动机几乎和理查德·杜恩一样。他说："我什么也不是，我是无名之人。我的生命什么也不是，我的生命毫无意义。我非常孤独，生活在隔离和孤立中。我恨所有人，我恨这个世界！……你们会从我的枪声中知道我是谁！"此类事件在美国几乎每年都会发生，不胜枚举。

可是，为什么在我们所生活的这个时代中这种状况频繁地出现呢？其原因并不在于过渡客体之表现出其毒性，而在于过渡空间被技术手段过度地开发、掠夺、破坏殆尽了。如果说，过渡空间是一个人感到最安全、最舒适、最富有意义的空间，是一个人最初的和最后的栖身之所，那么，对过渡空间的过度开发、掠夺和破坏，就是对一个人最安全、最舒适的空间的侵略，就是对一个人生存之意义来源的否定，也是对一个人脆弱的全能感的否定。在这一方面，温尼科特的观点和斯蒂格勒是一致的："剥削式地开发这个区域会导致一个病理性环境，个体被其中自己无法摆脱掉的迫害性元素搞得混乱不堪。"[1] 他感到自己的创造力和想象力被摧毁，他的无力感、他对生活的无意义感由此便逐渐增强了。这样的话，整个过渡空间的药学环境就成了充满毒性的环境。"从药学意义来说，过渡空间会在下面的情况中成为有毒的：'当过渡客体与外在现实的关系是顺从的关系时，这个世界及其能够被认可的具体状况只要求对它的适应。顺从为个体带来了无用感，以及对任何事情都漠不关心的态度。'"[2]

我们这个超工业的消费主义时代，从婴儿时期就对一个人的过渡空间进行破坏。这种破坏的第一种表现是离散母亲与婴儿的关系。超工业技术体系为了获得最大量的劳动力，不分性别地将男人和女人都纳入其劳动体系内。对于一个女人来说，她最主要的职责不再被认为是孕育和抚育婴儿，而被认为是离开家庭、进入职场、独立自主。这种生活模式大大减少了婴儿与母亲的接触时间。虽然过渡空间中母亲的暂时不在场有利于婴儿的健康发育。可是，如果婴

---

[1]　温尼科特：《游戏与现实》，第133页。
[2]　B. Stiegler, *What Makes Life Worth Living: On Pharmacology*, p.21.

儿无法在被它允许的时间内重新让母亲会到它身边，它与母亲之间形成的过渡空间的契约无法履行，婴儿的焦虑感和不安全感就会不断上升。这种状况给婴儿造成永久性的心理创伤。婴儿的父母大多时候考虑的是，自己出去工作的时候，婴儿由谁来看管。但是，他们似乎并没有意识到，"看管"（look-after）婴儿并不意味着"照料"（take-care）婴儿。仅仅看管婴儿是无法有效地培育婴儿在过渡空间中所拥有的全能感的。[①]如果想让婴儿健康成长，最关键之处正在于让婴儿感受到，在其过渡空间中，它是安全、舒适和全能的。"母亲同婴儿在一起时所做的主要事情不可能通过语言来完成，这一点是显而易见的。"[②]父母有没有用心照料婴儿，婴儿是能够感受得到的。"对婴儿的研究显示，亲人的抚摸对它们的发育起着至关重要的作用……只要婴儿可以坐在抚养者的腿上，就能够将读书和被宠爱的感觉联系起来。"[③]"聆听文字与感受被爱之间的联系，为以后长远的学习历程奠定了最佳基础。没有一个认知科学家或教育研究者可以设计出远比这个更好的方案。"[④]婴儿的这种被爱的感受正是它在自己的过渡空间中所感受到的全能感，这种感觉可以伴随婴儿终生，并在其以后的人生中遇到挫折时为其提供前进的动力。

---

① 2017年在国内发生了两起影响恶劣的虐待幼童事件：一起是携程亲子园虐童事件，另一起是红黄蓝幼儿园虐童事件。这两起事件中虐待儿童的托儿所和幼儿园当事方犯下的罪恶铁证如山、不容否认。但是，这些事件的发生在根本上意味着，我们社会的工作和教育机制出了严重的问题。本应该是父母与孩子相处的时间却被用来工作，本应该是父母照料孩子，却将其责任以劳务的形式委托给不相关的第三方。人们可以以父母要工作没有时间陪孩子为理由，来解释父母为什么需要将孩子委托给其他人看管。但这里要说的是，将父母本应与孩子相处的时间剥夺，正说明我们社会的工作机制出了问题。这种虐童事件一定不会是个案，不从社会雇佣劳动机制上加以解决，这种案件就一定会再现。

② 温尼科特：《婴儿与母亲》，第54页。

③ 玛丽安娜·沃尔夫：《普鲁斯特与乌贼：阅读如何改变我们的思维》，第80页。

④ 同上，第81页。

可是，超工业的消费主义不仅将婴儿与其父母在一起的时间急剧缩减，而且开发出大量的所谓婴幼儿教育产品以取代父母对婴儿进行教育。但这实际上，只会对婴儿的全能感受和过渡空间造成更为严重的破坏。从一位母亲怀上婴儿开始，市场就巧立名目营销针对婴幼儿的胎教、启蒙、智力发育等的各种所谓的教育产品。虽然并没有明显的证据显示，这些东西会对婴幼儿的成长发育有绝对的害处，但是它们与建立良好的母婴关系相比，绝对是处于很次要的地位。购买众多的所谓教育产品，"花许多工夫教导4至5岁的儿童读书识字，从生物学角度来看，其实是揠苗助长，在许多儿童身上可能会收到相反的效果"[1]。"即便不接受正式的阅读训练，儿童在5岁前还是会发生许多美好的事情，他们各方面都已经发展得很好，可以为未来的阅读做准备，并享受学前生活的乐趣。"[2]在婴幼儿的心灵里为其植入"生活是充满乐趣的，生命是值得经历的"的感受，要比使婴幼儿多认识一个字、多算对一道数学题有意义得多。这种良好的感受会伴随其终生。

不过，这种对母婴关系的离散的原因并不在于父母本身，而在于超工业时代的技术体系对过渡空间的破坏。过渡空间里生长着一个人对这个世界的想象和欲望，它们是虚幻的，但它们也是无限的。在超工业时代中，不仅婴幼儿的过渡空间被破坏，成年人的过渡空间也一样被破坏了。作为婴幼儿的父母的成年人，他们本身就被工作日常拖得筋疲力尽，没有足够的时间去呵护自己的过渡空间。他们对生活贫瘠的感受，恐怕也很难让婴儿感到舒适和安全。对一个人过渡空间的破坏，就意味着对他在其过渡空间

---

[1]　玛丽安娜·沃尔夫：《普鲁斯特与乌贼：阅读如何改变我们的思维》，第92页。
[2]　同上，第93页。

中小心呵护的无限欲望的破坏：将无限的欲望变成有限的欲求对象，将不可计算的欲望变成可计算的欲求对象，将长回路的欲望变成短回路的欲求对象，整体上就是将每个人安全、舒适、富饶的过渡空间变为有限化的、同质化的、标准化的营销对象。然后，厂家以个性化和特异化的名义生产出各种类型的适合成年人和婴幼儿的产品，以供其购买。成年人和未成年人成了消费市场无差别开发的对象，但是这样就会导致成年人与未成年人之间心态的平等化。这造成的严重后果就不仅是成年人模仿未成年人的巨婴心态，而且也造成了未成年人模仿成年人的自以为成熟的成人心态。成年人的心态向未成年人靠近，而未成年人的心态向成年人靠近。于是，对于家庭教育而言，父母在孩子面前会逐渐失去权威，而只成为孩子的朋友。

父母只成为孩子的朋友，会导致代际认同（transgenerational identifications）的丧失。因为对于一个集体而言，文化传统作为其过渡空间和过渡客体承载着其中所有个体的共同想象和价值认同。这个集体要维持统一和稳定，最重要的事情就是使其文化传统能够在一代又一代人的代际之间传承。这种任务是学校教育的任务，更是家庭教育的任务。然而，如果在孩子的眼中，父母只成为自己的朋友，父母对于他们而言没有任何权威，他们就极有可能不认同父母的价值观，对父母所认可的文化传统持否定的态度。于是最为严重的后果就出现了，作为集体之过渡空间而建立其想象共同体的文化传统在代际传承之时便断裂了；对上一代有意义的仪式、节日、庆典、风俗，对下一代没有意义了。

父母不具有权威性而只成为孩子的朋友，一方面的原因在于，为人父母的成年人缺乏教育孩子的知识，他们或许根本不知道，作为父母一定要在孩子面前具有权威性。另一方面的原因则在于，父母所具有的知识可能已跟不上时代的变化速度，在他们的孩子眼中，自己的父母可能不具备解释自己所看到的社会现象的权威性。时代的变化速度砍平了代际之间的差距，使得一代人与下一代人之间几乎构建不起价值认同、文化认同。代际认同的断裂正是由于技术体系造成了文化传统在代际传承中的短路。人们似乎普遍地相信技术能够解决所有的问题，而且年轻人又比上一代的人更容易掌握新技术。"年轻一代不仅在使用新技术上超过老一代，而且年轻人失去了与老一代合作的必要，这就剥夺了老一代对年轻人关怀的责任与义务。这种状况通过父母与子女成为朋友的关系得到强化，父母不再承认其对子女的等级制度，这就导致了代际间知识传递之信任的丧失。斯蒂格勒将这种结果归因于对技术发明的绝对信任，不再认同代际信任和文化信仰等看似虚构的内容。"[1]大人与孩子不再有差别，所有人都成了超工业时代的消费者。他们成了无知者，因为他们的"知道怎样去做"的知识和"知道怎样去生活"的知识都被离散化了，被超工业技术体系短路了。

心理个体的欲望和集体个体的文化传统都被技术体系当作开发、掠夺和剥削的对象，都成了超工业的消费主义在资本市场中通过营销追求利润的对象。用温尼科特的术语来说，就是个体和集体的过渡空间被剥削式地开发殆尽，个体和集体失去了他们感觉最安全、舒适和温暖的区域。[2]因此，下一代的教育问题就是如何保护下一代人所构建的过渡空间，并且使代际间的文化传承和价值认同如何得

---

[1]　S. Fuggle, "Stiegler and Foucault: The Politics of Care and Self-Writing", in C. Howells, G. Moore eds., *Stiegler and Technics*, p.200.
[2]　温尼科特：《游戏与现实》，第133页。

以延续的问题。下一代的教育处于严重的困境中，其原因和导致我们这个时代的政治、经济、艺术和思想等处于严重困境中的原因是一样的：它们之所以处于严重的困境中，是因为这个超工业时代的药学环境是充满毒性的药学环境。

第六章　人类世？负熵世？

　　尽管根据斯蒂格勒的广义器官学，任何一种技术都既携带着药性也携带着毒性，由技术所构成的环境必然意味着是具有毒性的药学环境，而且这种毒性早晚会转化为药性；但是，斯蒂格勒对由科学技术文码化所导致的超工业时代却充满了担心，因为他发现，我们这个时代的药学环境中的毒性比人类化进程中的任何一个文码化时代都要严重得多，这个时代中的熵只在大规模加速增长，似乎看不到减少的可能性。因而，斯蒂格勒称这个超工业时代为"熵世"（entropocene）。在这个时代中人们成了无知者，他们所具有的知识被超工业时代的科技清除和离散了。这些知识就是在之前的文码化时代中作为人们生存之标准的"知道怎样去做"的知识和"知道怎样去生活"的知识。而现在，前一种知识离散后被写入机器之中，后一种知识离散后则被写入工业时间客体之中。这两种离散化是从人类化之始就开始的外在化过程在科学技术文码化时代中的表达方式，它们和之前文码化时代所进行的对躯体器官功能的外在化本质上并没有什么不同。但是，在科学技术文码化时代，人类躯体器官功能的外在化程度要比之前的文码化时代彻底得多。

这种状况之所以发生的一个重要原因在于，在科学技术文码化时代出现了机器。机器将人类曾经作为技术个体而与技术元素相连接的角色取代了，进而人类握锤头捶打东西的姿势、使用刀枪战斗或捕猎的姿势都可以作为整体被直接写入机器中。人类不再成为工具的持有者，其躯体的肌肉系统功能和骨骼系统功能相对于工业化的技术体系而言就不再是有用的。于是，"在劳动者劳动姿势文码化的过程中，工业化导致了无知化，或者说是导致了'知道怎样去做'的知识的丧失"①。然而，由于机器作为技术个体取代了人类作为技术个体的位置，工业化进程就不会在单纯地对劳动者的肌肉系统功能和骨骼系统功能离散化后停止。它必然会沿着人类化这一外在化进程继续行进，逐渐将人类躯体的大脑意识系统的功能也外在化。

这一外在化进程开始的标志是录音技术的出现，或者说是留声机的出现。"留声机是第一件改变时间客体重复方式的技术物体，它使完全同一的时间客体以相同的方式重复成为可能。同一首乐曲不需要乐队再次演奏，直接播放录音就可以了。"②然而，这一状况的出现也意味着，人们不需要知道音乐是如何演奏的就可以去欣赏音乐，并且可以再一次欣赏完全相同的音乐。虽然"音乐从其起源处就有器械（代具）的本质，这也是所有艺术形式的技术-逻辑生成（techno-logical becoming）模式"③。但是，录音技术的出现却将音乐的创作与音乐的欣赏之间的必然联系切断了：你不一定会制作你喜欢的东西，你喜欢的东西不一定是你制作的。这

① J. Tinnell, "Grammatization: Bernard Stiegler's Theory of Writing and Technology", p.136.
② M. Crowley, "The Artist and the Amateur, From Misery to Invention", p.131.
③ B. Stiegler, *Symbolic Misery, 2: The Catastrophe of the Sensible*, p.8.

样一来，工业技术体系就可以制造已经经过某种标准筛选的技术物体，迫使心理个体的想象、判断、思考等第二持留去适应它们，而不是去主动地接纳它们。心理个体对于推送到他们面前的技术和技术物体丧失了选择权和发言权，心理个体的个性化就这样被工业技术体系给短路了。

录音技术是通过听觉功能将内在于意识的第二持留的部分遴选标准外在化，录制的音乐是一种时间客体。比这种视觉时间客体更进一步对第二持留的遴选标准进行外在化的是摄影技术所制作的视听时间客体。这种时间客体正是我们在前面分析过的视听第三持留。音乐和电影成了我们这个超工业时代规模最大的两种时间客体，"由于音乐和电影的流动性符合意识的流动性，因而，音乐和电影非常适合于管控注意力"①，即第一持留。于是，音乐和电影等工业时间客体对心理个体的第二持留的接管——对应于外在化进程——正是技术和技术物体对大脑意识系统功能的外在化。这一外在化阶段是对人类所具有的"知道怎样去生活"的知识的离散化阶段，这种知识被写入了工业时间客体之中。

"知道怎样去做"的知识和"知道怎样去生活"的知识一起被超工业时代的技术和技术物体离散化后，人类成了一个彻底的无知者。他们被技术进程挟裹着前进，他们无法对技术进行筛选，他们也就无法与技术形成有效的相位差。由于三重器官系统之间缺乏有效的相位差，超工业时代的人类社会这个广义器官系统的亚稳定平衡状态就几近破坏。就其内部而言，它无法产生有效的长回路去分解不断增长的熵。从总体上看，超工业的广义器官系统就成了一个熵大规模迅猛

---

① 　B. Stiegler, *Symbolic Misery, 2: The Catastrophe of the Sensible*, p.9.

增长的系统。所以，斯蒂格勒说，我们这个超工业时代是"熵世"。

熵世的另一个名字是"人类世"（anthropocene）①。"人类世是这样一个时期：由于知识被清除和变得自动化，其中的熵在大规模地增长。"②于是，"人类世根本不再有知识，它只是一个封闭的系统，即一个熵增的系统。因此，人类世就是熵世。而知识则是一个开放的系统：这个系统总是包含着能够生产负熵的去自动化（dis-automatization）的能力"③。对于人类世或熵世的拯救，斯蒂格勒指出的方向是，人类要尝试着思考在这个时代可能构筑起互个性化之长回路的新的知识。只有在精神器官、社会组织和技术器官这三重器官之间重新产生相位差，一个器官系统中产生的熵才有可能对于另一个器官系统而言是负熵，广义器官系统才能恢复亚稳定平衡状态。因此，对人类世或熵世之拯救的思考，就是对如何构建负人类世（neg-anthropocene）或负熵世（neg-entropocene）的思考。这就

---

① "人类世"这一概念最初是由荷兰诺贝尔化学奖得主、大气化学家保罗·克鲁岑（Paul Jozef Crutzen）于2000年提出的概念。他认为，自18世纪的第一次工业革命以来，人类在地球上的活动越来越成为一种重要的地质营力，人类活动对地球地质的影响可以与地震、火山喷发等传统意义上的地质营力相匹敌。尤其是自1950年以来，人类已经掌握了核能这种足以大范围改变地质结构的科技，以及人类活动所引起的海平面、全球气温、大气CO_2浓度、地层风化率的升高，都显著地表明地球正在进入或已经进入一个新的地质年代。如果"人类世"作为地质纪年被地质学界确认的话，这就意味着，以现代智人诞生为标志的、仅有11 000多年历史的全新世（holocene）的终结（见附录B）。不过，关于能否确认我们现时代就是人类世，以及人类世是何时开始的等问题，地质学界仍然存在着广泛的争议。"人类世"这一概念自提出之始就一直备受关注，其在人类学、社会学、哲学、政治学、科技等领域也引发了广泛的思考。关于"anthropocene"概念的翻译问题，国内哲学社会科学领域内的一些学者，经常将"anthropocene"翻译为"人类纪"。这种译法是有问题的。克鲁岑等人提出此概念时，是在将"anthropocene"与"全新世"（holocene）地质年代做比较，因而"anthropocene"相应地应该翻译为"人类世"。如果将其译为"人类纪"，就似乎显示它是在与包括全新世和更新世在内的第四纪（quaternary period）做比较，而"纪"是比"世"在时间尺度上更大的地质年代单位。并且，国内地质学界对"anthropocene"的通用译法就是"人类世"。因此，"anthropocene"应该翻译为"人类世"，而不是"人类纪"。

② B. Stiegler, "Escaping the Anthropocene", in *The Crisis Conundrum*, Springer International Publishing, 2017, p.150.

③ B. Stiegler, "Escaping the Anthropocene", p.150.

要求一种负人类世的经济学。"如果存在着未来（future）而不仅仅是到来（becoming）的话，那么，明天的价值就在于构成负人类世经济学的负熵的来源。对于这种经济学而言，到来与未来之实践上和功能上的差异必须构成其评价标准。只有如此，这种经济学才能够克服人类世的系统性熵增。"①

一　何为药性，何为毒性？

不过，斯蒂格勒认为我们现在所处的时代是人类世的看法，未必就是他真实的想法。因为，从他的技术哲学中根本无法推演出对任何一个时代应当产生恐惧的结论，即，斯蒂格勒实际上可能并不认为这种由技术所形成的人类社会及其时代是绝对地无"药"可救的。技术本身就是药，由技术所形成的人类社会本身就是药学的环境。如果说，药和药学环境只是表现出毒性的话，那也只是因为它们的药性没有发挥出来，或者它们的毒性还没有散尽。对于人类这种先天无本质的物种而言，没有任何一种药对他们来说是只具有毒性的，也没有任何一种药是只具有药性的。技术作为药，是对人类之起源性缺陷的替补，这种替补意味着它本来就不属于人类。作为对人类之无本质替补的技术，其本身无毒性和药性可言。技术是作为毒药还是作为解药而起作用，只有在替补发生之后才可以判断。这种判断的依据在于"替补惯性"（supplementary inertia）。

技术所产生的替补惯性从人类化之始就已经开始了，每一种新技术的产生都会对这种惯性进行试探，以测试是否能够接续这种惯

---

① B. Stiegler, "Escaping the Anthropocene", p.152.

性，或者是修改这种惯性。前者意味着这种新技术可以为已有的替补惯性添加动力，后者则意味着这种新技术会对已有的替补惯性造成阻碍。人类化进程中的每一次文码化革命都是替补惯性发生断裂的时代，旧文码化时代的人类社会所具有的替补惯性根本无法适应新文码化时代。因此，我们就会看到，在文码化革命的转折时期，旧文码化体系中的某些技术和技术物体及其累积沉淀而形成的风俗、道德、精神和文化等第三持留，或者被淘汰，或者被离散化后失去原有的功能。而新文码化进程也只有将旧文码化时期的替补惯性剔除或者消解之后才能顺利行进下去。

我们可以从替补惯性的角度来解释斯蒂格勒所说的技术的毒性和药性。技术和技术物体是具体的，但技术和技术物体的功能不是具体的，其功能是在广义器官系统中逐渐获得并具体化的。正是在此意义上，斯蒂格勒得出了和西蒙栋不一样的观点，认为技术和技术物体是能够个性化的。技术之个性化的前提是，它必须处在广义器官系统中的某个合适的位置上，即它必须相对于躯体器官和社会组织而具有某种明确而具体的功能，并且这种功能是能够接续广义器官系统的替补惯性的。如果广义器官系统中有某种新的技术产生了，但系统中没有可以放置这种技术的合适位置，那么，这种新技术对于整个器官系统而言，就是一个不确定的变量，而且这种不确定性极有可能是具有毒性的：它所产生的能量不能够被系统中的任何组织所接纳，那么，这种能量就成了一种熵。它无法在系统内被吸纳，就是说，它无法在系统内转化为负熵。熵代表着混乱，这种无法转化为负熵的熵因而就会导致系统熵的增加。这种新技术还不能够将自身可能具有的功能具体化，因而它也就无法有效地接续系统中已经存在的替补惯性。于是，导致这样的熵增加的新技术，对于广义器官系统而言就是具有毒性的，它是一味毒药。但这种新技术同时也是一味解药。

这种新技术所产生的熵在达到它的顶点之后会逐渐降低。这种熵可能会降低为零，这意味着广义器官系统无法接纳这种新技术而将其淘汰出去了；这种熵也可能转化为负熵，因为随着这种新技术的功能的具体化，它可能会在系统中找到适合自身的位置，它所产生的能量对于躯体器官和社会组织而言就有可能不再是熵，而成了负熵。这样一来，这种作为一种替补的技术就能够接续广义器官系统中已经存在的替补惯性。于是，它也就成为一种解药。

从替补惯性的角度我们可以看得出来，斯蒂格勒所说的技术具有的毒性和药性是相对的，判断的标准正是替补惯性。但是，替补惯性是广义器官系统所具有的。这就意味着，技术之具有毒性还是具有药性的标准是在系统之内，而不是在系统之外。将判断一种技术对于人类社会具有毒性还是具有药性的标准放置在人类社会这个系统之外，意味着存在着某种先验的、最高的存在者可以指导人类社会的行为。这种时代是神权政治的时代。不过，这种时代已经终结了。

随着上帝之死以及与之相伴而生的祛魅运动，人类再也无法在其集体之外找到可以判断其自身活动是否合法的标准或裁断者。即便是康德也主张对上帝是否存在及其具有何种功能的问题保持怀疑态度并进行重新思考，他因此建议将理性而不是上帝作为判断人类行为的标准。然而，"理性是根据什么准则而得以在它的判断中确定方向的呢？康德大胆地提出，理性本身的一种需求即为这一准则：也即理性对于在诸方面进行判断的需求，以及它'得到满足'的需求。在这里，凭着'需要进行判断'这一事实本身，理性便能够进行判断。这一需求只有在它的确是理性的需求而不是感性倾向的需求的情况下，它才是准则"①。但是，确定什么样的判断是理性的判断而不是合理性（rationalization）的判断，似乎只有在这种判断产生明确的效果之后才能断定。而且，很多时候，一种理性判断的效果是在很长时间之后才能够显现出来的。在这种效果最终显现之前，它可能会产生令人恐慌的副作用，使人们误认为它是非理性的判断。就像生病的人在服下药之后有可能经历剧烈的痛苦，他的病才能好转一样。药虽然是解药，但它一样具有会引起痛苦的毒性；判断虽然是理性的，但它一样会引起副作用。这意味着理性具有缺陷性，因为理性毕竟不像上帝一样高高在上、全能而完备。将理性作为判断人类社会行为的标准，是指人类本身必须承担具有缺陷的理性之判断所招致的危险。

"理性，是一个禁闭在一个起点与一个终点之间的有感知力的存在者的理性。它必须冒着危险，通过一种仿佛电影那样的投映能力，在没有任何可感知的客观数据或现实数据的情况下，将经验向上游和下游延展。向上游延展，它必须能够构想出起源；向下游延展，它必须能够构想出终结。"②曾经存在的上帝可以保证理性做出的判断是有效的，但是，上帝死后，理性必须保证自身做出的判断是有效的，即它必须取代上帝所具有的保证理性本身有效的位置。可是，"理性处于缺失状态，……它从来都是不足的。……它只是它并不存在的统一性的永无停止的投映，而且在一个不再可能设定一个至高无上的现实，以之作为一切可能事物的基准——所谓'基准'，也就是生父，但这是一个本身没有生父的生父……也即第一个同时也是

---

① 斯蒂格勒：《技术与时间3：电影的时间与存在之痛的问题》，第241—242页。
② 同上，第242—243页。

最后一个复制者,简单地说也就是造物主——的时代里"①。于是,理性实质上就是一种替补策略。但这种替补并不是对已死去的、全能的上帝的替补,而是对没有生父、自己却成为众生之父的上帝的替补。因为上帝本身就是一个替补,逻各斯本身就是一个替补。

如果技术是人类之无本质的替补,那么,人类的理性必然依赖于作为第三持留的技术。如果技术必然接续着某种替补惯性,那么,人类的判断也必然处于某种替补惯性中。当然,这种惯性是作为一种替补策略的理性的替补惯性。理性是精神器官的功能,或者说,"理性就是一种器官"②,技术则构成了技术器官和社会组织。即便是在斯蒂格勒所说的我们这个作为熵世的超工业时代,这三种器官系统之间也一定存在着相位差。③只要存在相位差,就意味着理性可以去判断技术所表现出的是毒性还是药性。当理性认为技术正在制造着对于精神器官而言的大量毒性的时候,这种所谓的毒性对于社会组织而言可能就是药性。反之也成立:对社会组织是具有毒性的技术,对精神器官可能就是具有药性的技术。正如熵是相对负熵而存在的一样,毒性也是相对于药性而存在的。如果理性只是人类的理性,如果理性只是某种替补策略,那么,当理性给出的判断说某种技术在制造熵和毒性的时候,这种熵和毒性也正有可能是负熵和具有药性的。

斯蒂格勒正是从他自己所建构的广义器官学视野出发来解释他

① 斯蒂格勒:《技术与时间3:电影的时间与存在之痛的问题》,第266页。
② B. Stiegler, "Escaping the Anthropocene", p.162.
③ 对于人类社会这一广义器官系统而言,三重器官系统之间的相位差是一定存在着的。尽管超工业的技术体系在器官系统中制造了大量的短回路,生产了大量的熵,但这个系统仍然在运行着,这就说明广义器官系统没有崩溃。它只是需要采取措施构建长回路,将熵转化为负熵,器官系统之间的相位差仍然是存在着的。只有在人类社会完全崩溃的情况下,三重器官系统之间的相位差才会消失。

所看到的这个超工业时代的。他预设了广义器官系统之处于亚稳定状态的标准，但这种标准不是具体的。不同器官系统的个性化及其相互之间的互个性化可以形成亚稳定状态，但只要人类社会存在着，我们就可以说，这一器官系统就是处于亚稳定状态中的。对于我们这个超工业时代而言，人类社会的亚稳定状态仍然存在着。尽管科学技术仍挟裹着精神器官和社会组织不断行进，但是，要断言某种科学技术产生的是熵和毒性还是负熵和药性，仍需要深思熟虑。因为，技术之毒性和药性仍不是那么容易判断的。因此，尽管斯蒂格勒说，我们这个时代是熵大规模快速增长的人类世，但要想建构使负熵增长的负人类世经济学，仍不得不承受技术这种药给人类所带来的威胁。"这种经济学要求从人类学向负人类学（neg-anthropology）的转换，而负人类学则奠基于我所说的广义器官学和药学之上：药，即希腊语中的技术，既是毒药也是解药；药是人工制品，并因而是人类化的条件，是人工器官和组织器官发生的条件；但是，由于药既能生产熵，也能生产负熵，因此，这种药也总是人类化的威胁。"[1]

二　解毒的方法

斯蒂格勒认为我们所处的超工业时代是熵大规模加速增长的人类世，这一判断的主要根据在于，心理个性化和集体个性化在科学技术的进化面前没有任何主动性，它们只能被动地适应科学技术的进化。这两种个性化于是就表现为去个性化，其实质正是不同器官

---

[1]　B. Stiegler, "Escaping the Anthropocene", pp.152-153.

系统之间相位差的消失。相位差的消失使一种器官系统产生的熵不能转化为另一种器官系统所需要的负熵，这样一来，广义器官系统整体上就表现为一种熵增的系统，它的药学环境是充满毒性的。可是，不光是科学技术文码化进程，对于所有文码化进程而言，它们从开始之初就倾向于去除之前文码化进程中所形成的个性化回路，即去个性化，而建设新的个性化回路，即再个性化。[①] 因此，新的文码化进程之初必然意味着，新产生的技术就是新产生的毒药，它们只会制造毒性和熵，而不会产出药性和负熵。这种现象是新的文码化时代建立时所必然出现的现象，它是在建立新文码化时代的最基本的标准，它是新文码化时代的奠基现象。虽然这种现象是制造熵和毒性的现象，但这种现象同时也蕴含着制造负熵和药性的条件。只是这种条件尚未成熟，它需要人们的理性思考，也需要人们的等待。因此，当斯蒂格勒将我们这个时代命名为"熵世"的时候，他其实已经将如何解毒、如何将熵转化为负熵的方法思考清楚了。

然而，与其说斯蒂格勒将这些方法思考清楚了，不如说他似乎从来不担心超工业时代会因为熵的不断增加而崩溃。斯蒂格勒并不是苏格拉底，也不是15世纪的意大利人文学者，后两者只看到新技术对时代的破坏，只看到技术作为一种毒药所具有的毒性，而没有看到新技术对时代的建设，以及技术作为一种解药所携带的药性。因此，斯蒂格勒虽然对超工业时代有所忧虑，但他的思想本身却不包含任何悲观绝望的成分。斯蒂格勒承认科学技术将精神器官和社会组织的个性化过程短路了，并制造了大量的熵和毒性。但是，导

---

① B. Stiegler, *Symbolic Misery, 1: The Hyper-Industrial Epoch*, p.58.

致这种状况的根本原因并不在于技术本身，而在于人类社会这一广义器官系统。就像人类的大脑天生并不是用来阅读的一样，大脑之具有阅读文字的能力是在人类掌握识字和书写的能力之后发展出来的，它是大脑作为躯体器官被技术器官去功能化和再功能化的结果。阅读障碍症的存在说明了人类的大脑并不是天生就适合阅读的，有的大脑能够接纳阅读行为，有的大脑则不能够接纳阅读行为。而且，"阅读基于许多固有的过程，因此复杂度高，不是一个基因就可以完全决定所有的阅读障碍类型。换句话说，阅读障碍不会只有一种显型"[1]。这说明了阅读障碍症并不是某种类型的疾病，而只是大脑不能够适应文字书写技术所要求的阅读能力的一种现象。阅读障碍症是作为躯体器官的大脑与文字书写技术之间无法形成互个性化的长回路的表现。

因此，虽然科学技术制造了毒性并且破坏了器官系统之间的互个性化长回路，但是要想建设新的长回路，就不能去等待，将解决问题的可能性寄希望于未来的新的、更完善的科学技术的出现。永远不会有所谓完善的技术的出现，就像永远不会有所谓完善的政治制度和法律体系的出现一样。人类社会处于健康状态的时候，也一定是与疾病共存的时候。因为，人类社会本身就是由三重器官构成的系统，这个系统如果要保持在健康的亚稳定平衡状态，就不应该是单由技术器官决定，而是由躯体器官、社会组织和技术器官这三重器官系统相互决定的。所以，我们才说，要将斯蒂格勒所说的熵世—人类世转化为负熵世—负人类世，在根本上并不是要对科学技术进行拒绝。这种拒绝一方面既无法做到，另一方面即便是做到也

---

[1] 玛丽安娜·沃尔夫：《普鲁斯特与乌贼：阅读如何改变我们的思维》，第194页。

无法持久。因为人类的本质就是技术，人类的存在方式也是技术。拒绝了科学技术，难道人类就可能返回其本真的原始状态吗？刀耕火种、隐居山林、小国寡民的时代难道就是人类的本真原始状态吗？只要人类作为一个物种存在着，它就不可能拒绝技术。因此，要构建科学技术文码化的超工业时代中健康的广义器官系统，关键就在于：作为心理个体的个人和作为集体个体的社会要试着主动地去接纳、筛选技术，而不是被动地适应、接受技术。对技术接纳、筛选的过程，既是技术个性化的过程，也是心理个性化和集体个性化的过程。

而相对于我们这个超工业时代而言，斯蒂格勒认为，最重要的一种建设三重器官系统之间新的互个性化关系的任务，就是重建力比多经济。"经济"这一概念最基础的意义就是"去节约，去关怀"。但是，消费主义这种力比多经济将"经济"概念的这两种基础意义都清除了，而成了一种完全意义上的"去浪费，去破坏"的经济。这种力比多经济的短视同时还表现在它的金融化上。经济系统的金融化意味着，将以人的理智判断为基础的政治活动从经济活动中彻底清除，从而使经济活动完全变为以股票市场的指数波动为依据的金融活动，经济成了金融。①经济的金融化意味着，作为精神器官的人类理智思维与技术系统之间断开了联系。这种金融化的经济系统就成了一个黑洞，在里面涌动着巨大的引发周期性经济危机的能量。金融系统是一个技术系统，经济系统的金融化意味着切断作为技术系统的金融系统与心理个体和集体个体之理智活动的联系，即，任由金融技术系统挟裹着关系国计民生的经济活动的发展。所谓经

---

① B. Stiegler, *What Makes Life Worth Living: On Pharmacology*, p.103.

济活动，一定是个体、集体和技术三者之间相互关联的活动，这是"去节约，去关怀"的经济概念的题中之义。切断它们之间的联系，就等同于切断人类社会这个广义器官系统中三重器官彼此的互个性化联系，这会导致人类社会的混乱、熵增，以及迷失方向。

力比多经济从来不意味着它只是关注物质财富增长的经济，并不意味着它只是一种物质经济，只有消费主义这种短视的力比多经济才把物质财富增长当作自身的最终目的。一种有远见的力比多经济当然会关注物质财富的增长，但它更关注物质财富与精神财富之间的良性互动的健康关系。它注重培育心理个体和集体个体长回路的欲望，因为这种欲望虽然是虚幻的，但是它能够使心理个体获得"生活是值得经历的"的感觉，它也能够使集体个体获得共同的价值认同。因此，对于一种有远见的力比多经济而言，"精神经济不能够与物质经济分开来考虑：精神经济是无用经济，物质经济是有用经济，两种经济虽然对立却不可分割，因为它们是同一器官系统的不同产物"[1]。这种器官系统就是人类社会这一广义器官系统。如果在其中存在着有远见的力比多经济，就已经说明此器官系统的三重器官能够保持长回路的互个性化关系，它们能够将熵转化为负熵，能够最大限度地节约力比多能量。这样，这种力比多经济就不仅是物质经济，也是精神经济。"这两种经济要求一种器官学，当然它也是一种药学，因为器官在物质经济中获得的东西可能正与其在精神器官中获得的东西相对立。"[2]只有这两种经济彼此牵制，这种力比多经济整体上才能够培育出长回路的欲望，才不会在物质经济的增长中迷失方向。

斯蒂格勒将超工业时代中可能出现的有远见的力比多经济称为

---

[1]　B. Stiegler, *What Makes Life Worth Living: On Pharmacology*, pp.12–13.
[2]　B. Stiegler, *For a New Critique of Political Economy*, p.13.

"贡献经济"（economy of contribution）："去对抗内在于资本这一味药中的粗心大意的趋势，因而也就是去关心照料世界，不能再依靠刺激消费。但是，无论哪一种经济模式，经济增长都是必需的。既然不能依靠消费主义模式的增长，就要建构复兴欲望的增长模式，即贡献经济。"[1]贡献经济的本质是去建立广义器官系统中力比多流通的新的长回路，即建立新的节约力比多能量的欲望。如果消费主义也是一种刺激欲望的经济，那么，它所刺激的欲望只是加速力比多能量被浪费的欲望，是即时能够被满足的短回路的欲望，或者根本不能将其称为欲望，而只是一些欲求。能够使这些欲求获得满足的最有效的价值就是货币，毕竟消费主义是资本主义为摆脱马克思所说的利润率趋势性下降危机采取的一种手段。如果人们所拥有的长回路的欲望已经被破坏，如果人们只是在追逐短回路欲求的满足，如果实现这种满足之最有效的价值就是货币，那么，刺激消费主义这种短视的力比多经济最有效的手段就是增发广义上的货币。因为货币就是它最真实的欲望，就是它最有效的价值。

而要建立贡献经济，在根本上要做的就是建立新的长回路欲望，也就是像尼采所说的"重估一切价值"，重新定义价值。"全球范围内熵在加速增加。……如果不彻底改变经济基础，我们将不会有下一个世纪。……问题就是减少熵，增加负熵。为此，你必须要发明一个新的价值生产过程，要重新定义什么是价值。"[2]这就是斯蒂格勒所提出的在熵世—人类世这种充满毒性的药学环境中一种最重要的解毒的方法，而且，不仅斯蒂格勒已经开始实践这种

---

① B. Stiegler, *For a New Critique of Political Economy*, p.108.
② 斯蒂格勒：《全球范围内熵在加速增加，这是最严重的问题》。

方法①，在整个社会中，这种解毒方法之有效的可能性也在增加。因为，在斯蒂格勒看来，"在自动化社会，随着自动化、机器人、大数据等的到来，最重要的价值生产是在商业之外，在公司之外。……现在通过就业来实现财富再分配已经不可能了，因为失业率在增加"②。

三 技术进化的方向

建设贡献经济这种有远见的长回路力比多经济，是斯蒂格勒针对他所说的熵世—人类世所提出的解毒的方法中最为重要的方法。然而，这种方法只能在小范围内尝试，而不可能在各地区和国家这种必须获得官方认同的范围内尝试。它只能是带有趣味性的私人活动，而不可能是政治性的公共活动。斯蒂格勒对贡献经济的设想，就像柏拉图对理想国的设想和托马斯·莫尔对乌托邦的设想一样，这些设想都不可能在现有的社会中成功实施。斯蒂格勒要建设他所说的贡献经济，必须首先找到适合这种经济生长的环境。但是，在消费主义这种力比多经济在全世界范围内处于优势的经济大环境中，似乎并不存在适合贡献经济生长的环境。斯蒂格勒当然可以尝试着

---

① 斯蒂格勒并不像他的老师德里达一样只是书斋里的哲学家，斯蒂格勒经常将自己的理论应用于实践。比如，斯蒂格勒创立了一个名为 Ars Industrialis 的机构，无条件地支持开发免费软件的业余编程人员。这些人员并不以编写程序为生，他们只是业余爱好者。但斯蒂格勒认为，正是这种业余的爱好可能建立数字技术与心理个体之间新的互个性化联系，即培育出新的长回路欲望。支持这些业余爱好者编写免费软件，就是要重建他们的个性化，建立个体身上的特殊语法，培育在科学技术文码化时代所必需的 "savoir-faire" 和 "savoir-vivre"，尝试着使个体摆脱被彻底无知化的窘境。而且，为了培育贡献经济，斯蒂格勒和其他一些人在法国开展了一项名为 "贡献式收入"（contributory income）的运动。这项运动 "是通过生产力的重新分配实现的，在阿马蒂亚·森（Amartya Sen）的意义上，给人们时间来充分发展自己的能力。在过去半年，我们在巴黎北郊开展了这项运动，我们和银行、政府、大学一起试验这样一种收入是不是可行。我们在进步地创造一种贡献经济，为什么这是一种进步？因为这种经济是建立在保护和增加负熵基础上"。（http://www.thepaper.cn/newsDetail_forward_1702787）
② 斯蒂格勒：《全球范围内熵在加速增加，这是最严重的问题》。

去营造适合这种经济生长的实验环境，但是，这种做法只等于是在消费主义这种经济大环境之内建立一个孤立的经济小环境。它类似于一间既不与外界进行能量交换也不与外界进行物质交换的孤立房间。然而，即使这个房间在最初的时候装修豪华、家具崭新、打扫干净、无人居住，经过一段时间后，这个房间依然会铺满灰尘、满目狼藉、混乱不堪。这种房间就是一个熵不断增长的孤立系统。因此，这种因私人兴趣而组建起来的贡献经济，最终也会因外界消费主义环境的渗透和私人兴趣的殆尽而松散解体。

不过，虽然斯蒂格勒的这种贡献经济实验极有可能以这样的方式结束，但斯蒂格勒的这种尝试仍然具有积极意义。它的积极意义并不在于，一种贡献经济模式能够作为一种社会主流的经济模式运行，而在于这种经济模式能够作为一种对抗消费主义的经济模式被构想出来并被实践，尽管是以实验的方式。因为，对于一种对抗消费主义的经济模式的构想就已经意味着，作为精神器官的理智思维能够意识到消费主义所导致的力比多能量的浪费，能够意识到它不是一种可持续的、有远见的经济模式。理智思维对消费主义的批判，正是其清除短回路并重建心理个体、集体个体和技术个体之间互个性化长回路的表现。也就是说，作为心理个体之精神器官的理智思维正试图与作为技术系统的消费主义经济模式形成新的相位差，而不是将理智判断力移交出去，将消费主义制造的欲望作为自身的欲望，任由消费主义清除自身的个性化并被其挟裹着行进。因此，虽然贡献经济只是一种构想和实验，但这种构想和实验本身就是熵世—人类世中所出现的负熵。

不过，负熵是相对于熵而成为负熵的。贡献经济之能够产生负熵，首先是因为它出现于消费主义这个经济大环境中。如果贡献经济本身是人类社会主流的经济形态的话，那么，它似乎会成为人类社会中熵增的主要动因。因此，斯蒂格勒所提出的针对人类世之熵增的解毒方法具有相对性，它可能适用于超工业的消费主义时代，但可能不适用于超工业的生产主义时代。

马克思所生活的时代正是这种生产主义的时代，那时的劳动者所掌握的劳动技能被离散化后写入机器，劳动者成了丧失"知道怎样去做"的知识的无知者。而斯蒂格勒所说的人类世开始的时间和地质学界尚在讨论中的人类世开始的时间差不多，都是20世纪50年代前后。[①] 从此时开始，人类社会就是一个熵增的人类世。消费主义是这个时期的主要标志，尽管它在全球范围内的盛行是20世纪80年代新保守主义革命招致的结果。消费主义使我们每个人都成了消费者，并丧失了"知道怎样去生活"的知识，甚至会更进一步地丧失掉"知道怎样去思考"的知识，而成为彻底的无知者。我们被吸纳进消费主义经济系统，成了为这个系统的发展提供消费动力的高级电池。因此，斯蒂格勒主张我们要从消费主义中抽身而出，构建一种贡献式的经济形态，作为消费主义的对立形态以对抗消费主义。然而，这种对抗并不意味着要彻底清除消费主义，而事实上，消费主义可能也无法从根本上清除。这种对抗的根本目的只是为了维持一种亚稳定平衡，也只有系统中存在着亚稳定平衡，系统中的熵才会转化为负熵。

对于斯蒂格勒来讲，其内部只有熵增的人类社会系统并不是一个良性、健康的系统，而只有熵增的人类时代也不是一种良性、健康的人类时代。因此，消费主义社会系统是一种病态的社会系统，

---

① B. Stiegler, "Escaping the Anthropocene", p.150.

人类世也是一种病态的人类时代。因而，要想构建一种良性、健康的人类社会，在根本上所要做的就是使这个系统保持亚稳定的平衡状态。人类社会是一种广义器官系统，保持其亚稳定平衡就意味着使精神器官、社会组织和技术器官之间保持互个性化的转导关系。可是，怎样才能形成互个性化的转导关系呢？那就是构建长回路的欲望。然而，这种构建并不是某个人也不是某个集体所能够判断的，更不是某种技术所能够操控的。广义器官系统良性、健康的亚稳定状态，与其说是心理个体和集体个体的理智所主动地促成的，不如说是在合适的时机下自发地形成的。没有人能够知道这种合适的时机什么时候到来。因为对于斯蒂格勒技术哲学而言，技术既不决定着人类，人类也不决定着技术；但是这同时也意味着，技术既构成着人类，人类也构成着技术。一种负人类世的出现，既需要人类去主动地思考这个时代，也需要技术条件的配合。

因而至此，我们可以说，所谓负人类世并不是具有一些明确指标的时代，它并不是斯蒂格勒所提出的一种技术高度发达、社会富裕稳定、人们自由幸福的乌托邦。即便是在斯蒂格勒所说的负人类世中，疾病、战争、死亡等引起人类恐慌和痛苦的事件依然会出现。负人类世并不意味着人类社会的永久和平、人类化身为神。负人类世只是人类社会的一种亚稳定平衡状态，它并不特指某个时期。这种亚稳定平衡状态一旦被破坏，人类社会又会返回到熵不断增长的时代中。也正是因此，一种新文码化进程所开启的时代必然首先是一个熵增的时代：新文码化进程会不断将旧文码化时代中所形成的个性化及互个性化的长回路破坏掉，将旧文码化时代累积沉淀下来的文化传统、精神面貌、风俗习惯和制度律法等持留体系离散掉。这种破坏掉长回路而不形成新的长回路的过程，即为熵增的过程。

这样一来，我们就触及了斯蒂格勒技术哲学的边缘。当斯蒂格勒将人类假设为"药学的存在者"，并将人类社会假设为一种广义器官系统时，他的技术哲学就与目的论毫无关系。斯蒂格勒的技术哲学实质上是一种进化论，这种进化论当然是达尔文意义上的进化论，只是这种进化论研究的对象不是动物和植物，而是技术："我们应该依照达尔文的人类进化论那样，为伟大的技术发明也做一个进化论的思考。这基本上就是我借助哲学、借助人类学的思考。"[1]这种技术进化论也和达尔文的人类进化论一样，并没有为人类的进化预设某种超前的目的。人类因偶然的技术替补而发生进化，这种技术替补既可能作为毒药产生熵，也可能作为解药而产生负熵。技术替补的后果是无法预料的，人类能够做的就是运用理智思维去主动地对技术进行筛选、接纳，而不是被动地适应技术替补。人类依赖于技术替补而进化的过程，同时也是技术本身的进化过程。这种进化无任何明确的方向可言。

可是，人类的进化过程同时也是其器官功能外在化的过程。虽然人类的进化无任何明确的方向可言，但是，从南方古猿时代的外在化过程开始，人类的躯体官能确实在不断地被技术所接管，就连作为精神器官的大脑意识系统中的第二持留的功能也可以被超工业时代的视听时间客体所接管了，虽然这可能只是一种暂时的现象。然而，勒鲁瓦-古兰对人类躯体器官最终可能会成为技术进化的障碍的担心，却是值得我们深思的。[2]在未来的时间中，一旦人类用尽其外在化的所有可能性，似乎也就没有了探索未知世界的动力。人类不愿意去想象，也不再愿意去构筑长回路的欲望，更不愿意去寻找其未来的方向，何况

[1] 张一兵、斯蒂格勒、杨乔喻：《第三持存与非物质劳动——张一兵与斯蒂格勒学术对话》，第29页。
[2] A. Leroi-Gourhan, *Gesture and Speech*, pp.248-249.

人类化本身就无任何方向性可言。那么，这是不是就意味着人类化进程的停滞，人类作为一种物种走向了其进化的终点，然后人类社会这一广义器官系统就彻底成了一个不断熵增的孤立系统，就像那个孤立的房间一样，既没有与外界的能量交换，也没有与外界的物质交换？

四　技术纲领与技术措施

斯蒂格勒的雄心并不要是通过技术哲学解释各种具体的技术现象，而是试图将技术哲学作为第一哲学或者元哲学，重新审视人类社会的各种现象。他从事哲学思考的初衷不是针对技术现象不放，将某一个领域划分为技术领域，然后围绕这个领域展开自己的思想研究。在从事哲学思考之初，斯蒂格勒从来没有预料到技术哲学问题会成为其哲学思考的中心问题。并不是斯蒂格勒刻意要研究技术问题，而是通过德里达和勒鲁瓦-古兰，技术问题恰恰成为他思考所有哲学问题的核心。德里达的替补思想构成了斯蒂格勒技术哲学的灵魂，而斯蒂格勒的技术哲学则是这种替补思想的一种具体化形式。

或许我们可以说，德里达的替补思想是对达尔文的生物学进化论在纯粹哲学意义上的表达，或许也是对物理学中混沌理论（chaos theory）和熵理论的纯粹哲学表达。在这种意义上，德里达的替补思想可以用来解释所有的生成过程：动物的生成、植物的生成、微生物的生成，当然也包括技术的生成。尽管德里达批评西方的形而上学传统只关注存在，而完全忽视了生成的过程，即便是声称回到存在的海德格尔也是如此。但是，德里达从来没有将生成行为等同于技术生成的行为，因为技术的生成总携带着物质属性，而生成并不一定携带有物质属性。但是，斯蒂格勒则认为所有的生成过程都必

然具有物质属性，这种物质属性构成了延迟和差异的替补本身。^①因
此，原初的替补性就可以被看作原初的技术性，而斯蒂格勒则使用
了一个德里达曾经也使用过的概念"代具"来替代后者的"替补"概
念。^②尽管从斯蒂格勒的替补逻辑中可以看出，所有的替补行为都可
以被看作技术生成的行为，但是，斯蒂格勒从来没有将动植物生命的
生成过程也解释为技术替补的生成过程。这一方面是因为，对于一种
致力于解释人类技术现象的哲学理论而言，实在没有必要去解释生物
学和遗传学所应该解释的问题；另一方面的原因则在于，对于任何一
种理论模型而言，无论是技术哲学理论模型，还是物理学中的混沌理
论模型，如果过于扩大其使用范围，这种理论就会失去其作为模型工
具的意义。斯蒂格勒的技术哲学是德里达替补思想的一种具体化形式，
这种技术哲学理论专注于讨论作为人类进化之实质的技术进化现象。

　　而勒鲁瓦-古兰的外在化思想则为斯蒂格勒的技术哲学理论提供
了方向，使其可以将南方古猿时代燧石之类的技术形态与现代智人
所使用的技术形态串联起来。外在化思想为斯蒂格勒的技术哲学提
供了考古学和人类学上的理论支撑，使得斯蒂格勒可以找到支撑其
建构技术进化论的实证性的证据。同时，这些实证性证据足以否定
从古希腊时代就开始的根据亚里士多德的"四因说"对技术所做的
解释。但是，勒鲁瓦-古兰的外在化思想并没有因此而为技术进化的
方向提供解释。因为对于一种替补思想而言，替补只是对替补的替
补：替补之前无本源，替补之后无目的。技术当然是在进化之中，
但是技术的进化和生物物种的进化一样没有方向。如果说每一种物

----

① 德里达并不一定否认斯蒂格勒的这种看法，只是对于他而言，谈论一般意义上的技术问题
　不是他真正感兴趣的领域所在。
② 参见 J. Derrida, *Dissemination*, p.108。

种都是从生命洪流之整体中分叉出去的一条支流，那么，这种支流在流淌过程中要么继续分叉，要么因逐渐地干涸而消失。对于斯蒂格勒的技术哲学而言，作为人类之进化实质的技术也是如此，技术的进化要么是逐渐地分叉出新的不同的体系，要么将外在化进程的逻辑用尽而消失。虽然斯蒂格勒本人并不一定赞同从他的技术哲学之内在逻辑中得出这样的推论，但是，作为一种替补思想和进化理论，适用于物种之进化的结论可能同样适用于技术之进化。

然而，我们并不是强制斯蒂格勒的技术哲学一定要去解释技术未来的发展方向。未来是一个中期的时间概念。人们可以设想即将到来的半个月、一个月甚至一年这些短期的时间内所需要做的事以及所可能发生的事，也可以设想一千年、一万年这些长期的时间之后人类社会的样子。短期时间中的事情可计划性比较强，而长期时间中的事又对当下毫无意义。人们比较关心未来二十年、五十年、一百年等中期时间内的事情，尽管这种事情可计划性比较弱，但对当下活着的人的影响比较大。因此，我们需要在中期的时间概念中来思考斯蒂格勒技术哲学的意义，而不是一定要将其技术哲学的逻辑推演到不可知的长期时间中。

因此，斯蒂格勒的技术哲学并不是以"技术终将反噬人类"这类不着边际且耸人听闻的结论告终，而是充满了人文关怀和对时代的忧患意识。他在《政治经济学新批判》和《怀疑与失信》中批评政府废除对金融体系的监管，任由虚拟资本迅速膨胀和消费主义日益盛行，是对国计民生的极度不负责任；在《照顾好年轻人与后代》一书中批判家庭教育，认为父母把孩子直接丢弃给玩具和视听娱乐节目是缺乏承担关怀照料下一代责任的表现；也在《象征的苦难》和《休克状态：21世纪的愚蠢与知识》中批判分享着廉价快乐、没心没肺的电视娱乐节目，以及制造短暂激情、简单粗暴的电影等工业时间客体，它们制造了越来越多的消极雷同的经验，破坏了心理个体的个性化和欲望的升华，也破坏了构成集体个体之个性化的价值认同的形成。斯蒂格勒提出了我们当代社会所面临的严峻问题，当然他不仅仅是提出问题，而且也提出了问题的解决措施。

斯蒂格勒相信，技术是制造出目前各种社会问题的毒药，同时也是解决这些问题的解药。其毒性的大量释放是因为新技术和技术物体所可能具有的功能并没有具体化，广义器官系统中还没有适合它的位置。但是，随着新技术和技术物体之功能的具体化和个性化，它们不仅可以在器官系统中获得其合适的位置，而且其作为药所具有的药性也会被释放出来。尽管心理—集体—技术的互个性化过程因技术进化的加速而被破坏，但这三重个性化的新的亚稳定平衡也正在形成中。因为速度是相对的，技术的毒性和药性也是相对的。而斯蒂格勒的技术哲学之所以有着如此的人文关怀和对时代的忧患意识，正是源于他的技术哲学中由外在化思想和个性化思想构成的内在张力所打开的局面，这种人文关怀和忧患意识也正是这一内在张力的具体表现。

然而，尽管"我们这个时代已经出现了严重的问题"这一看法不仅在思想领域中存在着普遍的共识，即使在普通大众中赞成这一看法的人也大有人在；但是，正如斯蒂格勒对卢梭的批评一样，卢梭把人类在其最近四千年的历史中所表现出来的形态当成了人类从五百万年前进化之始就具有的形态。[1] 人们之所以有"我们这个时代已经出现了严重的问题"这样的看法，也很有可能只是由于他们没有将眼光放在整个人类进化的历程中，从而得出了片面的结论。人

---

[1] B. Stiegler, *Technics and Time, 1: The Fault of Epimetheus*, p.112.

类过往的历史中，既有比现在好的时代，也有比现在坏的时代。如果每一种技术都是一味药的话，那么，技术产生毒性和药性的过程就都是正常的；如果人类社会这个广义器官系统必然需要处于亚稳定状态才能够运行，那么我们有充分的理由认为，现时代的人类社会仍然处于亚稳定平衡状态。斯蒂格勒将我们所处的这个时代命名为熵大规模快速增长的人类世，也很有可能是为了在某种程度上迎合当下这种有着普遍共识的对这个时代的流行看法。不过，对自己所处的时代具有忧患意识，对自己的国家和同胞保持关切之心，而不是置身事外、唯恐天下不乱，更不是隔岸观火、月旦指摘，仍然是一位有良知、有责任心的思想家和哲学家所应该具有的态度。

　　斯蒂格勒的技术哲学是一种很好的分析技术现象的理论模型，他建立了一套理解当代各种技术现象的技术纲领。我们可以相信斯蒂格勒分析技术现象时所建立的理论纲领，以及斯蒂格勒对我们这个时代充满关怀的态度，但是我们必须对斯蒂格勒试图解决技术问题时所提出的技术措施保持审慎怀疑的态度。因为，对于我们这些生活在超工业时代的人来说，谁也无法准确地预言这个时代究竟会如何发展。我们无法超出超工业时代来获得评价超工业时代的标准，即便是斯蒂格勒本人。虽然"斯蒂格勒并不是一个怀旧的人，他知道人类没有起源可以回溯"[1]，但他对这个时代的评价标准很大一部分也是从之前的时代中获得的。斯蒂格勒所主张的使人类社会这个广义器官系统产生负熵的技术措施，有可能恰恰是产生熵增的措施。正如普罗米修斯将宰杀的那头大牛最肥硕的部分分给人类一样，他认为是对人类真正好的一部分，却恰恰是不好的一部分。

① C. Howells, "'Le Défaut d'origine': The Prosthetic Constitution of Love and Desire", p.150.

后　记

　　《世说新语》有一则故事。"建安七子"之一的王粲驾鹤西行，曹丕和王粲生前的一些朋友前去吊唁。曹丕说，仲宣喜欢听驴叫，我们各位还是学几声驴叫，以送仲宣西行吧。于是，在王粲的葬礼上响起了此起彼伏的驴叫声。不拘形迹，超然物外，这可能就是一种洒脱了。

　　曹丕是一个极富政治抱负的人，他自知天命不久，不可能像他的父亲曹操那样有耐心地等待时机成熟，以完成统一大业。所以，两次仓皇伐吴，却均无功而返。然而，如果我们就此认定曹丕是一个用世之心极重的人，却也是对其之绝对误解。我们阅读曹丕的诗文，其虽没有曹操的荒寒辽阔、雄健超拔之气象，却也有缠绵清越、婉转悠长之思虑，足见曹丕也是一个可以暂时完全忘记征战杀伐、红尘大业的真实而洒脱之人。这种真实和洒脱表现在他的诗文里面，也表现在他在自己好朋友的葬礼上学驴叫这件小事上。

　　在洒脱这件事上，雍正皇帝的境界就无论如何也比不上魏文帝曹丕了。我读二月河先生的小说《雍正皇帝》，里面的雍正是一个冷峻刻薄、心胸狭隘却又时常以清心寡欲、与世无争来标榜自己的人。他说他不愿意做皇帝，是他的父亲强迫他接过这个千斤重担的。但他的那些兄弟和诸王大臣们都清楚，只有当了皇帝，雍正才能将其亟于用事、长于折腾的工作狂个性发挥到极致。他说自己眼前有千山万壑、有猛虎野兽，那还是因为他太看重他的江山。他标榜自己淡泊宁静，他的心境却是一片焦热火海。他甚至活得不如他的二哥废太子胤礽洒脱。

废太子胤礽大限将至，雍正嘱咐下人赶紧将太子銮驾送过去，让胤礽最后再看一眼。胤礽当了四十多年的太子，坏就坏在当的时间太长。如果康熙朝只有三十多年，那么，现在登上皇位的就会是这位废太子。他的时运太好，冲龄即被选中践祚；他的时运太差，一生年富力强的光景都被他的父亲所压制。他如果当上皇帝，一定是比他的四弟更宽容、更有作为的皇帝。但其大限将至，人生如梦，如露如电，刹那芳华，只好以不了了之。他可能不会再在意所谓的九五之尊，更不会像雍正所理解的那样会在意整副太子的銮驾了。雍正皇帝不是一个洒脱的人，他理解不了他的二哥在大限时的心态。

洒脱是一种出离心。它能够使我们在纷扰的世俗生活中，不至于迷失自我。我们每个人不必有也不可能有曹丕和雍正那样大的事业心，但是只要将一颗心放置于这个婆娑世界中，它总会有迷失本性的时候。生者百岁，相去几何，欢乐苦短，忧愁实多。这些忧愁欢乐都是一颗心被红尘所沾染的结果。要避免被红尘俗务所羁绊，就需要有一种离尘出世的洒脱之心。但不需要时刻保持这种出离心，只需要在你心灰意冷、气急败坏，以及春风得意、志得意满之时，说服自己要洒脱，你就会瞬间从一片焦热的世界，顿入无暑清凉之地。不滞、不著、不碍。逝者如斯夫，不舍昼夜。

本书是在我的博士学位论文的基础上修改而成。不过，虽言修改，论文的整体架构和行文风格并没有发生太大的变化，只是对段落布局和用词是否恰当重新做了斟酌损益。博士论文一经完成，那种一气呵成思如泉涌的状态便不复存在，如果对之进行大的变动，可能就会在不知不觉中打乱破坏原论文的结构和文脉。好在从论文答辩至今，已两年过去，斯蒂格勒教授的哲学架构并未发生实质的变化，也就不用我对论文做太大修改。斯蒂格勒教授后续也会有新的著作连续不断地出版，就如《技术与时间》这一系列估计都要出版7卷。我会持续地关注教授的思想动态，但对其新的哲学思想的研究，可能需要新的著述来承载。

在本书的写作过程和出版过程中，我得到过许多老师和朋友的帮助。我首先感谢的人就是我的导师孙周兴教授。孙老师知识淹博、思入幽微、文达物外。这是我作为学生始终所仰望老师的地方，然而，我更欣赏孙老师那种旷达洒脱的人生态度，这种态度不是读几本书就能够学会的，没有旷达的人生境界是不会有洒脱的人生态度的。孙老师总会在我生活上和学术上的瓶颈期，为我指点前行的方向。这种帮助实则对我整个四年的博士生涯有至关重要的作用。如果没有孙老师的帮助，我现在可能仍在某团迷雾中不辨方向。

我第二个感谢的人是斯蒂格勒教授。从2017年开始，我都会参加斯蒂格勒教授在南京大学所举办的研讨班。这使我有机会也有充足的时间，向斯蒂格勒教授当面请教我在研究其技术哲学过程中所遇到的困惑和不解。斯蒂格勒教授悉耐心而清晰地做出解答。斯蒂格勒教授的哲学思想并不是生硬冰冷得不食人间烟火。恰恰相反，我读斯蒂格勒教授的著作，字里行间都弥散着时代的忧患意识和悲天悯人的情怀。斯蒂格勒教授为我们这些后学提供了榜样，学术不应该是封闭起来自说自话，而应该积极入世、关心时局。

再次，我需要感谢的是商务印书馆的朱健老师。朱老师对本书的润色和矫正，使本书增彩不少。同时，我还要感谢陆兴华教授、刘日明教授、宗成河老师、刘涛老师、沈卫清老师等各位老师在我的学业上和学习上给予的帮助。感谢时向林、耿柏、王磊、郭军营、陈辉、郭瑞寅、王利娟、刘佳、马俊、凌海青、费明松等各位朋友和同学在生活上的帮助和支持，在学业上的鼓励和督促。以及，感谢在我最寂寞孤单的清冷时光中陪伴我的人。

最后，我要感谢我的父母。父母永远是我不断前行的动力，也是我最无助时的庇护。人生虽要洒脱，但也应有所羁绊。一个人能够有所牵绊，其实也是一种幸福。父母的安康和快乐，是我的福报，也是值得我守护的事情。

2018 年 5 月 30 日记于上海杨浦

2020 年 6 月 24 日补记于西安长安

回忆斯蒂格勒

2019年春节才过去没多久，西安城还处在一片灰蒙干枯的色彩中，斯蒂格勒教授的南京课程安排就已经公布出来了。2019年上半年是我博士毕业后工作的第二个学期，这个学期我只有一门"形而上学专题"的课，中间申请调课完全有时间去南京参加斯蒂格勒教授的为期一个月的课程。

斯蒂格勒教授在南京大学的课程除了2016年我没参加外，2017、2018年的课程都参加了。这几年的课程一般都是四个星期，每周两次，共八次课程。前两年我还在同济大学读博士，每周都会上午从上海乘高铁到南京，下午听斯蒂格勒教授的课程。在南大仙林校区南门外住一个晚上，第二天下午听完课再回上海。沪宁之间的高铁比较多，完全不必担心赶不上车回不去；误了车就改签下一班，反正都是一个半小时左右就到了。

而参加这一次的课程，我就需要从西安到南京了。路程虽然远了点，但于这个时节从草木荒寒的关中平原乘车，半天的时间就可以到达桃花沾水、春江水暖的江南之地，也是一种别致的体验了。斯蒂格勒教授说，技术不仅仅是人类的工具，它也塑造着人们的精神感知。高铁的速度很难让人觉得西安到南京有多远，你可能睡一觉，睁开眼，再睡一会儿，南京就到了。这种速度确实改变了人们对地理空间的认识，我们现代人已经很难体会到如陆游那样的古代人所说的"楼船夜雪瓜洲渡，铁马秋风大散关"这种地理空间距离所呈现的豪迈慷慨之气了。

今年课程的主题是认识论问题。第一周第二次课结束的时候，我们邀请斯蒂格勒教授一起吃晚饭，在钟山风景区石象路7号的中山陵国际青年旅馆的餐厅。这里离斯蒂格勒教授所住的南秀村不远。我们到的时候天已苍黑。这个吃饭的地方并不是什么星级酒店，但菜品色香味都很好。而且这里位于景区之内，餐厅四围是玻璃，在里面吃饭，目光四及，花木扶疏，灯火灿然，也是一处幽境。南京的这个时节，柳树抽条长叶，白玉兰、桃花和海棠都开了。斯蒂格勒教授好像对这几种花都比较喜欢，在餐厅二楼的露台上驻足观看很久。餐厅外面还有个小湖，湖里面有几只大白鹅。

第二周第二次课结束的时候，斯蒂格勒教授回请我们，还是在这个地方。七天的时间已使白日渐长，我们这次到的时候，夕阳的余晖仍在。在这里举办的婚礼也还没有结束，我们只好在外面等了一会儿。花开得比上次更加繁盛，尤其是一树海棠，气泡样的花朵完全涨开，娇艳无比。不过，玉兰花已经有了败象，玉兰树下已经铺满一层白色的花瓣。小湖边又有新人在拍婚纱照，大鹅就在他们之间走动。这次我们喝了酒，斯蒂格勒教授好像不喜欢喝白酒。他之前喝过黄酒，觉得还不错，我们就点了两瓶古越龙山。酒里面加入姜丝和青梅，温了温，斟满。大家一齐举杯，跟着斯蒂格勒教授一起说"Bon appétit!"

上周来这里的时候，我邀请过斯蒂格勒教授去西北大学给我们做一次讲座，并顺道看一看西安明城墙和兵马俑。这一次他说，这回来中国可能没有时间，后半年或者明年春天下一次来中国的时候，再去西安。

2019年的后半年，斯蒂格勒教授也没有来中国。本来11月他要去杭州中国美术学院参加关于利奥塔的一个论坛，但母亲的突然离世，使他不得不取消原来的计划。我中间又给斯蒂格勒教授发过一次邮件问他西安行程，他回复我说，2020年的春天一定成行。不过，2020年的春天因为疫情的关系，斯蒂格勒教授的中国之行取消了，他的南京课程和杭州课程也都取消了。我当时想，疫情结束，斯蒂格勒教授还是会来中国的，到时再找时间邀请他来西安，机会还是有很多的。

可是，人生就是有这么多的意外和遗憾。2020年8月7日早上，我收到了斯蒂格勒教授意外离世的消息，震惊伤心之余，我意识到，斯蒂格勒教授的西安之旅永远无法成行了。这几天，每半梦半醒之际，我仍然怀疑这个消息是不是真实的。斯蒂格勒教授的音容笑貌仍不时浮现出来，这个时候我就会觉得，明年春天，斯蒂格勒教授还会来南京上课，我还可以从西安到南京去听他的课。他去年的时候说过，明年要讲海德格尔的思想，并建议我们先看完海德格尔的《筑·居·思》。

2020年8月12日记于西安长安
2020年12月24日修订于长安终南之麓

参考文献

一、专著与论文集

1. 英文部分

Abbinnett, R., *The Thought of Bernard Stiegler: Capitalism, Technology and the Politics of Spirit*, London: Routledge, 2017

Arne De Boever, eds., *Bernard Stiegler: Amateur Philosophy*, North Carolina: Duke University Press, 2017

Bardin, A., *Epistemology and Political Philosophy in Gilbert Simondon: Individuation, Technics, Social Systems*, Springer Netherlands, 2015

Blackburn, S., *Oxford Dictionary of Philosophy, 2nd edition*, Oxford: Oxford University Press, 2008

Boever, A. D., Murray, A., Roffe, J., et al., *Gilbert Simondon: Being and Technology*, Edinburgh: Edinburgh University Press, 2013

Canguilhem, G., *Knowledge of Life*, translated by P. Marrati, T. Meyers. New York: Fordham University Press, 2008

Canguilhem, G., *The Normal and the Pathological*, translated by C. R. Fawcett, R. S. Cohen. New York: Zone Books, 1991

Chabot, P., *The Philosophy of Simondon: Between Technology and Individuation*, translated by G. Kirkpatrick, A. Krefetz. London: Bloomsbury Academic, 2013

Combes, M., *Gilbert Simondon and the Philosophy of the Transindividual*, translated by Thomas LaMarre. Massachusetts: The MIT Press, 2013

Derrida, J., *Dissemination*, translated by B. Johnson. Chicago: University of Chicago Press, 1981

Derrida, J., *Of Grammatology*, translated by G. C. Spivak. Baltimore: The Johns Hopkins University Press, 1976

Derrida, J., Stiegler, B., *Echographies of Television: Filmed Interviews*, translated by J. Bajorek. Cambridge: Polity Press, 2002

Detienne, M., Jean-Pierre Vernant eds., *The Cuisine of Sacrifice among The Greeks*, translated by P. Wissing. Chicago: University of Chicago Press, 1989

Dodds, E. R., *The Greeks and the Irrational*, Berkeley: University of California Press, 2004

Freud, S., *Civilization and Its Discontents*, translated by D. McLintock. London: Penguin, 2002

Freud, S., *The Complete Letters of Sigmund Freud to Wilhelm Fliess, 1887—1904*, translated and edited by J. Moussaieff Masson. Cambridge, MA: Belknap/Harvard University Press, 1986

Howells, C., Moore, G., eds., *Stiegler and Technics*, Edinburgh: Edinburgh University Press, 2013

Ingold, T., *Being Alive: Essays on Movement, Knowledge and Description*, London: Routledge, 2011

Ingold, T., *The Perception of the Environment: Essays on Livelihood, Dwelling and Skill*, London: Routledge, 2000

Jakob von Uexküll, *A Foray into the Worlds of Animals and Humans, with A Theory of Meaning*, translated by Joseph O'Neil. Minneapolis University of Minnesota Press, 2010

Leroi-Gourhan, A., *Gesture and Speech*, Translated by A. B. Berger. Boston: The MIT Press, 1993

Malabou, C., *The New Wounded: From Neurosis to Brain Damage*, translated by Steven Miller. New York: Fordham University Press, 2012

Malabou, C., *What Should We Do with Our Brain?* translated by Sebastian Rand. New York: Fordham University Press, 2008

Rendtorff, J. D., *French Philosophy and Social Theory*, London: Springer Science+Business Media, 2014

Ridley, M., *Evolution*, Malden: Blackwell Science Ltd., 2004

Scott, D., *Gilbert Simondon's Psychic and Collective Individuation, A Critical Introduction and Guide*, Edinburgh: Edinburgh University Press, 2014

Simondon, G., *On the Mode of Existence of Technical Objects*, translated by Malaspina C., Rogove J. Minneapolis: Univocal Publishing, 2017

Simondon, G., *Two Lessons on Animal and Man*, translated by Drew S. Burk. Minneapolis: Univocal Publishing LLC, 2012

St. Mivart, G. J., *On the Genesis of Species*, New York: Cambridge University Press, 2009

Stiegler, B., *Acting Out*, translated by D. Barison, D. Ross, P. Crogan.

California: Stanford University Press, 2009

Stiegler, B., *Automatic Society, 1: The Future of Work*, translated by D. Ross. Cambridge: Polity Press, 2017

Stiegler, B., *Disbelief and Discredit, 1: The Decadence of Industrial Democracies*, translated by D. Ross, S. Arnold. Cambridge: Polity Press, 2011

Stiegler, B., *Disbelief and Discredit, 2: Uncontrollable Societies of Disaffected Individuals*, translated by D. Ross. Cambridge: Polity Press, 2012

Stiegler, B., *Disbelief and Discredit, 3: The Lost Spirit of Capitalism*, translated by D. Ross. Cambridge: Polity Press, 2014

Stiegler, B., *For a New Critique of Political Economy*, translated by D. Ross. Cambridge: Polity Press, 2010

Stiegler, B., *States of Shock: Stupidity and Knowledge in the 21st Century*, translated by D. Ross. Cambridge: Polity Press, 2015

Stiegler, B., *Symbolic Misery, 1: The Hyper-Industrial Epoch*, translated by B. Norman. Cambridge: Polity Press, 2014

Stiegler, B., *Symbolic Misery, 2: The Catastrophe of the Sensible*, translated by B. Norman. Cambridge: Polity Press, 2015

Stiegler, B., *Taking Care of Youth and the Generations*, translated by S. Barker. California: Stanford University Press, 2010

Stiegler, B., *Technics and Time, 1: The Fault of Epimetheus*, translated by R. Beardsworth, G. Collins. Stanford, California: Stanford University Press, 1998

Stiegler, B., *Technics and Time, 2: Disorientation*, translated by S. Barker. Stanford, California: Stanford University Press, 2009

Stiegler, B., *Technics and Time, 3: Cinematic Time and the Question of Malaise*, translated by S. Barker. California: Stanford University Press, 2011

Stiegler, B., *The Neganthropocene*, edited and translated by D. Ross. London: Open Humanities Press, 2018

Stiegler, B., *The Re-Enchantment of the World: The Value of Spirit Against Industrial Populism*, translated by T. Arthur. London: Bloomsbury Publishing PLC, 2014

Stiegler, B., *What Makes Life Worth Living: On Pharmacology*, translated by D. Ross. Cambridge: Polity Press, 2013

Yuk Hui, *The Question Concerning Technology in China: An Essay in Cosmotechnics*, Falmouth: Urbanomic Media Ltd., 2016

2. 中文部分

贝尔纳·斯蒂格勒:《技术与时间1：爱比米修斯的过失》，裴程译，南京：译林出版社，2012年

贝尔纳·斯蒂格勒:《技术与时间2：迷失方向》，赵和平、印螺译，南京：译林出版社，2010年

贝尔纳·斯蒂格勒:《技术与时间3：电影的时间与存在之痛的问题》，方尔平译，南京：译林出版社，2012年

贝尔纳·斯蒂格勒:《手和脚——关于人类及其长大的欲望》，张洋译，北京：新星出版社，2013年

贝尔纳·斯蒂格勒:《人类纪里的艺术：斯蒂格勒中国美院讲座》，陆兴华、许煜译，重庆：重庆大学出版社，2016年

雅克·德里达:《论文字学》，汪堂家译，上海：上海译文出版社，2015年

雅克·德里达:《声音与现象》，杜小真译，北京：商务印书馆，2001年

雅克·德里达:《胡塞尔〈几何学的起源〉引论》，方向红译，南京：南京大学出版社，2004年

让-皮埃尔·韦尔南:《古希腊的神话与宗教》，杜小真译，北京：商务印书馆，2014年

让-皮埃尔·韦尔南:《神话与政治之间》，余中先译，北京：生活·读书·新知三联书店，2005年

让-皮埃尔·韦尔南、皮埃尔·维达尔-纳凯:《古希腊神话与悲剧》，张苗、杨淑岚译，上海：华东师范大学出版社，2016年

让-皮埃尔·韦尔南:《宇宙、诸神与人》，马向民译，上海：文汇出版社，2017年

M. H. 鲍特文尼克、M. A. 科甘等:《神话辞典》，黄鸿森、温乃铮译，北京：商务印书馆，2015年

海德格尔:《存在与时间》，陈嘉映、王庆节译，北京：生活·读书·新知三联书店，2014年

海德格尔:《面向思的事情》，孙周兴译，北京：商务印书馆，1999年

海德格尔:《现象学之基本问题》，丁耘译，上海：上海译文出版社，2008年

海德格尔:《演讲与论文集》，孙周兴译，北京：生活·读书·新知三联书店，2005年

海德格尔:《林中路》，孙周兴译，上海：上海译文出版社，2008年

海德格尔:《路标》，孙周兴译，北京：商务印书馆，2000年

海德格尔:《形而上学导论》，熊伟、王庆节译，北京：商务印书馆，1996年

海德格尔:《同一与差异》，孙周兴、陈小文、余明锋译，北京：商务印书馆，2011年

海德格尔:《在通向语言的途中》，孙周兴译，北京：商务印书馆，2004年

胡塞尔:《内时间意识现象学》，倪梁康译，北京：商务印书馆，2010年

胡塞尔:《欧洲科学的危机与超验论的现象学》，王炳文译，北京：商务印书馆，2001年

赫西俄德:《工作与时日·神谱》，张竹明、蒋平译，北京：商务印书馆，1991年

埃斯库罗斯等：《古希腊戏剧》，罗念生译，北京：人民文学出版社，2015年

柏拉图：《斐多篇》，王晓朝译，北京：人民出版社，2002年

柏拉图：《普罗泰戈拉篇》，王晓朝译，北京：人民出版社，2002年

柏拉图：《美诺篇》，王晓朝译，北京：人民出版社，2002年

柏拉图：《斐德罗篇》，王晓朝译，北京：人民出版社，2003年

亚里士多德：《尼各马可伦理学》，廖申白译注，北京：商务印书馆，2003年

亚里士多德：《形而上学》，苗力田译，北京：中国人民大学出版社，2003年

亚里士多德：《物理学》，苗力田译，北京：中国人民大学出版社，1991年

克洛德·列维-斯特劳斯：《忧郁的热带》，王志明译，北京：中国人民大学出版
　　社，2009年

克洛德·列维-斯特劳斯：《野性的思维》，李幼蒸译，北京：中国人民大学出版
　　社，2006年

克洛德·列维-斯特劳斯：《我们都是食人族》，廖惠瑛译，上海：上海人民出版
　　社，2016年

克洛德·列维-斯特劳斯：《神话与意义》，杨德睿译，郑州：河南大学出版社，
　　2016年

乔治·康吉莱姆：《正常与病态》，李春译，西安：西北大学出版社，2015年

弗洛伊德：《弗洛伊德后期著作选》，林尘、张唤民、陈伟奇译，上海：上海译文
　　出版社，2005年

弗洛伊德：《一个幻觉的未来》，杨韶刚译，北京：华夏出版社，1998年

弗洛伊德：《爱情心理学》，车文博主编，北京：九州出版社，2014年

弗洛伊德：《梦的解析》，高申春译，车文博审订，北京：中华书局，2013年

弗洛伊德：《摩西与一神教》，张敦福译，北京：北京大学出版社，2015年

弗洛伊德：《图腾与禁忌》，文良文化译，北京：中央编译局出版社，2015年

弗洛伊德：《性学与爱情心理学》，罗生译，南昌：百花洲文艺出版社，2009年

马塞尔·莫斯：《礼物：古式社会中交换的形式与理由》，汲喆译，陈瑞桦校，上
　　海：上海人民出版社，2005年

爱弥尔·涂尔干、马塞尔·莫斯：《原始分类》，汲喆译，北京：商务印书馆，
　　2012年

温尼科特：《游戏与现实》，卢林、汤海鹏译，北京：北京大学医学出版社，
　　2016年

温尼科特：《婴儿与母亲》，卢林、张宜宏译，北京：北京大学医学出版社，
　　2016年

温尼科特：《人类本性》，卢林、王晓彦、张沛超译，北京：北京大学医学出版社，
　　2016年

温尼科特：《家庭与个体发展》，卢林、邹晓燕译，北京：北京大学医学出版社，
　　2016年

玛丽安娜·沃尔夫：《普鲁斯特与乌贼：阅读如何改变我们的思维》，王惟芬、杨

仕音译，北京：中国人民大学出版社，2012年

伊丽莎白·爱森斯坦：《作为变革动因的印刷机：早期近代欧洲的传播与文化变革》，何道宽译，北京：北京大学出版社，2010年

沃尔特·翁：《口语文化与书面文化：语词的技术化》，何道宽译，北京：北京大学出版社，2008年

理查德·道金斯：《自私的基因》，卢允中、张岱云、陈复加、罗小舟译，北京：中信出版社，2012年

理查德·道金斯：《地球上最伟大的表演：进化的证据》，李虎、徐双悦译，北京：中信出版社，2017年

理查德·道金斯：《盲眼钟表匠：生命自然选择的秘密》，王道还译，北京：中信出版社，2016年

理查德·道金斯：《基因之河》，王直华、岳韧峰译，上海：上海科学技术出版社，2012年

恩斯特·迈尔：《进化是什么》，田洺译，上海：上海科学技术出版社，2012年

苏珊·格林菲尔德：《人脑之谜》，杨雄里等译，上海：上海科学技术出版社，2012年

威廉·卡尔文：《大脑如何思维：智力演化的今昔》，杨雄里、梁培基译，上海：上海科学技术出版社，2012年

克里斯蒂安·德迪夫：《生机勃勃的尘埃：地球生命的起源和进化》，王玉山等译，上海：上海科学技术出版社，2014年

内莎·凯里：《遗传的革命：表观遗传学将改变我们对生命的理解》，贾乙、王亚菲译，重庆：重庆出版社，2016年

爱德华·特纳：《技术的报复：墨菲法则和事与愿违》，徐俊培、钟季康、姚时宗译，上海：上海科技教育出版社，2012年

让·沙林：《从猿到人——人的进化》，管震湖译，北京：商务印书馆，1996年

埃尔温·薛定谔：《生命是什么：活细胞的物理观》，张卜天译，北京：商务印书馆，2015年

丹尼尔·耶金、约瑟夫·斯坦尼斯罗：《制高点：重建现代世界的政府与市场之争》，段宏、邢玉春、赵青海译，北京：外文出版社，2000年

伊利亚·普里戈金：《确定性的终结——时间混沌与新自然法则》，湛敏译，上海：上海科技教育出版社，2015年

伊利亚·普里戈金：《未来是定数吗？》，曾国屏译，上海：上海科技教育出版社，2005年

孙周兴：《语言存在论：海德格尔后期思想研究》，北京：商务印书馆，2011年

孙周兴选编：《海德格尔选集（下卷）》，北京：商务印书馆，1996年

刘小枫：《柏拉图四书》，北京：生活·读书·新知三联书店，2015年

汪堂家：《汪堂家讲德里达》，北京：北京大学出版社，2008年

李三虎：《重申传统：一种整体论的比较技术哲学研究》，北京：中国社会科学出

版社，2008年

斯蒂芬·哈恩：《德里达》，吴琼译，北京：中华书局，2014年

《科学新闻》杂志社：《基因与细胞》，北京：电子工业出版社，2017年

尤瓦尔·赫拉利：《人类简史：从动物到上帝》，林俊宏译，北京：中信出版社，2014年

尤瓦尔·赫拉利：《未来简史：从智人到智神》，林俊宏译，北京：中信出版社，2017年

贡特·奈斯克、埃米尔·克特琳编：《回答：马丁·海德格尔说话了》，陈春文译，南京：江苏教育出版社，2005年

罗宾·邓巴：《人类的演化》，余彬译，上海：上海文艺出版社，2016年

二、期刊与论文

1. 英文部分

Ash, J., "Attention, Videogames and the Retentional Economies of Affective Amplification", in *Theory Culture & Society*, Vol. 29, No. 6, 2012

Ash, J., "Technology and Affect: Towards a Theory of Inorganically Organised Objects", in *Emotion Space & Society*, Vol. 14, No. 1, 2015

Audouze, F., "Leroi-Gourhan, a Philosopher of Technique and Evolution", in *Journal of Archaeological Research*, Vol. 10, No. 4, 2002

Barnosky, A. D., Hadly, E. A., Bascompte, J., et al., "Approaching a State Shift in Earth's Biosphere", in *Nature*, Vol. 486, No. 7401, 2012

Beardsworth, R., "Thinking technicity", in *Cultural Values*, Vol. 2, No. 1, 1998

Bradley, J. P. N., "Stiegler Contra Robinson: On the Hyper-solicitation of Youth", in *Educational Philosophy & Theory*, Vol. 47, No. 10, 2015

Cammell, P., "Technology and Technicity: A Critical Analysis of Some Contemporary Models of Borderline Personality Disorder", in *International Journal of Applied Psychoanalytic Studies*, Vol. 12, No. 4, 2016

Camp, N. V., "Stiegler, Habermas and the Techno-logical Condition of Man", in *Journal for Cultural Research*, Vol. 13, No. 2, 2009

Carr, N., "Is Google Making Us Stupid?", in *Yearbook of the National Society for the Study of Education*, Vol. 207, No. 2, 2008

Colony, T., "A Matter of Time: Stiegler on Heidegger and Being Technological", in *Journal of the British Society for Phenomenology*, Vol. 41, No. 2, 2010

Crogan, P., "Bernard Stiegler: Philosophy, Technics, and Activism", in *Cultural Politics*, Vol. 6, No. 2, 2010

Crutzen, P. J., "Geology of Mankind", in *Nature*, Vol. 415, No. 6867, 2002

Derrida, J., "Archive Fever: A Freudian Impression", translated by Prenowitz E., in *Archivaria*, Vol. 63 (Suppl. 1), 1997

Derrida, J., "No Apocalypse, Not Now (Full Speed Ahead, Seven Missiles, Seven Missives)", translated by Porter C., Lewis P., in *Diacritics*, Vol. 14, No. 2, 1984

Dumouchel, P., "Gilbert Simondon's Plea for a Philosophy of Technology", in *Inquiry*, Vol. 35, No. 3-4, 1992

Ekman, U., "Of Transductive Speed—Stiegler", in *Parallax*, Vol. 13, No. 4, 2007

Fong, B. Y., "Death drive sublimation: A Psychoanalytic Perspective on Technological Development", in *Psychoanalysis Culture & Society*, Vol. 18, No. 4, 2013

Ginneken V., Meerveld A., Wijgerde T., et al., "Hunter-prey Correlation between Migration Routes of African Buffaloes and Early Hominids: Evidence for the 'Out of Africa' Hypothesis", in *Integrative Molecular Medicine*, Vol. 4, No. 3, 2017

Hansen, M. B. N., "Bernard Stiegler, Philosopher of Desire?", in *Boundary 2*, Vol. 44, No. 1, 2017

Harvey, O., Popowski, T., Sullivan, C., "Individuation and Feminism", in *Australian Feminist Studies*, Vol. 23, No. 55, 2008

Haworth, M., "Bernard Stiegleron Transgenerational Memory and the Dual Origin of the Human", in *Theory Culture & Society Explorations in Critical Social Science*, Vol. 33, No. 3, 2016

Jackson, M., "Artwork as Technics", in *Educational Philosophy & Theory*, Vol. 48, 2016

Kouppanou, A., "'... Einstein's Most Rational Dimension of Noetic Life and the Teddy Bear ...' An Interview with Bernard Stiegler on Childhood, Education and the Digital", in *Studies in Philosophy & Education*, Vol. 35, No. 3, 2016

Kouppanou, A., "Bernard Stiegler's Philosophy of Technology: Invention, Decision, and Education in Times of Digitization", in *Educational Philosophy & Theory*, Vol. 47, No. 10, 2015

Lapworth, A., "Gilbert Simondon and the Philosophy of the Transindividual", in *Modern & Contemporary France*, Vol. 21, No. 3, 2012

Lechte, J., "Technics, Time and Stiegler's 'Orthographic Moment'", in *Parallax*, Vol. 13, No. 4, 2007

Lemmen, P., "Re-taking Care: Open Source Biotech in Light of the Need to Deproletarianize Agricultural Innovation", in *Journal of Agricultural & Environmental Ethics*, Vol. 27, No. 1, 2014

Lemmens, P., "Bernard Stiegler on Agricultural Innovation", in Scott Nicholas Romaniuk and Marguerite Marlin eds., *Development and The Politics of Human*

Rights, Florida: CRC Press, 2015

Lemmens, P., "Social Autonomy and Heteronomy in the Age of ICT: The Digital Pharmakon and the (Dis)Empowerment of the General Intellect", in *Foundations of Science*, Vol. 22, No. 2, 2017

Lotka, A. J., "The Law of Evolution as A Maximal Principle", in *Human Biology*, Vol. 17, No. 3, 1945

Moore, G., "On the Origin of Aisthesis by Means of Artificial Selection; or, The Preservation of Favored Traces in the Struggle for Existence", in *Boundary 2*, Vol. 44, No. 1, 2017

Nethersole, R., "On the Praxis of Writing Time: Bernard Stiegler's Concept of the Orthographic Moment as Necessary Complement to Numerical Atemporality", in *Neohelicon*, Vol. 41, No. 2, 2014

Novaes de Andrade, T., "Technology and Environment: Gilbert Simondon's Contributions", in *Environmental Sciences*, Vol. 5, No. 1, 2008

Reveley, J., Peters, M. A., "Mind the Gap: Infilling Stiegler's Philosophico-educational Approach to Social Innovation", in *Educational Philosophy & Theory*, Vol. 48, No. 14, 2016

Roberts, B., "Cinema as Mnemotechnics: Bernard Stiegler and the Industrialisation of Memory", SICE Annual Conference (SICE), 2013 Proceedings of IEEE, 2006

Roberts, B., "Introduction to Bernard Stiegler", in *Parallax*, Vol. 13, No. 4, 2007

Roberts, B., "Rousseau, Stiegler and the Aporia of Origin", in *Forum for Modern Language Studies*, Vol. 42, No. 4, 2006

Roberts, B., "Stiegler Reading Derrida: The Prosthesis of Deconstruction in Technics", in *Postmodern Culture*, Vol. 16, No. 1, 2005

Roberts, B., "Technics, Individuation and Tertiary Memory: Bernard Stiegler's Challenge to Media Theory", in *New Formations*, Vol. 77, No. 1, 2012

Rose, G., "Posthuman Agency in the Digitally Mediated City: Exteriorization, Individuation, Reinvention", in *Annals of the American Association of Geographers*, No. 2, 2017

Schmidgen, H., "Thinking Technological and Biological Beings: Gilbert Simondon's Philosophy of Machines", in *Fractal: Revista de Psicologia*, Vol. 17, No. 2, 2005

Simondon, G., "The Genesis of the Individual", in *Incorporations*, 1992

Simondon, G., Cubitt, S., "The Limits of Human Progress: A Critical Study", in *Cultural Politics*, Vol. 6, No. 2, 2010

Stiegler, B., "Derrida and Technology: Fidelity at the Limits of Deconstruction and the Prosthesis of Faith", in T. Cohen eds., *Jacques Derrida and The*

Humanities: A Critical Reader, New York: Cambridge University Press, 2002

Stiegler, B., "Developing Deterritorialization", in *Any Architecture New York*, No. 3, 1993

Stiegler, B., "Escaping the Anthropocene", in *The Crisis Conundrum*, Springer International Publishing, 2017

Stiegler, B., "Pharmacology of Desire: Drive-based Capitalism and Libidinal Diseconomy", in *New Formations*, Vol. 72, No. 72, 2011

Stiegler, B., "Relational Ecology and the Digital Pharmakon", in *Culture Machine*, No. 13, 2012

Stiegler, B., "Suffocated Desire, or How the Cultural Industry Destroys the Individual: Contribution to a Theory of Mass Consumption", in *Folia Med*, Vol. 50, No. 26, 2011

Stiegler, B., "Technics of Decision an Interview", in *Angelaki,* Vol. 8, No. 2, 2003

Stiegler, B., "Technoscience and Reproduction", translated by R. Winkler, in *Parallax*, Vol. 13, No. 4, 2007

Stiegler, B., "Teleologics of the Snail: The Errant Self Wired to a WiMax Network", in *Theory Culture & Society*, Vol. 26, No. 2-3, 2009

Stiegler, B., "The Age of De-proletarianization Art and Teaching in Post-consumerist Culture", translated by D. Ross, K. Corcoran, C. Delfos, F. Solleveld eds., in *Arts Future-Current Issues in High Art Education*, 2010

Stiegler, B., "The Carnival of the New Screen from Hegemony to Isonomy", in P. Snickars, P. Vonderau eds., *The YouTube Reader*, Stockholm: National Library of Sweden, 2009

Stiegler, B., "The Magic Skin; or, The Franco-European Accident of Philosophy after Jacques Derrida", in *Qui Parle*, Vol. 18, No. 1, 2009

Stiegler, B., "The Most Precious Good in the Era of Social Technologies", translated by P. Riemens, G. Lovink, M., Rasch eds., in *Unlike Us Reader: Social Media Monopolies and Their Alternatives*, Amsterdam: Institute of Network Cultures, 2013

Stiegler, B., "The Theatre of Individuation: Phase-Shift and Resolution in Simondon and Heidegger", translated by K. Lebedeva, in *Parrhesia*, No. 7, 2009

Stiegler, B., Crogan, P., Turner, C., "Knowledge, Care, and Trans-Individuation: An Interview with Bernard Stiegler", in *Cultural Politics an International Journal*, Vol. 6, No. 2, 2010

Stiegler, B., Lemmens, P., "This System Does not Produce Pleasure Anymore. An Interview with Bernard Stiegler", in *Krisis*, No. 1, 2011

Stiegler, B., Roberts, B., Gilbert, J., et al., "Bernard Stiegler: 'A Rational Theory of Miracles: on Pharmacology and Transindividuation'", in *New Formations*,

Vol. 77, No. 1, 2012

Stiegler, B., Venn, C., Boyne, R., Phillips, J. et al., "Technics, Media, Teleology: Interview with Bernard Stiegler", in *Theory Culture & Society*, Vol. 24, No. 7–8, 2007

Stiegler, B., "Doing and Saying Stupid Things in the Twentieth Century: Bêtise and Animality in Deleuze and Derrida", translated by D. Ross, in *Angelaki*, Vol. 18, No. 1, 2013

Tinnell, J., "Grammatization: Bernard Stiegler's Theory of Writing and Technology", in *Computers & Composition*, No. 37, 2015

Tkach, D., "Reading Technics with (and against) Bernard Stiegler", in *Cultural Studies*, 2015

Turner, B., "Ideology and Post-structuralism after Bernard Stiegler", in *Journal of Political Ideologies*, 2017

Twitchin, M., "Loving Memory: Anamnesis and Hypomnesis", in *Performance Research*, 2017

Vaccari, A., Barnet, B., "Prolegomena to a Future Robot History: Stiegler, Epiphylogenesis and Technical Evolution", in *Transformations*, No. 17, 2009

Hui Y., "Algorithmic Catastrophe: The Revenge of Contingency", in *Parrhesia*, No. 23, 2015

Hui Y., "The Parallax of Individuation: Simondon and Schelling", in *Angelaki*, No. 6, 2016

Hui Y., "What is a Digital Object?", in *Metaphilosophy*, Vol. 43, No. 4, 2012

Zalasiewicz, J., Williams, M., Smith, A. G., et al., "Are We now Living in the Anthropocene?", in *Gsa Today*, Vol. 18, No. 18, 2008

2. 中文部分

本·维德:《"上帝死了"——尼采与虚无主义事件》,载孙周兴、陈家琪主编:《德意志思想评论》(第5卷),上海:同济大学出版社,2011年

陈晓明:《"药"的文字游戏与解构的修辞学——论德里达的〈柏拉图的药〉》,载《文艺理论研究》2007年第3期

德里达:《延异》,张弘译,载《哲学译丛》1993年第3期

姜树华、沈永红、邓锦波:《生物进化过程中人类脑容量的演变》,载《现代人类学》2015年第3期

刘皓明:《文字作为药:柏拉图与德里达》,载《博览群书》2007年第4期

刘学、张志强、郑军卫等:《关于人类世问题研究的讨论》,载《地球科学进展》2014年第5期

陆俏颖:《获得性遗传有望卷土重来吗》,载《自然辩证法通讯》2017年第6期

陆俏颖:《表观遗传学及其引发的哲学思考》,载《自然辩证法研究》2013年

第 7 期

陆兴华：《克服技术：书写的毒性——斯蒂格勒论数码性与当代艺术》，载《新美术》2015 年第 6 期

孙周兴：《虚拟与虚无——技术时代的人类生活》，载《探索与争鸣》2016 年第 3 期

孙周兴：《技术统治与类人文明》，载《开放时代》2018 年第 6 期

孙周兴：《马克思的技术批判与未来社会》，载《学术月刊》2019 年第 6 期

吴秀杰、刘武、Christopher Norton：《颅内模——人类脑演化研究的直接证据及研究状况》，载《自然科学进展》2007 年第 6 期

吴秀杰：《化石人类脑进化研究与进展》，载《化石》2005 年第 1 期

俞吾金：《海德格尔的"存在论差异"理论及其启示》，载《社会科学战线》2009 年第 12 期

湛：《法国考古学家勒儒瓦高汉（Andre Leroi-Gourhan）去世》，载《人类学学报》1986 年第 3 期

张璐：《现代产业何去何从？——记贝尔纳·斯蒂格勒在武汉大学的讲话》，载《法国研究》2008 年第 4 期

张一兵、斯蒂格勒、杨乔喻：《技术、知识与批判——张一兵与斯蒂格勒的对话》，载《江苏社会科学》2016 年第 4 期

张一兵、斯蒂格勒、杨乔喻：《第三持存与非物质劳动——张一兵与斯蒂格勒学术对话》，载《江海学刊》2017 年第 6 期

张一兵：《电影的现象学：影像构境中的历史延异——斯蒂格勒〈技术与时间〉解读》，载《南京社会科学》2017 年第 6 期

张一兵：《回到胡塞尔：第三持存所激活的深层意识支配——斯蒂格勒〈技术与时间〉的解读》，载《广东社会科学》2017 年第 3 期

张一兵：《镜像、线性文字与记忆工业中的迷失——对斯蒂格勒〈技术与时间〉的解读》，载《学术研究》2017 年第 5 期

张一兵：《人的延异：后种系生成中的发明——斯蒂格勒〈技术与时间〉解读》，载《吉林大学社会科学学报》2017 年第 3 期

张一兵：《数码记忆的政治经济学：被脱与境化遮蔽起来的延异——斯蒂格勒〈技术与时间〉的解读》，载《教学与研究》2017 年第 4 期

张一兵：《数字化资本主义与存在之痛——斯蒂格勒〈技术与时间〉的解读》，载《中国高校社会科学》2017 年第 3 期

张一兵：《网络信息存在中的事件化与数字化先天综合构架——对斯蒂格勒〈技术与时间〉的解读》，载《社会科学战线》2017 年第 5 期

张一兵：《信息存在论与非领土化的新型权力——对斯蒂格勒〈技术与时间〉的解读》，载《哲学研究》2017 年第 3 期

张一兵：《雅努斯神的双面：斯蒂格勒技术哲学的构境基础——〈技术与时间〉解读》，载《山东社会科学》2017 年第 6 期

三．网络数字文献

1. 英文部分

Anderson, C. "The End of Theory: The Data Deluge Makes the Scientific Method Obsolete", https://www.wired.com/2008/06/pb-theory/

Stiegler, B., Rogoff, I. "Transindividuation", http://www.e-flux.com/journal/14/61314/transindividuation/

Stiegler, B., "Desire and Knowledge: The Dead Seize the Living", http://www.arsindustrialis.org/desire-and-knowledge-dead-seize-living

Stiegler, B., "Within the Limits of Capitalism, Economizing Means Taking Care", http://www.arsindustrialis.org/node/2922

Stiegler, B., "Anamnesis and Hypomnesis: Plato as the First Thinker of the Proletarianization", http://www.arsindustrialis.org/anamnesis-and-hypomnesis

Stiegler, B., "Spirit, Capitalism and Superego", http://arsindustrialis.org/node/2928

2. 中文部分

斯蒂格勒：《被大数据裹挟的人类没有未来》，http://www.thepaper.cn/newsDetail_forward_1309683

斯蒂格勒：《全球范围内熵在加速增加，这是最严重的问题》，http://www.thepaper.cn/newsDetail_forward_1702787

斯蒂格勒：《要警惕的是人们利用它谋取暴利》，http://qjwb.zjol.com.cn/html/2016-03/20/content_3296672.htm?div=-1

斯蒂格勒：《"我们现在已经是古人了" ——专访法国哲学家贝尔纳·斯蒂格勒》，http://www.infzm.com/content/136381

孙周兴：《越技术，越孤独？》，http://blog.sina.com.cn/s/blog_af1bb92001017848.html

赵汀阳：《人工智能会"终结"人类历史吗？》，http://www.nfcmag.com/article/7409.html

许煜：《论中国的技术问题讲座（一）》，http://caa-ins.org/archives/238

许煜：《论中国的技术问题讲座（二）》，http://caa-ins.org/archives/257

许煜：《论中国的技术问题讲座（三）》，http://caa-ins.org/archives/277

许煜：《西蒙东的技术思想 ——第一节：技术物的进化》，http://caa-ins.org/archives/1596

许煜：《西蒙东的技术思想——第二节：技术物与人、世界的关系》，http://caa-ins.org/archives/1721

许煜：《西蒙东的技术思想——第三节：技术物与个体化》，http://caa-ins.org/archives/1882

许煜：《人工智能的超人类主义是二十一世纪的虚无主义》，https://www.thepaper.cn/newsDetail_forward_1718074

尼古拉斯·卡尔：《人和机器之间，到底谁控制谁？》，http://sike.news.cn/statics/
　　sike/posts/2015/11/219484322.html

尼古拉斯·卡尔：《走出"玻璃笼子"》，http://www.ceibsreview.com/show/index/
　　classid/5/id/3403

附录A　人类进化过程中脑容量的变化 [①]

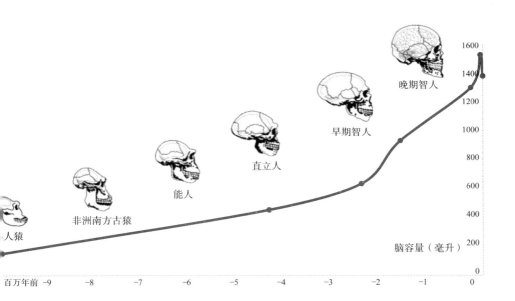

① 图片来源：Ginneken V., Meerveld A., Wijgerde T., et al., "Hunter-prey Correlation between Migration Routes of African Buffaloes and Early Hominids: Evidence for the 'Out of Africa' Hypothesis", in *Integrative Molecular Medicine*, Vol. 4, No. 3, 2017, p.3。

附录B　地质年代简表 [①]

地 质 时 代			距今年龄值 （百万年）	生 物 演 化
宙	**代**	**纪**		
显生宙 PH	新生代Kz	第四纪Q	1.64 ~	人类出现
		第三纪R 晚第三纪N	23.3 ~ 1.64	近代哺乳动物出现
		早第三纪E	65 ~ 23.3	
	中生代Mz	白垩纪K	135 ~ 65	被子植物出现
		侏罗纪J	208 ~ 135	鸟类、哺乳动物出现
		三叠纪T	250 ~ 208	
	古生代Pz	晚古生代Pz2 二叠纪P	290 ~ 250	裸子植物、爬行动物出现
		石炭纪C	362 ~ 290	两栖动物出现
		泥盆纪D	409 ~ 362	节蕨植物、鱼类出现
		早古生代Pz2 志留纪S	439 ~ 409	裸蕨植物出现
		奥陶纪O	510 ~ 439	无颌类出现
		寒武纪C	570 ~ 510	硬壳动物出现

[①] 纪以下还可以再划分为世，除去震旦纪、二叠纪、白垩纪等是二分外，其余均按三分法，如寒武纪分为早寒武世、中寒武世、晚寒武世，奥陶纪分为早奥陶世、中奥陶世、晚奥陶世；但石炭纪原来也是按三分法分为早、中、晚石炭世，近来倾向于按二分法分为早、晚石炭世；第三纪和第四纪所划分的世则另有专称。（本图表来源于网络）

（续　表）

地　质　时　代			距今年龄值（百万年）	生　物　演　化
宙	代	纪		
元古宙 PT	新元古代 Pt3	震旦纪 Z（中国）	800 ~ 570	裸露动物出现
			1 000 ~ 800	
	中元古代 Pt2		1 800 ~ 1 000	真核细胞生物出现
	古元古代 Pt1		2 500 ~ 1 800	
太古宙 AR	新太古 Ar2		3 000 ~ 2 500	晚期生命出现，叠层石出现
	古太古代 Ar1		3 800 ~ 3 000	
冥古宙 HD			4 600 ~ 3 800	

新生代地质时代划分

代	纪		世	开始年代距今（万年）	人　类　进　化
新生代 Kz	第四纪 Q		全新世 Q4	1.2 ~ 1.0	现代人，新石器文化
		更新世	晚更新世 Q3		晚期智人（新人）
			中更新世 Q2		早期智人（古人）
			早更新世 Q1	350 ~ 330（248）	直立人
	第三纪 R	晚第三纪 N	上新世 N2		古猿
			中新世 N1	2 330	古猿
		早第三纪 E	渐新世 E3		
			始新世 E2		
			古新世 E1	6 500	

附录C 带有很大猜测成分的人科动物的种系发生[①]

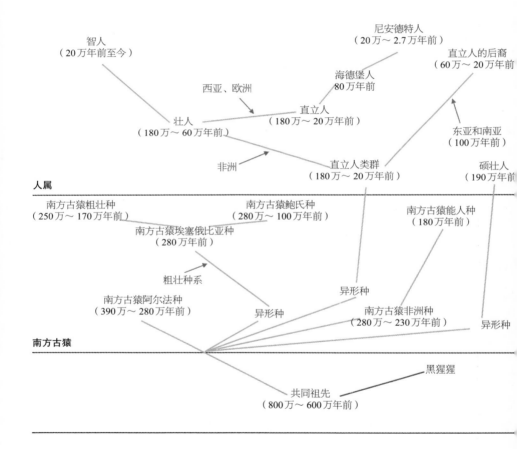

智人
（20万年前至今）

尼安德特人
（20万～2.7万年前）

直立人的后裔
（60万～20万年前）

西亚、欧洲

海德堡人
80万年前

壮人
（180万～60万年前）

直立人
（180万～20万年前）

东亚和南亚
（100万年前）

非洲

直立人类群
（180万～20万年前）

硕壮人
（190万年前）

人属

南方古猿粗壮种
（250万～170万年前）

南方古猿鲍氏种
（280万～100万年前）

南方古猿能人种
（180万年前）

南方古猿埃塞俄比亚种
（280万年前）

粗壮种系

异形种

南方古猿阿尔法种
（390万～280万年前）

异形种

南方古猿非洲种
（280万～230万年前）

异形种

南方古猿

黑猩猩

共同祖先
（800万～600万年前）

---

① 此图表根据恩斯特·迈尔《进化是什么》第221页相同图表绘制。

未来哲学丛书·首批书目

图书在版编目（CIP）数据

技术替补与广义器官：斯蒂格勒哲学研究 / 陈明宽
著. —北京：商务印书馆，2021
　（未来哲学丛书）
　ISBN 978-7-100-19435-8

Ⅰ.①技…　Ⅱ.①陈…　Ⅲ.①贝尔纳·斯蒂格勒—技
术哲学—研究　Ⅳ.①N02

中国版本图书馆CIP数据核字（2021）第023290号

技术替补与广义器官
——斯蒂格勒哲学研究
陈明宽　著

商　务　印　书　馆　出　版
（北京王府井大街36号　邮政编码100710）
商　务　印　书　馆　发　行
山东韵杰文化科技有限公司印刷
ISBN　978-7-100-19435-8

2021年5月第1版　　　　开本640×960　1/16
2021年5月第1次印刷　　印张25¼
　　　　　　定价：98.00元